"十三五"江苏省高等学校重点教材(编号：2016-2-011)

地理信息系统原理

徐敬海　张云鹏　董有福　编著

科　学　出　版　社

北　京

内 容 简 介

地理信息系统是一门交叉学科,涉及测绘科学与技术、地理学、计算机科学与技术等。随着其发展和应用的深入,地理信息系统已成为信息产业的重要组成部分。本书编排以空间信息为主线,内容包括空间信息表达基础、建模、采集、处理、管理、分析、可视化、应用型地理信息系统开发和 GIS 应用等。本书内容难度适中,除了包括 GIS 原理的基本理论与内容,还强调操作性与实用性;内容体系以 GIS 经典理论为主,兼顾学科前沿发展和新成果。此外,本书还同时推出配套的 PPT 等文件信息下载(请访问网址 http://www.ecsponline.com,选择"网上书店",检索图书书名,在图书详情页面"资源下载"栏目中获取),以供读者教学参考。

本书可作为地理信息系统及相关专业本科生和研究生教材,也可作为从事地理信息相关技术研究和开发人员的参考书。

图书在版编目(CIP)数据

地理信息系统原理/徐敬海,张云鹏,董有福编著. —北京:科学出版社,2016

"十三五"江苏省高等学校重点教材

ISBN 978-7-03-050055-7

Ⅰ. ①地… Ⅱ. ①徐… ②张… ③董… Ⅲ. ①地理信息系统 Ⅳ. ①P208

中国版本图书馆 CIP 数据核字 (2016) 第 233991 号

责任编辑:惠 雪 王 希 / 责任校对:张凤琴
责任印制:赵 博 / 封面设计:许 瑞

科 学 出 版 社 出版

北京东黄城根北街 16 号
邮政编码:100717
http://www.sciencep.com

北京科印技术咨询服务有限公司数码印刷分部印刷
科学出版社发行 各地新华书店经销

*

2016 年 11 月第 一 版 开本:720×1000 1/16
2025 年 1 月第八次印刷 印张:23 1/4
字数:470 000
定价:69.00 元
(如有印装质量问题,我社负责调换)

前　　言

　　地理信息系统（GIS）是在计算机软硬件支持下，用于输入、存储、查询、分析和显示地理数据的计算机系统，随着其发展，也称 GIS 为"地理信息科学"。地理信息系统是一门交叉学科，涉及测绘科学与技术、地理学、计算机科学与技术等学科。随着地理信息技术的发展，其应用呈现出飞速发展趋势，已成为全球信息产业的重要组成部分。

　　本书在编著过程中融合了编著者多年从事地理信息教学和科研工作的总结，在三个方面有所侧重：以空间数据为主线组织内容，突出地理信息系统在测绘科学与技术学科中的关联，适合地理信息科学专业、测绘工程及相近专业学生与工程技术人员使用；内容难度适中，除了讲解 GIS 原理的基本理论与内容，还强调操作性与实用性；内容体系以 GIS 经典理论为主，兼顾学科前沿发展和新成果。

　　全书共分 10 章：第 1 章是 GIS 概论，介绍 GIS 的概念、构成、功能、发展等；第 2 章是 GIS 空间数据表达基础，介绍地理空间与坐标系、地图投影 GIS 中常用地图投影等；第 3 章是空间数据模型，介绍空间实体、空间数据结构与面向对象的空间数据模型等；第 4 章是空间数据的获取，介绍空间数据内容与来源、全野外数据采集、数字化设备采集、空间数据格式转换等；第 5 章是空间数据处理与质量评价，介绍几何变换、投影变换、空间数据结构转换、空间数据质量等内容；第 6 章是空间数据存储与管理，介绍空间数据管理方式、空间数据引擎、空间索引、NoSQL数据管理等；第 7 章是空间分析，介绍数字地形模型分析、空间插值、叠加分析、缓冲区分析以及探索性空间分析方法等；第 8 章是空间信息可视化，介绍地图符号、专题图的表达、地图设计与编制、虚拟现实等内容；第 9 章是应用型 GIS 设计与开发，介绍 GIS 系统分析、设计、实施、测试与维护等；第 10 章是 GIS 应用，介绍GIS 在公众服务、城市建设、国土资源管理以及其他行业中的应用等。

　　本书由徐敬海拟定编写大纲，并负责统稿与定稿。其中第 1 章至第 5 章由徐敬海编写，第 6、7 两章由董有福编写，第 8 章至第 10 章由张云鹏编写。硕士研究生李向阳、薛娇、杨茜、尹笑哲、何雁如、彭昊、黄汀、李士强等参与了本书资料收集、整理、排版、插图制作等工作，在此一并表示感谢。同时感谢袁博、吴继忠以及其他同事为本书写作提供的帮助。本书在写作过程中还参考了许多网络资源，有些由于无法找到相关作者，未能列入参考文献，在此表示歉意和感谢。

　　由于编著者水平有限，书中不足之处在所难免，敬请读者批评指正，联系方式为 E-mail：xu_jing_hai@163.com。为方便教学，本书同时推出配套 PPT 等文件信息下载(请访问 http://www.ecsponline.com，选择"网上书店"，检索图书书名，在图书详情页面"资源下载"栏目中获取)，也欢迎广大读者通过 E-mail 索取。

编　者

2016 年 4 月

目　　录

第1章　GIS 概论

地理信息系统（geographic information system, GIS）是 20 世纪后期以来迅速发展起来的一门介于地球科学与信息科学之间的交叉学科，它既是地理学、地图学、测绘学与计算机科学的结合，也是管理和研究地理空间数据的技术系统。随着科学与技术的发展，人类社会已全面进入信息时代，表现为信息技术突飞猛进，信息产业空前发展，信息资源爆炸式扩展。融入信息技术的地理信息系统技术日益受到科技界、企业界和政府部门的广泛关注，并成为 21 世纪的支柱产业。本章介绍地理信息系统的概念、系统构成、系统功能与类型、与相关学科的关系、GIS 发展历程及主流 GIS 软件等内容。

1.1　地理信息系统概念

1.1.1　数据和信息

数据和信息是理解地理信息系统的基础，在地理信息系统的研究和应用中是两个重要的术语。一般认为数据是对客观世界的表示，是指定性或定量描述某一目标的原始材料，包括文字、数字、符号、语言、图像、影像以及它们能转换成的数据等形式，是一种未经加工的原始材料，例如，数字"18"在计算机中二进制表示为"10010"等。数据具有可识别性、可存储性、可扩充性、可压缩性、可传递性及可转换性等特点。

信息来源于数据，但与数据不同。信息是用文字、数字、符号、语言、图像等介质来表示事件、事物、现象等的内容、数量或特征，是生产、建设、经营、管理、分析和决策的依据。人们通过获得、识别自然界和社会的不同信息来区别不同事物，并得以认识和改造世界。可以认为信息是通过某些介质向人们（或系统）提供关于现实世界新的事实和知识的表达与描述。例如，一个人的存在，可以从姓名、性别、年龄、籍贯、政治面貌、社会关系、职称、工资等方面信息来描述；而当一个人的情况发生变化时，如年龄变化、工资改变、政治进步等，均应及时地对反映其信息进行更新。因此也可以说，信息是客观事物的存在及演变情况的反映。

信息具有四方面特点。

(1) 客观性。信息是客观存在的，任何信息都是与客观事物紧密联系的，这是信息的正确性和精确度的保证。

(2) 适用性。信息对决策是十分重要的，它可作为生产、管理、经营、分析和决策的依据，因而它具有广泛适用性，但同一信息对不同部门的重要性程度不尽相同。

(3) 传输性。信息可以在信息发送者和接收者之间传输，既包括系统把有用信息传送至终端设备(包括远程终端)或以一定形式提供给有关用户，也包括信息在系统内各子系统之间的传输和交换。信息在传输、使用、交换时其原始意义不被改变。

(4) 共享性。信息与实物不同，信息可传输给多个用户，为用户共享，而其本身并无损失，共享使信息被多用户使用成为可能。

数据与信息既有区别，又有联系。信息与数据是不可分离的，信息来源于数据，数据是信息的载体。数据是客观对象的表示，而信息则是数据中包含的意义，是数据的内容和解释。数据本身并没有意义，如十进制数字"18"，二进制数字"10010"，其本身不表达特别的意义；而为了得到数据中包含的信息，就要对数据进行处理(运算、排序、编码、分类、增强等)，如用数字"18"表达一个人的年龄时，"18"便转换为一种信息，对一个人的年龄进行了描述。数据包含原始事实，信息是数据处理的结果，是把数据处理成有意义和有用的形式。总体上数据经过加工处理之后，可以成为信息；而信息需要经过数字化转变成数据才能存储和传输。在不引起歧义的情况下，有时两者可以相互代替对方。

1.1.2 地理数据和地理信息

地理信息作为一种特殊的信息来源于地理数据。地理数据是各种地理特征和现象间关系的符号化表示，是指表征地理圈或地理环境固有要素或物质的数量、质量、分布特征、联系和规律的数字、文字、图像和图形等的总称。地理数据主要包括空间位置数据、属性特征数据及时域特征数据三个部分。

空间位置数据描述地物所在位置，这种位置既包括地理要素的绝对位置(如城市的地理经纬度)，也包括地理要素间的相对位置关系，如空间上的相邻、包含等。属性特征数据有时又称非空间数据，是描述特定地理要素特征的定性或定量指标，如公路的等级、宽度、起点、终点等。图 1-1 是城市道路网地理数据的一个示例。时域特征数据用来记录地理数据采集或地理现象发生的时刻或时段，如某次森林火灾发生的时间点或持续时间。时域特征数据对环境模拟分析非常重要，正受到地理信息系统学界越来越多的重视。空间位置、属性及时域特征构成了地理空间分析的三大基本要素。

地理信息是有关地理实体的性质、特征和运动状态的表征和一切有用的知识，是与地理环境要素有关的物质的数量、质量、性质、分布特征、联系和规律的数字、文字、图像和图形等的总称。地理信息作为一种特殊的信息，它同样来源于地理数据，是对表达地理特征与地理现象之间关系的地理数据的解释。地球表面的岩石圈、水圈、大气圈和人类活动等是最大的地理信息源。

端点1：20669669.72,
3547101.49
端点2：20671029.89,
3547042.51
长度：1360m
路名：瑞金路
方向：双向

图 1-1　地理空间数据实例(基于平面坐标系的城市道路网)

1.1.3　地理信息的特征

地理信息除了具有信息的一般特性外，还具有一些独特特征：

(1) 空间分布性。地理信息具有空间定位的特点。先定位后定性，并在区域上表现出分布式的特点，不可重叠，其属性表现为多层次，也称为区域性、多维性。区域性是指地理信息的定位特征，且这类定位特征是通过公共的地理基础来体现的。多维性是指在一个坐标位置下具有多个专题和属性信息。

(2) 数据量大。地理信息既有空间特征，又有属性特征，此外地理信息还随着时间的变化而变化，具有时间特征，因此数据量很大。例如，随着全球对地观测不断发展，人们每天都可以获得上万亿兆的关于地球资源、环境特征的数据。

(3) 多维结构。同一个空间位置上，具有多个专题和属性的信息结构，可取得高度、噪声、污染、交通等多种信息。

(4) 时序特征。地理信息随时间变化的序列特征，也称动态变化特征，可由超短期(台风、地震)、短期(江河洪水、季节低温)、中期(土地利用、作物估产)、长期(城市化、水土流失)和超长期(地壳运动、气候变化)时序来划分。

1.1.4　信息系统

信息系统是对信息进行采集、存储、加工和再现，并能回答用户一系列问题的系统。信息系统具有四大基本功能，即数据采集、存储管理、分析数据的能力和表达数据的能力。信息系统是基于数据库的问答系统，在辅助决策过程中，信息系统可提供有用的信息。从计算机科学角度看，信息系统是由硬件、软件、数据和用户四个主要部分组成的。在计算机时代，大部分重要的信息系统都是部分或全部由计算机系统支持的。

从适用于不同管理层次的角度出发，根据信息系统所执行的任务可将其分为事物处理系统(transaction process system，TPS)、管理信息系统(management information system，MIS)、决策支持系统(decision support system，DSS)以及人工

图 1-2　信息系统分类

智能和专家系统(expert system，ES)，如图 1-2 所示。

事务处理系统强调对数据的记录和操作，主要支持操作层人员的日常事务处理，如图书情报信息系统、各种订票系统等。

管理信息系统是应用最广泛的一种信息系统，它不但支持各种日常事务处理，同时适用于各种企事业单位的经营管理，如企业管理信息系统、财务管理信息系统、人事档案信息系统、医院管理信息系统等都属于这一类。

决策支持系统则是用以获得辅助决策方案的交互式计算机系统，它从管理信息系统中获得信息，经处理数据和分析推测，支持高层管理者制定决策。它由分析决策模型，管理信息系统中的信息、决策者的推测三者相组合达到最佳的决策效果。

人工智能和专家系统是模仿人工决策处理过程的计算机信息系统。它扩大了计算机的应用范围，将其由单纯的资料处理发展到智能推理上来。

此外，还有一种空间信息系统(spatial information system，SIS)，它是一种十分重要而又与其他类型信息系统有显著区别的信息系统。因为它所要采集、管理、处理和更新的是空间信息，因此，这类信息系统在结构上也比其他一般信息系统复杂得多，功能上也较其他信息系统强得多。地理信息系统就是一种十分重要的空间信息系统。

1.1.5　地理信息系统定义

地理信息系统(geographic information system，GIS)国内外有许多定义，不同的应用领域、不同的专业，对它的理解不完全一样，目前还没有一个完全统一的被普遍接受的定义。有人认为 GIS 是管理和分析空间数据的计算机系统，在计算机软硬件支持下对空间数据按地理坐标或空间位置进行各种处理，实现数据输入、存储、处理、管理、分析、输出等功能。通过对数据实行有效管理，研究各种空间实体及其相互关系，通过对多因素信息的综合分析可以快速地获取满足应用需要的信息，并能以图形、数据、文字等形式表示处理结果。有人认为 GIS 是一种特定而又十分重要的空间信息系统，它是以采集、存储、管理、分析和描述整个或部分地球(包括大气层在内)空间与地理分布有关数据的空间信息系统。有人认为 GIS 就是数字制图技术和数据库技术的结合。有人则按研究专业领域不同给予不同的名称，如地籍信息系统、土地信息系统、环保信息系统、管网信息系统和资源信息系统等。这些定义，有的侧重于 GIS 的技术内涵，有的则强调 GIS 的应用功能，都比较科学地阐明了 GIS 的对象、功能和特点。

整体上可认为地理信息系统是对地理空间实体和地理现象的特征要素进行获

取、处理、表达、管理、分析、显示和应用的计算机系统。该定义基本涵盖了目前主流的 GIS 定义的表述，如 1987 年英国教育部对 GIS 下的定义为："地理信息系统是一种获取、存储、检查、操作、分析和显示地球空间数据的计算机系统。"1988年美国国家地理信息与分析中心(NCGIA)给 GIS 下的定义是："为了获取、存储、检索、分析和显示空间定位数据而建立的计算机化的数据库管理系统。"美国联邦数字地图协调委员会(FICCDC)关于 GIS 的定义是："地理信息系统是由计算机硬件、软件和不同的方法组成的系统，该系统设计支持空间数据的采集、管理、处理、分析、建模和显示，以便解决复杂的规划和管理问题。"

地理信息系统的基本概念可以看出，地理信息系统具有一些基本特征。

(1) 地理信息系统是以计算机系统为支撑的。地理信息系统是建立在计算机系统架构之上的信息系统，是以信息应用为目的的。地理信息系统由若干相互关联的子系统构成，如数据采集子系统、数据管理子系统、数据处理和分析子系统、图像处理子系统等。这些子系统功能的强弱，直接影响其在实际应用中对地理信息系统软件和开发方法的选型。

(2) 地理信息系统操作的对象是地理空间数据。地理空间数据是地理信息系统的主要数据来源和操作对象。空间数据最根本的特点是每一个数据都按统一的地理坐标进行编码，实现对其定位、定性和定量描述。只有在地理信息系统中，地理空间数据才能实现空间数据的空间位置、属性和时态三种基本特征的统一。

(3) 地理信息系统具有对地理空间数据进行空间分析、评价、可视化和模拟的综合利用的优势。地理信息系统采用的数据管理模式和方法具备多源、多类型、多格式等空间数据进行整合、融合和标准化管理能力，为数据的综合分析利用提供了技术基础。可以通过综合数据分析，获得常规方法或普通信息系统难以得到的重要空间信息，实现对地理空间对象和过程的演化、预测、决策和管理。

从实际应用的角度看，地理信息系统表现为以下方面。

(1) 地理信息系统是一个工具箱。有些 GIS 的定义将其描述为"一种存储、检索、变换和显示空间数据的工具集"。事实上，GIS 的确提供了一套分析地理空间数据的工具集，是一个包含各种处理地理空间数据的软件包。GIS 的处理过程包含从空间数据的获取到空间数据的管理，再到空间数据的分析、解释、显示和应用。

(2) 地理信息系统是一个信息系统。有些定义认为 GIS 是"用于采集、模拟、处理、检索、分析和表达地理空间数据的计算机信息系统"；或"一种用于处理地理空间或地理坐标相关数据的信息系统，是一个管理地理空间数据的具有特定功能的数据库系统"；或"一种特殊的信息系统，数据库由空间分布的特征、活动或事件的观测数据组成，空间上表现为点、线、面，并为特定的查询和分析提供点、线、面数据的检索能力"等。所以，可以认为地理信息系统是一种特殊的信息系统，继承了信息系统的基本特征。GIS 的数据库由一系列地理数据构成，这些数据发生在不同的时间，也可以是同一时间发生在不同的地点。地理信息系统作为信息系统，其处理的对象是具有空间特征的地理数据，因此地理信息系统的技术优势在于它的空间分析能力。GIS 独特的地理空间分析能力包括快速的空间定位搜索、复杂的查询功能、强大的图形处理和表达、空间模拟以及空间决策等。

(3) 地理信息系统是一门科学。有些 GIS 定义认为，"地理信息系统是研究地理信息生成、处理、存储和应用过程中出现的基本问题的一门信息科学"。地理信息系统引发了很多的技术变革，同时促进了测绘、遥感、航空摄影测量、全球定位系统、移动计算与通信等技术的发展。如今，地理信息系统技术变得更加简单、分布更加广泛、使用成本更加低廉。同时，地理信息系统技术也突破了制约，深入到了诸如人类学、流行病学、设备管理学、林学、地理学以及商务等领域。这种转变导致了组成地理学的知识自身的优胜劣汰。因此，许多学者称 GIS 为"地理信息科学"，认为它是一个具有理论和技术的科学体系。

1.2 地理信息系统的构成

一个实用的 GIS 系统，需要一定的环境支持对空间数据的采集、管理、处理、分析、建模和显示等功能。GIS 主要由 5 个部分构成，即硬件系统、软件系统、空间数据、应用人员及地理数据库，如图 1-3 所示。其核心是软、硬件系统，空间数据反映 GIS 的地理内容，应用人员则贯穿系统始终，通过应用模型将 GIS 技术应用于国民经济生产各领域产生社会和经济效益。

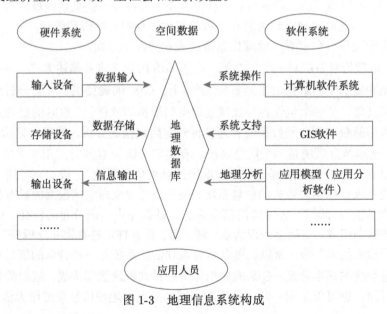

图 1-3 地理信息系统构成

1.2.1 GIS 硬件系统

1. GIS 硬件系统的构成

地理信息系统的建立必须有一个计算机硬件系统作为保证,用以存储、处理、传输和显示地理信息或空间数据。计算机与一些外部设备及网络设备的连接构成了 GIS 的硬件环境。总体上地理信息系统的硬件包括:处理设备、外部设备(输入设备和输出设备)、网络设备和存储设备等,如图 1-4 所示。

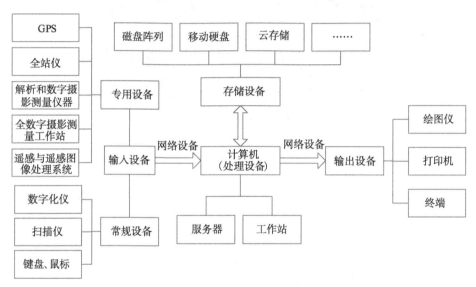

图 1-4 地理信息系统的硬件组成

1) 计算机

计算机是硬件系统的核心,包括从主机服务器到桌面工作站,用作数据的处理、管理与计算。目前运行 GIS 的计算机包括大型机、中型机、小型机,工作站,服务器/客户机和 PC 机。其中,各种类型的服务器/客户机成为 GIS 的主流,特别是由 Intel 硬件和 Windows Server 技术构成的 PC 工作站正成为工作站市场的新宠,传统 UNIX 阵营的用户正在逐渐向其转移。工作站对 GIS 用户具有很大的吸引力,包括低成本、可管理性、标准图形化平台和具有 PC 结构与效率等优势,因此广泛应用于 GIS 和某些科学应用领域。

近几年,随着地理信息共享交换技术、云 GIS 的发展,对 GIS 处理设备的要求越来越高,刀片服务器也逐渐引入了 GIS 系统的建设,成为 GIS 硬件系统的重要成员之一。所谓刀片服务器,准确地说应叫做刀片式服务器(blade server),是指在标准高度的机架式机箱内可插装多个卡式的服务器单元，实现高可用和高密度，如图 1-5 所示。每一块"刀片"实际上就是一块系统主板。

图 1-5　刀片机服务器

它们可以通过"板载"硬盘启动自己的操作系统，如 Windows Server、Linux 等，类似于一个个独立的服务器。在这种模式下，每一块母板运行自己的系统，服务于指定的不同用户群，相互之间没有关联。不过，管理员可以使用系统软件将这些母板集合成一个服务器集群。在集群模式下，所有的母板可以连接起来提供高速的网络环境，并同时共享资源，为相同的用户群服务。在集群中插入新的"刀片"，就可以提高整体性能。由于每块"刀片"都是热插拔的，所以，系统可以轻松地进行替换，并且将维护时间减少到最小。刀片式服务器已经成为高性能计算集群的主流，在全球超级 500 强和国内 100 强超级计算机中，许多新增的集群系统都采用了刀片架构。采用刀片服务器可以极大减少所需外部线缆的数量，可以大大降低由于线缆连接故障带来的隐患，提高系统可靠性。

2) 外部设备

外部设备包括输入、输出设备，又可分为常规设备和测绘地理信息的专用设备。其中，常规设备包括扫描仪、键盘、鼠标、绘图仪、打印机等计算系统通用的输入设备；专业设备包括数字化仪全站型测量仪器(全站仪)、数字摄影测量工作站、GPS、三维激光扫描仪等。

数字化仪由电磁感应板、游标和相应的电子线路组成。当使用者在电磁感应板上移动游标的十字丝交点对准指定图形的点位时，按动相应的按钮，数字化仪便将对应的命令符号和该点的坐标(X, Y)通过接口(多用串行接口)电路传送给计算机。手扶跟踪数字化仪的速度慢，工作效率较低。由于大幅面图形扫描仪可以提供高分辨率、真彩色、近乎完美的图像效果，它已成为图形、图像数据录入和采集最有效的工具之一。绘图仪是一种快速、可靠、便于联网，且可在多种介质上进行高质量输出的绘图仪器，是目前广泛使用的主流 GIS 产品输出设备，可获得极高清晰度的绘图质量。GIS 还有多种表格、文字的数据需要输出，可利用多种打印机完成。图形显示终端用于图形的交互式输入、编辑、分析、处理和输出。

3) 网络设备

网络设备包括布线系统、网桥、路由器和交换机等，具体的网络设备根据网络计算的体系结构来确定。

从 20 世纪 90 年代以来，计算机技术的飞速发展不断改变着 GIS 的结构体系，从主机及终端结构到 client/server，再到 Internet/Intranet。目前，基于客户/服务器机体系结构并在局域网、广域网或互联网支持下的分布式系统结构已经成为 GIS 硬件系统的发展趋势，因此，网络设备和计算机通讯线路的设计成为 GIS 硬件环境的重要组成部分。图 1-6 为路由器与交换机示意图。

(a) 路由器　　　　　　　　　　　　　　　　　　　(b) 交换机

图 1-6　路由器与交换机

4) 存储设备

数据存储设备，如移动硬盘、磁盘阵列等。近几年逐渐兴起的云存储快速发展和广泛应用也已成为一种重要的存储设备和方式。云存储是在云计算概念上延伸和发展出来的一个新概念，是一种新兴的网络存储技术，是指通过集群应用、网络技术或分布式文件系统等功能，将网络中大量各种不同类型的存储设备通过应用软件集合起来协同工作，共同对外提供数据存储和业务访问功能的一个系统。当云计算系统运算和处理的核心是大量数据的存储和管理时，云计算系统中就需要配置大量的存储设备，那么云计算系统就转变成为一个云存储系统，所以云存储是一个以数据存储和管理为核心的云计算系统。简单来说，云存储就是将储存资源放到云上供人存取的一种新兴方案。使用者可以在任何时间、任何地方，透过任何可联网的装置连接到云上方便地存取数据。

2. GIS 硬件系统的组成模式

根据 GIS 功能、性能和服务需求的不同，可形成不同的硬件配置和组合方式，形成单机模式、局域网模式和广域网模式。

1) GIS 硬件的单机模式

单机模式是一种单层的结构，在这种结构中 GIS 的硬件组件集中在一台独立的计算机设备中，通常为单用户提供 GIS 资源的使用。单机硬件模式支撑下的 GIS 系统，虽然计算机可供多个用户操作该系统，但其突出特点为所有任务在一台计算机上完成。单机模式是早期 GIS 系统的主要使用方式，时至今日单机模式仍然是一种重要的 GIS 硬件模式。该模式适用于小型 GIS 建设，具有简单稳定等优点，但也存在数据传输与资源共享不方便等缺点，典型的 GIS 硬件单机模式如图 1-7 所示。

图 1-7   GIS 硬件单机模式

2) GIS 硬件的局域网模式

局域网模式常用于企业内部网、服务器集群、客户机群、磁盘存储系统、输入设备、输出设备等支持的客户/服务器(C/S)模式的 GIS。如图 1-8 所示，根据网络协议组成标准的局域网，目前广泛使用的网络协议为 TCP/IP 协议。这种局域网由于常用于企业内部，所以也可以认为这是一种企业内部网的 GIS 硬件模式。

本质上企业内部网是一个企业级计算机局域网络，提供一个企业机构内的多用户共享操作服务。这种系统的结构模式是个两层结构，其形成的 GIS 系统可将 GIS 的资源和功能被适当地分配在服务器和客户机两端，所有的客户端通过企业内部

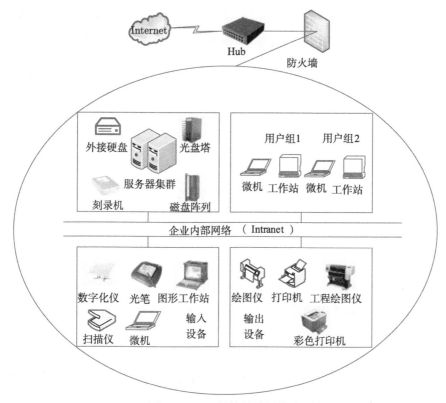

图 1-8　GIS 硬件局域网模式

网，共享网络资源，进行信息共享和交换。GIS 硬件的局域网模式中，通过局域网络，将存储系统、服务器系统、输入和输出设备、客户机终端进行网络互连，能方便地实现数据资源、软硬件设备资源、计算资源的共享。

3) GIS 硬件的广域网模式

当 GIS 用户分布地域广泛时，不适合采用局域网的专线连接。此时需采用 Internet 连接形成广域网。广域网模式中通常由 Internet、服务器集群、客户机群、磁盘存储系统、输入输出设备等组成。在广域网模式支持下的 GIS 系统通常是三层结构模式，由 GIS 服务器、Web 服务器和客户端浏览器构成。此时的 GIS 系统可以由企业内部网和外部网共同组成的客户/服务器、浏览器/服务器的混合模式组成。客户端浏览器通过 Web 服务器访问 GIS 服务器的资源。该模式的 GIS 系统已得到了广泛的应用，如天地图、Google 地图、百度地图等。

1.2.2　GIS 软件系统

软件是 GIS 系统的核心，用于执行 GIS 功能的各种操作，包括数据输入、处理、数据库管理、空间分析和图形用户界面(GUI)等。按照其功能分为：GIS 专业软件、数据库软件、系统管理软件、系统开发工具软件等，如图 1-9 所示。

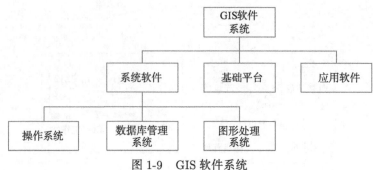

图 1-9　GIS 软件系统

　　GIS 专业软件一般指具有丰富功能的通用 GIS 软件，用以完成地理信息系统所具备的各项功能的软件。它在操作系统和数据库软件支持下管理和应用地理信息数据，运行地理信息系统功能模块，为用户提供地理信息系统的服务。GIS 专业软件包含了处理地理信息的各种高级功能，可作为其他 GIS 应用系统建设的平台，它们一般都包含以下主要核心模块。

　　(1) 数据输入和编辑。支持手扶跟踪数字化仪数字化、图形扫描及矢量化，以及为图形和属性数据提供修改和更新等编辑操作。

　　(2) 空间数据管理。能对大型、分布式、多用户数据库进行有效的存储检索和管理。数据处理和分析能转换各种标准的矢量格式和栅格格式数据，完成地图投影转换，支持各类空间分析功能等。

　　(3) 数据输出。提供地图制作、报表生成、符号生成、汉字生成和图像显示等。

　　(4) 用户界面。提供生产图形用户界面工具，使用户不用编程就能制作友好和美观的图形用户界面。

　　(5) 系统二次开发能力。利用提供的应用开发语言，可编写各种复杂的 GIS 应用系统。

　　数据库软件除了在 GIS 专业软件中用于支持复杂空间数据的管理软件以外，还服务于包括以非空间属性数据为主的数据库系统，这类软件有：Oracle，Sybase，Informix，DB2，SQL Server，Ingress 等。它们也是 GIS 软件的重要组成部分，由于这类数据库软件具有快速检索、满足多用户并发和数据安全保障等功能，已实现在现成的关系型商业数据库中存储 GIS 的空间数据，例如 SDE (spatial database engine，空间数据库引擎)就是目前最好的解决方案。

　　系统管理软件主要指计算机操作系统。如 UNIX、Linux、Windows 系列等，它们关系到 GIS 软件和开发语言使用的有效性，因此也是 GIS 软硬件环境的重要组成部分。

　　系统开发工具软件主要为 GIS 应用系统开发服务，如 Visual C++、Java、Delphi 等。地图组件如 ESRI 的 ArcObjects、ArcEngine 以及 MapInfor 的 MapX 等。

1.2.3　空间数据

　　空间数据是地理信息的载体，也是地理信息系统的操作对象，它具体描述地理实体的空间特征、属性特征和时间特征。空间特征是指地理实体的空间位置及其相互关系；属性特征表示地理实体的名称、类型和数量等；时间特征指实体随时间而发生的相关变化。

　　根据地理实体的空间图形表示形式，可将空间数据抽象为点、线、面三类元素，它们的数据表达可以采用矢量和栅格两种组织形式，分别称为矢量数据结构和栅格数据结构。

　　在地理信息系统中，空间数据是以结构化的形式存储在计算机中的，称为地理空间数据库。数据库由数据库实体和数据库管理系统组成。数据库实体存储有许多数据文件和文件中的大量数据，而数据库管理系统主要用于对数据的统一管理，包括查询、检索、增删、修改和维护等。

　　由于 GIS 数据库存储的数据包含空间数据和属性数据，它们之间具有密切的联系。因此，如何实现两者之间的连接、查询和管理，是 GIS 数据库管理系统必须解决的重要问题。

1.2.4　GIS 管理、操作和应用人员

　　人是 GIS 的重要构成因素。地理信息系统从其设计、建立、运行到维护的整个生命周期，处处都离不开人的作用。仅有系统软硬件和数据还不能构成完整的地理信息系统，需要人进行系统组织、管理、维护和数据更新、系统扩充和完善、应用程序开发，并灵活采用地理分析模型提取多种信息，为研究和决策服务。一个周密规划的地理信息系统项目应包括负责系统设计和执行的项目经理、信息管理人员、应用工程师以及最终用户。

　　GIS 开发是一项以人为本的系统工程，在其完整的生命周期中，处处离不开 GIS 相关人员，包括用户机构的状况分析和调查，GIS 系统开发目标的确定，系统开发的可行性分析，系统开发方案的选择和总体设计书的撰写等。而对具体开发策略的确定、系统软硬件的选择和空间数据库的建立等则是系统开发过程中需要解决的问题。

GIS 应用人员包括具有地理信息系统知识的高级应用人才、具有计算机知识的软件应用人员、具有较强实际操作能力的软硬件维护人才等，他们的业务素质和专业知识是 GIS 工程及其应用成败的关键。

在使用 GIS 时，应用人员不仅需要对 GIS 技术和功能有足够的了解，而且需要具备有效、全面和可行的组织管理能力，尤其在当前 GIS 技术发展十分迅速的情况下，为使现行系统始终处于优化的运作状态，其组织管理和维护的任务包括：GIS 技术和管理人员的技术培训、硬件设备的维护和更新、软件功能扩充和升级、操作系统升级、数据更新、文档管理、系统版本管理和数据共享性建设等。

1.2.5　应用模型

应用模型是指所研究事物、过程或系统的一种抽象表达形式，它可以是物理实体，也可以是图形或数学表达式。地理信息系统中的应用分析模型是指人们在解决实际问题中所总结、归纳或推理出的能够科学地描述和解决实际问题的一些数学模型。

GIS 应用模型的构建和选择是系统应用成败至关重要的因素。虽然 GIS 为解决各种现实问题提供了有效的基本工具，但对于某一专门应用目的的解决，必须构建专门的应用模型，例如土地利用适宜性模型、选址模型、洪水预测模型、人口扩散模型、森林增长模型、水土流失模型、最优化模型和影响模型等。这些应用模型是客观世界中相应系统经由观念世界到信息世界的映射，反映了人类对客观世界利用改造的能动作用，是 GIS 技术产生社会经济效益的关键所在，也是 GIS 生命力的重要保证，因此在 GIS 技术中占有十分重要的地位。

构建 GIS 应用模型，首先，必须明确用 GIS 求解问题的基本流程；其次，根据模型的研究对象和应用目的，确定模型的类别、相关的变量、参数和算法，构建模型逻辑结构框图；再次，确定 GIS 空间操作项目和空间分析方法；最后，确定模型运行结果的验证、修改和输出。显然，应用模型是 GIS 与相关专业连接的纽带，它的建立绝非是纯数学或技术性问题，而必须以坚实而广泛的专业知识和经验为基础，对相关问题的机理和过程进行深入的研究，并从各种因素中找出其因果关系和内在规律，有时还需要采用从定性到定量的综合集成法，这样才能构建出真正有效的 GIS 应用模型。

1.3　地理信息系统的功能与类型

1.3.1　地理信息系统的基本功能

在建立一个实用的地理信息系统时，必然会涉及空间数据的采集、管理、处理、分析、显示、二次开发这些基本功能，如图 1-10 所示。

图 1-10　地理信息系统功能

1) 空间数据采集与编辑

空间数据采集与编辑是 GIS 的基本功能，主要用于获取数据，保证地理信息系统数据库中的数据在内容与空间上的完整性、数值逻辑一致性与正确性等。可用于地理信息系统数据采集的方法与技术很多。早期 GIS 的地理数据主要来源于纸质地图，常用的方法是数字化扫描，如手扶跟踪数字化仪。随着技术的发展，信息共享与自动化数据输入成为地理信息系统研究的重要内容。遥感数据集成是另外一种数据采集方式，遥感数据已成为 GIS 的重要数据来源，与地图数据不同的是遥感数据输入到 GIS 较为容易。地理数据采集的另一项主要技术进展是 GPS 技术在测绘中的应用。GPS 可以准确、快速地确定人或物在地球表面的位置，因此可以利用 GPS 辅助原始地理信息的采集。

数据编辑主要包括图形编辑和属性编辑。属性编辑主要与数据库管理结合在一起完成，图形编辑主要包括拓扑关系建立、图形整饰、图幅拼接、图形变换、投影变换、误差校正等功能。

2) 空间数据处理

初步的空间数据处理主要包括数据格式化、数据转换和制图综合。数据的格式化是指不同空间数据结构的数据间变换，是一项耗时、易错、需要大量计算量的工作；数据转换包括数据格式转换、数据比例尺的变换等，数据比例尺的变换涉及数据比例尺缩放、平移、旋转等方面，其中最为重要的是投影变换；制图综合包括数据平滑和特征集结等。

3) 空间数据存储与管理

数据存储，即将数据以某种格式记录在计算机内部或外部存储介质上。空间数据管理是 GIS 数据管理的核心，各种图形或图像信息都以严密的逻辑结构存放在空间数据库中，以有效的数据组织形式进行数据库管理、更新、维护以及快速查询检索。传统信息系统中的数据库管理系统在对地理空间数据的管理上，存在两个明显的不足：一是缺乏空间实体定义能力；二是缺乏空间关系查寻能力，这使得 GIS 在对空间数据管理上的应用研究日趋活跃。

4) 空间查询与分析

对地理空间的查询与分析功能，是 GIS 得以广泛应用的重要原因之一。通过 GIS 提供的空间数据查询与分析功能，用户可以从已知的地理数据中得出隐含的结论，这对许多应用领域(如商业选址、抢险救灾等)是至关重要的。

空间查询是地理信息系统以及许多其他自动化地理数据处理系统应具备的最基本的分析功能，即可把满足一定条件的空间对象查出，并将其按空间位置绘出，同时列出它们的相关属性等。空间查询是支持综合图形与文字的多种查询的主要方法。

GIS 通常使用空间数据引擎存储和查询空间数据库。空间数据引擎在用户和异构空间数据库的数据之间提供一个开放的接口，它是一种处于应用程序和数据管理系统之间的中间技术，空间数据引擎是开放且基于标准的，这些规范和标准包括 OGC 的 Sample Feature SQL Specification、IOS/IEC 的 SQL3 以及 SQL 多媒体与应用程序包(SQL/MM)等。市场上主要的空间数据引擎产品都是与上述规范高度兼容的。

空间模型分析是在地理信息系统支持下，分析和解决现实世界中与空间相关的问题，它是地理信息系统应用深化的重要标志。空间分析是地理信息系统的核心功能，也是地理信息系统与其他计算机系统的根本区别，它以空间数据和属性数据为基础，回答真实地理客观世界的有关问题。地理信息系统的空间分析可分为：拓扑分析、方位分析、度量分析、混合分析、栅格分析和地形分析等。

5) 地图制作

地图制图是地理信息系统发展与起源之一，两者关系密切，因而地理信息系统

的主要功能之一便是用于地图制图，建立地图数据库。与传统的周期长、更新慢的
手工制图方式相比，利用 GIS 建立起地图数据库，可以达到一次投入、多次产出的
效果。它不仅可以为用户输出全要素地形图，而且可以根据用户需要分层输出各种
专题，如行政区划图、土地利用图、道路交通图等。更重要的是，由于地理信息系
统是一种空间信息系统，它所制作的图也能够反映一种空间关系，可以制作多种立
体图形，而制作立体图形的数据基础就是数字高程模型。地理信息系统不仅可以将
空间地理信息以地图的形式来表示，也可以以报表、统计图表等形式显示在屏幕上，
利用缩放工具可以对所显示地图中的任意点和范围进行无级缩放，也可以按照某一
比例尺显示，进行分析对比。还可按照用户需要设置制图符号和颜色，并可通过绘
图机、打印机等设备打印输出。

6) 二次开发与编程

GIS 与应用相结合才能发挥其生命力，而与应用相结合，GIS 必须具备的基本
功能是提供二次开发环境，包括地图控件、开发环境等。用户通过简单的开发就可
以定制自己的 GIS 应用系统。不同的 GIS 软件平台均提供了相应的二次开发软件
包，如目前使用较多的 ArcEngine 为桌面版 GIS 应用软件提供较好的支撑，ArcGIS
Server 采用 SOA 技术为 WebGIS 应用开发提供支撑。

1.3.2　地理信息系统的类型

地理信息系统的类型分为很多种，按不同的分类方法可以对其进行不同的
分类。

1. 按 GIS 的功能分类

按 GIS 的功能可将地理信息系统分为以下几类。

(1) 全国性的综合系统。以一个国家为其研究和分析对象的系统，如日本的"国
土信息系统"、加拿大的"国家地理信息系统"等，都是按全国统一标准存储包括
自然地理和社会经济要素在内的全面信息，为全国提供咨询服务。这类系统的特点
是数据量极其庞大、数据格式多样，需要高性能的硬件设备以及数据库软件来支持，
服务的用户规模极大，需要良好的网络条件和网络功能设计来保障用户的正常使
用。一般情况下，此类系统都由政府组织建设。

(2) 区域性的信息系统。以某个地区为其研究和分析对象的系统，如美国加利
福尼亚州信息系统、黄河流域信息系统等。这类系统的特点是为固定区域对象服务，
带有明显的地域特征，是当地重要的信息服务源。

(3) 专题性的信息系统。以某个专业、问题或对象为主要内容的系统，也是发
展最多、最为普通的系统，如许多城市建立的城市公交服务系统、城市旅游地理信

息系统以及地下管网管理信息系统等。这类系统为某一专题行业服务，常常能够提供专题图以及相关报表的服务。

2. 按数据结构分类

地理空间信息的表达方式即地理空间数据的数据结构，有基于多边形的矢量型和基于格网的栅格型，因此，按数据结构可将地理信息系统分为基于矢量型的地理信息系统和基于栅格型的地理信息系统。一般来说，栅格型地理信息系统的数据发布更为简单，但数据量大、速度慢，且因为栅格数据难以提供拓扑关系，因此栅格型地理信息系统的功能也受到一些限制。而矢量型地理信息系统的数据发布难度更大，因为矢量数据比栅格数据结构更为复杂，但它的优点在于数据量小、发布速度快，能够提供拓扑关系，因此能够提供的服务功能更多，且矢量数据的视觉效果不会因为用户放大图片而质量下滑，因此用户体验的效果更好。

3. 按数据维度分类

按照数据维度分类，地理信息系统可以分为二维地理信息系统和三维地理信息系统。三维地理信息系统能够直接以三维的形式表达地理要素的平面位置和高程信息；而二维地理信息对于地理要素的高程信息只能采取隐式表达，即存储地理要素的高程信息，但不能直接以三维图形的形式对其进行直观表达。近年来，随着研究的不断深入和设备、技术的不断进步，带有时间维度的四维地理信息系统也迅猛发展，成为地理信息系统研究的热点。

4. 按软件开发模式和支撑环境分类

按照地理信息系统软件的开发模式和支撑环境分类，地理信息系统可分为以下几种。

(1) 地理信息系统基础平台。地理信息系统基础平台是一种能够提供全面和基础的地理信息系统功能的软件，它不受地理信息系统应用领域的限制，为用户提供数据采集、数据存储、数据编辑、数据查询、数据统计以及基本的空间分析功能。如常见的 ArcGIS Desktop、MapInfo Professional、SuperMap Desktop、MapGIS、GeoStar Professional 等软件产品都属于地理信息系统基础平台。

(2) 独立开发的地理信息系统。这种系统指的是不依赖于任何地理信息开发组件，完全从底层进行开发的系统。它可以不受地理信息系统开发组件的功能约束，按照用户需求自由定义各种功能和风格。但开发难度大，系统稳定性和可靠性难以控制，需要极为优秀的理论储备和专业人才才能进行此类地理信息系统的开发。

(3) 利用地理信息系统组件进行二次开发的地理信息系统。这是目前常见的一种类型的地理信息系统，它利用第三方组件，在可视化集成开发环境(如 Visual C++、Visual C#)中进行开发。地理信息系统组件常见的有 ArcObject、MapX、SuperMap Object 等，它们提供了地理信息系统常用的类，并且设计了这些常用类的功能函数，用户在开发过程中根据需求将相关的类实例化即可快速地开发出所需要的地理信息系统。利用地理信息系统组件，可以方便快速地开发出包括桌面型地理信息系统、网络型地理信息系统和嵌入式地理信息系统在内的多种形式的地理信息系统软件。这类地理信息软件是目前数量最大、应用最为广泛的一类地理信息系统软件，是地理信息系统技术在各行业应用的重要体现。

总体上，GIS 的类型划分如图 1-11 所示。

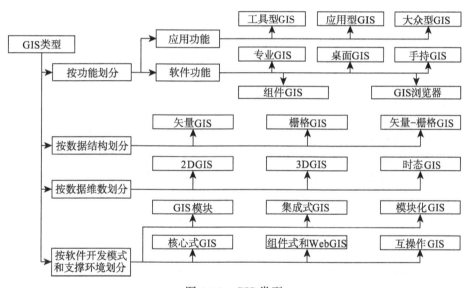

图 1-11　GIS 类型

1.4　地理信息系统与相关学科的关系

地理信息系统的发展，明显地体现出多学科交叉的特点，这些交叉的学科包括地理学、地图学、摄影测量与遥感技术、数学和统计科学、计算机科学，以及一切与处理和分析空间数据有关的学科。因此设计、开发地理信息系统与这些学科和技术密切相关。GIS 与部分主要学科和技术的关系见图 1-12。尽管 GIS 涉及众多的学科，但联系最紧密的学科是地理学、测绘科学与技术以及计算机科学与技术等。

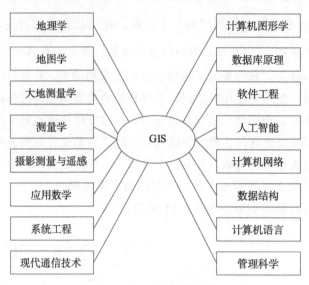

图 1-12　GIS 相关学科

1. 地理学

地理学是关于地球及其特征、居民和现象的学问。它是研究地球表层各圈层相互作用关系，及其空间差异与变化过程的学科体系，主要包括自然地理学、人文地理学和地图学与地理信息系统。地理学中的空间分析方法由来已久，而空间分析正是 GIS 的核心。地理学为 GIS 提供了有关空间分析的基本观点与方法，是地理信息系统的基础理论依托。GIS 的发展也为地理问题的解决提供了全新的技术手段，并使地理学研究的数学传统得到充分发挥。

2. 测绘科学与技术

GIS 与测绘科学有着密切的关系。一方面，GIS 推动测绘学科的发展，测绘为 GIS 的数据采集和更新提供了丰富的数据源，但是常规的模拟方法是将测绘的结果表示在地形图上，这样就需要对地形图进行数字化即矢量化，以便能更好地被 GIS 系统识别、加工和存储。因此，随着 GIS 的发展就要求测绘能及时地、快速地直接提供数字形式的数据。这样就促使常规的光学测量仪器向数字化测量仪器发展，促进了数字化测绘生产体系的建立，并推动 GIS、全站式电子速测仪和数字摄影测量等技术的发展。另一方面，测绘科学也推动了 GIS 的发展，自 20 世纪 50~60 年代以来，解析测图仪、机助测图系统、全站式测量仪器将测量结果以数字的形式直接输入电子计算机，为 GIS 系统的空间数据的采集和更新创造了必要的条件基础。

1978 年，国际测量师联合会(FIG)规定，第三委员会的主要任务是研究地理信息系统。国际摄影测量学会(ISP) 在 1970～1980 年，对地理信息系统中的数字地形模型(DTM)，从理论到实践整整研究了 10 年的时间。而后，建立了专门工作组从事数字测图和 GIS 工作，并用 GIS 系统为测绘工作服务。可以说，测绘的发展也推动了 GIS 的发展。

　　摄影测量与遥感是一门 20 世纪 60 年代以后发展起来的学科。它与测绘学一样，不但为 GIS 提供快速、可靠、多时相和廉价的多种信息源，而且它们中的许多理论和算法可直接用于空间数据的变换、处理。遥感信息的多源性，弥补了常规野外测量所获取数据的不足和缺陷。遥感图像处理技术上的巨大成就，则使人们能够从宏观到微观的范围内快速而有效地获取和利用多时相、多波段的地球资源与环境的遥感信息，进而为改造自然、造福人类服务。中国北斗卫星导航系统(BeiDou Navigation Satellite System，BDS)是中国自行研制的全球卫星导航系统，是继美国全球定位系统(GPS)、俄罗斯格洛纳斯卫星导航系统(GLONASS)之后第三个成熟的卫星导航系统。该系统已成功应用于测绘、电信、水利、渔业、交通运输、森林防火、减灾救灾和公共安全等诸多领域，产生显著的经济效益和社会效益，特别是在 2008 年北京奥运会、汶川抗震救灾中发挥了重要作用。

　　GIS 与制图学的关系也非常紧密，机助制图也是起步点之一。早期的 GIS 往往受到地图制图在内容表达、处理和应用方面的习惯影响。但是建立在计算机技术和空间信息技术基础上的 GIS 数据库和空间分析方法，并不受传统纸质地图平面的限制。GIS 不只是存取和绘制地图的工具，更是存取和处理空间实体的有效工具和手段，存取和绘制地图只是其功能之一。

　　3. 计算机科学与技术

　　计算机科学与技术的发展直接推动了 GIS 的进步，计算机科学为地理空间信息的表达、存储、处理、分析和应用提供了有力的工具，其数据库技术为 GIS 提供数据的管理、更新、查询和维护功能。计算机图形学为 GIS 空间数据的计算机表达提供了算法基础。软件工程为 GIS 的系统设计提供了科学的方法。网络技术为 GIS 发展成为社会信息设施的重要组成部分奠定了基础。计算机硬件的发展使得大数据量的空间数据的显示、计算、表达成为可能。其数据库管理系统(DBMS)和计算机辅助设计(CAD)成为 GIS 软件设计与开发的基础，进而促进了 GIS 软件的开发。

1.5　地理信息系统的发展

地理信息系统(GIS)自 20 世纪 60 年代萌芽以来，至今已发展得相当成熟。作为传统学科与现代技术相结合的产物，地理信息系统正逐渐发展成为一门处理空间数据的现代综合学科。其研究的重点已从原始的算法和数据结构，转移到更加复杂的数据库管理和围绕 GIS 技术使用的问题上，并开始涉及地理信息科学的建立及地理信息的社会化服务。它的含义已从最初的系统(system)扩展为科学(science)和服务(service)。地理信息科学的出现使人们对地理信息的关注从技术层面逐渐转移到理论层面，地理信息服务的出现又使人们对地理信息的关注从理论和技术层面转到社会化和应用层面。

1.5.1　GIS 发展简史

地理信息系统技术的创立、发展与地理空间信息的表示、处理、分析和应用技术的不断发展密切相关。GIS 的快速发展得益于几个因素：一是计算机技术的发展；二是空间信息技术(如遥感技术)的发展；三是海量空间数据处理、管理和综合空间决策分析、应用对其极大地推动。GIS 技术的发展与计算机技术的发展紧密联系，纵观 GIS 发展过程，可将其分为四个阶段。

1. 开拓阶段(20 世纪 60 年代)

20 世纪 60 年代初，计算机技术开始应用于地图制作。相对于传统的地图制作方式，计算机辅助制图(机助制图)具有许多优越性，如快速、廉价、灵活多样、易于更新、操作简便，同时它具有制图质量高及便于存储、量测、分类、合并和叠置等优点，因此，计算机很快就成了地图信息存储和计算处理的装置。1963 年，加拿大测量学家 Roger F. Tomlinson 首先提出了地理信息系统这一术语，并开始设计开发世界上第一个地理信息系统——加拿大地理信息系统(CGIS)，用于处理加拿大土地调查中获得的大量数据。该系统由加拿大政府组织于 1963 年开始研制，并于 1971 年正式投入使用，它被认为是世界上最早建立的、较为完善的实用地理信息系统。由于当时计算机硬件系统功能较弱，这限制了 GIS 软件技术的发展，主要表现在计算机存储能力小、磁带存取速度慢、地理分析功能比较简单等方面。到 20 世纪 60 年代末期，针对 GIS 一些具体功能的软件技术有了较大进展，主要表现在：

(1) 栅格-矢量转换技术、自动拓扑编码以及多边形中拓扑误差检测等方法得以发展，开辟了分别处理图形和属性数据的途径。

(2) 具有属性数据的单张或部分图幅可以与其他图幅或部分在图形边界自动拼接，从而构成一幅更大的图件，使小型计算机能够分块处理较大空间范围(或图幅)的数据文件。

(3) 采用命令语言建立空间数据管理系统，如对属性再分类、分解线段、合并多边形、改变比例尺、测量面积、产生图和新的多边形、按属性搜索、输出表格和报告以及多边形的叠加处理等。

这一时期，地理信息系统发展的另一显著标志是，许多与 GIS 有关的组织和机构纷纷建立并开展工作。例如，1966 年美国城市和区域信息系统协会(URISA)成立，1968 年城市信息系统跨机构委员会(UAAC)成立，同年国际地理联合会(IGU)的地理数据收集和处理委员会(CGDSP)成立，1969 年美国州信息系统全国协会(NASIS)成立。这些组织和机构相继组织了一系列的地理信息系统国际讨论会，这对于传播地理信息系统知识和发展地理信息系统技术起到了很重要的作用。

2. 巩固阶段(20 世纪 70 年代)

进入 20 世纪 70 年代以后，随着计算机硬件和软件技术的飞速发展，数据处理速度加快，内存容量增大，新的输入、输出设备不断出现，尤其是大容量存取设备—— 硬盘的使用，为空间数据的录入、存储、检索和输出提供了强有力的手段。显示器和图形卡的发展增强了人机交互和高质量图形显示功能，促使 GIS 应用迅速发展起来，尤其在自然资源和环境数据处理中的应用，促使地理信息系统进一步发展。美国、德国、瑞典和日本等国家先后建立了许多不同专题、不同规模、不同类型的地理信息系统。例如，1970 ~ 1976 年，美国地质调查局(USGS)先后建成了 50多个信息系统，分别用于获取和处理地理、地质和水资源等领域的空间信息。

此外，基于遥感数据的地理信息系统逐渐受到重视，并做了一些有益的尝试，如将遥感纳入地理信息系统的可能性、接口问题以及遥感支持的信息系统的结构和构成等问题。美国喷气推动实验室在 1976 年研制成功了基于影像数据处埋的地理信息系统，它可以处理 Landsat 影像多光谱数据。美国国家宇航局(NASA)的地球资源实验室在 1979 ~ 1980 年，开发了一个名为 ELAS 的地理信息系统，该系统可以接收 Landsat MSS 影像数据、数字化地图数据、机载热红外多波段扫描仪以及海洋卫星合成孔径雷达的数据，用以生成国土资源专题图。

随着地理信息系统技术的发展，地理信息系统受到了政府部门、商业公司和大学的普遍重视，许多团体、机构和公司开展了 GIS 的研制工作，它推动了 GIS 软件的发展。据国际地理联合会(IGU)地理数据遥测和处理小组委员会 1976 年的调查，处理空间数据的软件已有 600 多个，完整的 GIS 有 80 多个。这一时期地图数字化输入技术有了一定的进展，开始采用人机图形交互技术，数据编辑修改工作变得容易，提高了工作效率，同时也出现了扫描输入技术。但这一时期 GIS 的图形功能不强，数据分析与管理的能力也较弱，在技术方面没有新的突破。

3. 发展阶段(20 世纪 80 年代)

20 世纪 80 年代是 GIS 发展的重要阶段。由于计算机技术、通讯技术的快速发展，计算机价格的大幅度下降，功能较强的微型计算机系统的普及和图形输入、输出、存储设备以及远程通信传输设备的快速发展，使得计算机在许多部门得到广泛应用，大大推动了 GIS 软件的发展，产生了大量基于微机的 GIS 软件系统，使 GIS 技术逐渐走向成熟。

GIS 软件技术在以下几个方面有了很大的突破。

(1) 在栅格扫描输入的数据处理方面，尽管扫描数据的处理要花费很长的机时，但是仍可大大提高数据输入的效率。

(2) 在数据存储和运算方面，随着硬件技术的发展，GIS 软件处理的数据量和复杂程度大大提高，许多软件技术固化到专用的处理器中。

(3) 遥感影像的自动校正、实体识别、影像增强和专家系统分析软件明显增加。

(4) 在数据输出方面，与硬件技术相配合，GIS 软件可支持多种形式的地图输出。

(5) 在地理信息管理方面，开始采用完全面向数据管理的数据库管理系统(DBMS)管理数据，专门针对 GIS 空间关系表达和分析的空间数据库管理系统也有了很大的发展。

(6) 在 GIS 理论指导下研制的 GIS 工具具有高效率和更强的独立性和通用性，更少依赖于应用领域和计算机硬件环境，为 GIS 的建立和应用开辟了新的途径。

随着技术的发展，GIS 应用的领域也迅速扩大，从资源管理、环境规划到应急响应，从商业服务区域划分到政治选举分区等，涉及许多的学科领域，如古人类学、景观生态规划、森林管理、土木工程以及计算机科学等。它从比较简单、功能单一而分散的系统发展到多功能、有共享性的综合性信息系统，并向智能化发展，用于支持空间分析、预报和决策，同时开始用于解决全球性的问题。这时期，许多国家制定了本国的地理信息系统发展规划，建立了一些政府性、学术性机构，如美国于 1987 年成立了国家地理信息与分析中心(NCGIA)，同年英国成立了地理信息协会(GIA)。同时，商业性的咨询公司、软件制造商大量涌现，并提供系列专业化服务。地理信息系统不仅引起工业化国家的普遍兴趣，也受到了发展中国家的重视，国际间的合作也日益加强，开始探讨建立国际性地理信息系统的可能性。

4. 普及阶段(20 世纪 90 年代)

进入 20 世纪 90 年代,由于计算机的软硬件均得到飞速的发展,计算机已进入千家万户,同时互联网用户也飞速增长。随着地理信息产业的建立和数字化信息产品在全世界的普及,地理信息系统已深入到各行各业乃至各家各户,成为人们生产、生活、学习和工作中不可缺少的工具,尤其是政府决策部门在一定程度上由于受地理信息系统影响而改变了原有的机构设置、运行方式与工作计划等。另外,社会对地理信息系统认识普遍提高,需求大幅度增加,进一步促进了地理信息系统应用的扩大与深化。作为信息化社会的基础设施之一,GIS 已融入到人类社会的各个方面,包括社区服务、车辆服务、手机位置服务、社交、娱乐、健康、医疗、教育等多个方面,大众化 GIS 已成为必然趋势。

我国地理信息系统起步较晚,中国科学院陈述彭院士最早主张将地理信息系统作为一个新学科和技术领域,标志着我国开始组建队伍进行地理信息系统领域的探索性试验工作。我国地理信息从 20 世纪 80 年代初开始,在新中国系列制图、机助制图和遥感制图的基础上,在老一辈科学家的提携和带领下,经过全国 GIS 单位和科学工作人员的共同努力,从无到有,从试验研究到实际应用,从技术开发到理论探讨,取得了长足的进步。地理信息系统在中国的发展壮大经过准备、起步、发展、实用化和产业化等阶段。

1.5.2　GIS 中"S"的发展

1. "S"从"System"到"Science"

地理信息系统是在实践中逐渐发展和形成的计算机信息系统学科。地理信息系统是一个技术创新和技术应用的新领域,也是变化迅速的一个新领域。毋庸置疑,计算机技术的发展对 GIS 的发展起着重要作用。20 世纪 60 年代,计算机技术开始应用于地图制作,并成为地图信息存储和计算处理的装置,为地理信息系统的萌芽提供了湿润的土壤。随着 GIS 的发展,它的含义已从最初的系统(system)扩展为科学(science)和服务(service)。特别是以移动 GIS、LBS、VGI 为代表的 GIS 技术的发展使 GIS 逐渐走进了人们的日常生活,GIS 的发展也同时呈现出一种社会化(society)。可以说地理信息系统已经成长为一棵参天大树,而种下这颗种子的就是被称为"GIS 之父"的 R. F. Tomlinson(图 1-13)。

R. F. Tomlinson 提出把常规地图变成数字形式地图,并存入计算机的想法。他首先提出了"地理信息系统"这一术语,并建立了世界上第一个实用的地理信息系统——加拿大地理信息系统(CGIS),用于自然资源的管理和规划。随后的一段时间里,GIS 中的"S"被认为是一种系统,一种特殊的计算机系统。此时人们多从技术和方法的角度来论述地理信息系统，强调的是面向资源、环境、区域等领域对空间数据进行采集、处理、管理、分析的计算机系统。

随着时间的推移，GIS 的应用和研究都得到了很大的发展。进入 20 世纪 90 年代后，学者们通过对地理信息系统理论的研究，认为地理信息系统并不仅仅是技术，还有许多理论需要不断地探索与研究，运用"科学"来解释 GIS 显得更加贴切。地理信息科学(geographic information science)这个术语应运而生，其较早出现于 Michael F. Goodchild 于 1992 年发表的论文。他认为对地理信息问题的研究可以形成一门学科，如研究生成、处理、存储和应用地理信息的过程中出现的问题，可以说是他最早提出"地理信息科学"的概念。

Michael F. Goodchild 教授，美籍英裔地理学家，美国加州大学圣巴巴拉分校地理学退休教授，是美国科学院地理信息科学院士，目前依然活跃在 GIS 研究的最前沿(图 1-14)。他的主要研究领域是地理信息科学、空间数据不确定性、空间分析等。2007 年，他首次提出了志愿者地理信息(volunteered geographic information，VGI)的概念，该概念是目前 GIS 研究的热点问题之一。

图 1-13　R. F. Tomlinson 教授和他的妻子　　图 1-14　Michael F. Goodchild 教授

2. "S" 从 "Science" 到 "Service/Society" 的融合

随着信息化、网络化、数字化向纵深发展，互联网与空间地理信息系统相互交织，数字地球、智慧地球逐步从理念转为应用，地理信息服务逐渐融入到百姓的日常生活当中。Google 地图、百度地图、51 地图等日益成为人们生活的一部分，GIS 融入到 IT 行业，成为 IT 行业不可分割的一部分，"S" 的含义演变为服务 "Service" 顺理成章。当同时论述 GIS 技术、GIS 科学或 GIS 服务时，为避免混淆，一般用

GIS 表示技术，GIScience 或 GISci 表示地理信息科学，GIService 或 GISer 表示地理信息服务。

地理信息服务主要由网络 GIS 和移动 GIS 来实现，早期李德仁院士(图 1-15)提出以 4A 为代表的 GIS 服务，即实现随时(anytime)、随地(anywhere)为所有的人(anybody)和事(anything)提供实时 GIS 服务。近几年来，随着空间信息网格、云计算等技术的发展，GIS 服务的发展更加深入。空间信息格网和云计算以一种新的结构、方法和技术来管理、访问、分析、整合分布的空间数据，利用各种资源提供服务，例如，海量空间数据的存储、管理，高性能空间信息处理，异构空间资源共享等。随着技术的进步，总体上地理信息服务呈现出三个明显的发展趋势。

图 1-15　李德仁教授。武汉大学测绘遥感信息工程国家重点实验室教授，是目前国内地理信息系统研究领域最负盛名学者之一。中国科学院院士，中国工程院院士，国际欧亚科学院院士

(1) 地理信息服务领域更加广泛。地理信息技术的发展使得过去繁重的地图编绘、测绘数据处理等地理信息直接相关的工作强度大大降低，效率和质量大大提高，使得地图的共享、应用更加方便。例如，天地图网站的建立，极大地方便了基础地理信息的贡献使用，也推动了其他行业的发展；百度地图的发展，为个人生活提供了极大的便利。地理信息服务在政府、企业和个人三个方面越来越深入。

(2) 地理信息服务内容更加丰富。早期的地理信息服务内容受网络环境、软硬件技术等多方面的因素影响，地理信息服务以地图浏览展示为主，内容单调。软硬件及相关技术的发展，使目前地理信息服务包含了更丰富的内容，如百度地图提供了定位、导航等功能。近几年大数据技术的崛起，更多深入的服务内容正在形成，如百度热力图、景区热点图等融合了深入空间分析功能的地理信息服务呈现出快速发展趋势。

(3) 地理信息服务形式更加开放。早期地理信息服务多是开发者开发功能，而用户被动地使用这些功能。计算机技术和网络技术的发展，使地理信息服务更加开放。开放的地理信息资源变得越来越丰富，普通大众也可创建属于自己的地理信息服务。

GIS 的快速发展，在人们日常生活中发挥了重要的作用。GIS 与社交媒体如微博、Twitter、YouTube 等关联，使人们能实时地跟踪事件，也增加了与街景、卫星影像的关联。GIS 与人们社会化生活融合，呈现出明显的社会化发展趋势，在公众参与式 GIS(PPGIS)和自发地理信息(VGI)方面的发展和应用表现得越来越明显。

1) 公众参与式 GIS

公众参与式 GIS(公众参与式地理信息系统,PPGIS)的产生可以追溯到 20 世纪 60 年代的美国城市改造运动,公众开始有意识地影响和干预城市规划,从而产生了参与决策的需求。随后,学者们对公众参与的概念及理论开展了广泛的研究,至 90 年代中期 PPGIS 的概念正式提出,并得到了快速发展。但时至今日,PPGIS 还没有一个统一的定义,有些专家描述 PPGIS 是社会行为和技术在某一具体地理空间上的集成,这些社会行为包括参与行为、草根阶层、行政决策、互联网等,技术包括计算机软硬件、数据、网络等。也有学者认为 PPGIS 是一个与由规划、人类学、地理、社会工作和其他社会科学产生的社会理论和方法相联系的跨社会科学和自然科学的研究,是社会行为与 GIS 技术在某一地理空间上的融合。PPGIS 公众具有获取、交换有关数据或信息并参与或共享 GIS 进而参与决策的权利和机会,体现个人、社会、非政府组织、学术机构、宗教组织、政府和私人机构之间的合作伙伴关系,其目的是提升社会民主和生态的可持续发展等。

国外(尤其是欧美地区)相关研究人员或机构积极研究参与式的方法及其在社会生活中的应用。例如,《社区参与与 GIS》一书中提供了多种有关 PPGIS 的构想、实施、预测等方面的研究,如对“公众”是谁、参与方式、参与模式、PPGIS 系统评价模型等多个方面的研究。我国对 PPGIS 的研究比国外晚,基本是在 2000 年以后才开始,且以理论探讨居多。

应用研究中,PPGIS 在城市规划方面的讨论较多。例如,有研究人员认为在城市规划中可以借鉴西方的经验,将 GIS 技术逐步应用于我国的公众参与工作,具体可在确定发展目标和规划方案优选两个阶段应用;也有人结合土地利用规划各阶段公众参与的特点提出了 GIS 辅助土地利用规划公众参与的框架等;还有将 PPGIS 应用于地震灾害风险分析,在灾害发生前通过应用 PPGIS 调查当地公众对灾害风险的认知,实现区域地震灾害风险的评价。

总体上,PPGIS 还不成熟,在多个方面仍需发展和探索。理论方面,由于它横跨自然科学和社会科学,所以研究的范围很广泛。整个 PPGIS 的理论研究显得很分散,呈现出各自为战的态势,没有形成一些集中的研究方向。人们更多的是不断地提出一些新问题进行探讨和辩论,很少在同一问题上达成共识,如 PPGIS 的定位(是一门科学,一种技术,还是一种工具)、PPGIS 与 GIS 的关系、PPGIS 与 VGI 的关系等。技术实现上,对 PPGIS 涉及技术的全面总结也还比较少;应用实践上,PPGIS 的应用模式也有待深入开发,实用型成熟 PPGIS 应用仍然在形成中。

2) 自发地理信息

自发地理信息(volunteer geographic information，VGI，也可称为志愿者地理信息)，是关于地理信息采集、管理、应用能由大众自发完成的一系列新观念和与此相关的新技术的总称。VGI 于 2007 年由 Goodchild 提出，强调普通用户以普通手持 GPS 终端、开放获取的高分辨率遥感影像以及个人空间认知的地理知识为基础参考、创建、编辑、管理、维护的地理信息。其核心观念认为，大众在互联网络、开放的地理信息处理工具和在线地理信息可视化工具等的帮助下，也可以成为地理信息的生产者和消费者。

Internet 的快速发展和广泛应用是 VGI 产生的时代背景，这一背景下 Web 对社会生活和日常信息传播的影响不断扩大与深化。Web 2.0 则是 Web 发展的一个转折点，它改变了 Web 网络中用户是单纯的信息接收者这一模式，而代之以用户既是信息的消费者也是信息的生产者的新模式。Web 2.0 依靠用户主动地提供信息内容，网站开发和维护者的任务是有效地组织、管理这些信息内容以方便其他人的浏览，使信息的创建、共享、浏览效率最大化。用户创建内容也与众包(crowd sourcing)以及集体智慧(collective intelligence)等新概念紧密相关。

传统地理数据生产、管理、更新、应用都由专业人士主持开展，VGI 与此不同，它包括比传统地理数据更广泛的内容，并随客观世界的变化而更新。由于技术的发展如手持 GPS、智能手机、社交媒介，越来越多的传统信息被用户标记上地理坐标，从而使它们能够作为空间对象被数据库所管理并成为 VGI 数据的一部分。

目前的生产实践中，测绘相关部门依据规范生产地理框架数据，而那些不属于框架数据的特定地理信息则因收集难度大或成本高而被忽略，如地名、别名、社会文化或历史信息、非标准地理要素、建筑物及其内部布局等。VGI 应用的支持者认为这些遗漏可以由维基百科式的收集与共享机制来补足。

自发地理信息的概念与多种观念、模式、方法与技术相关。它包括大众化数据采集的成果，任何人都可以将他对某一个地理位置的认识和了解以地理信息的形式共享出来，这些信息被整理进一个开放的在线地理数据库，并随着时间的推移与用户协作，从而不断地趋于全面与准确。VGI 数据的意义在于补充现存地理框架数据的不足，为更好地描述现实世界提供细节数据。VGI 是协作劳动和集体智慧的产物，而且具有随时编辑的特性，使得 VGI 数据能够在多数人的检验下尽可能地保持现势性。VGI 数据的意义还在于通过 VGI 的数据采集模式提供一个公共版权的数据集，使得每个人都能够获得关于这个世界上什么地方有什么东西的知识，同时，每个人都能够利用这一个数据集来开发自己需要的特定应用。

目前，自发地理信息已在导航、应急救灾、环境监测、鸟类迁移等领域发挥了好的作用。OpenStreetMap(OSM)是目前最成功的 VGI 应用之一，其目标旨在创造一个内容自由且能让所有人编辑的世界地图，建立一整套免费的全球范围矢量地理数据集地图的矢量数据以开放数据库授权方式授权(图 1-16)。其主要的数据来源包括用户自发提供的 GPS 设备记录轨迹数据、用户标注的地名数据以及免费获取的遥感影像数据和矢量化的影像数据等。大量的公众参与了 OSM 数据的贡献工作，推动了 OSM 的快速发展，OSM 已成为全球重要地理信息数据源之一。

图 1-16　OSM 主界面

来源于 http://www.openstreetmap.org

1.5.3　GIS 期刊

在 GIS 发展过程中许多期刊刊登了大量的 GIS 研究论文，极大地推动了 GIS 科学与技术的发展。与 GIS 专题密切相关的英文国际期刊大致有两种：一种是国际学术研究型期刊，如创刊于 1987 年的 GIS 领域最早的期刊——*International Journal of Geographic Informaiton Science* (国际地理信息科学杂志)，其他还有 *Geoinformatica*, *Geographic System*, *Transaction in GIS* 等；另一种是新闻和应用型期刊，如 *Geospatial Solutions*, *Geoworld* 等。

由于 GIS 的学科交叉性，与 GIS 研究和应用相关的其他领域的期刊也登载了大量的 GIS 研究论文，如地图制图、摄影测量与遥感、计算机、城市管理、地理学、大地测量等。这些国际期刊包括：

Cartography and Geographic Information System (制图学和地理信息系统)

The Cartographic Journal(英国制图学杂志)

Cartographica(加拿大地图学国际期刊)

Cartography(澳大利亚地图学国际期刊)

Remote Sensing of Environment (环境遥感)

International Journal of Remote Sensing(国际遥感杂志)

ISPRS Journal of Photogrammetry and Remote Sensing(国际摄影测量遥感杂志)

IEEE Transactions on Geoscience and Remote Sensing(IEEE 地球科学与遥感汇刊)

Annals of the Association of American Geographers(美国地理学家联合会会刊)

Computers, Environment and Urban Systems(计算机、环境与城市系统)

Applied Geography(应用地理学)

Surveying and land information system(测量与土地信息系统)

Computers and Geosciences(计算机与地学)

Spatial Cognition and Computation(空间认知和计算)

国内的一些测绘类、地理类、遥感类和计算机类核心期刊较多地登载 GIS 理论与应用论文,如《测绘学报》《武汉大学学报信息科学版》《地理学报》《遥感学报》等。

1.6　主流 GIS 软件介绍

1.6.1　国外主要商业化 GIS 软件

1. ArcGIS

ArcGIS 是美国 ESRI 公司在全面整合了 GIS 与数据库、软件工程、人工智能、网络技术及其他多方面的计算机主流技术之后,成功地推出的代表 GIS 最高技术水平的全系列 GIS 产品。ArcGIS 作为一个可伸缩的平台,无论是在桌面,在服务器,在野外还是通过 Web,都能为个人用户或群体用户提供 GIS 的功能。ArcGIS 系列软件包括:ArcGIS 桌面(ArcGIS for Desktop)、ArcGIS 服务(ArcGIS for Server)、ArcGIS 在线(ArcGIS Online)等。ArcGIS 软件体系架构如图 1-17 所示。

1) ArcGIS for Desktop

为 GIS 用户提供的用于信息制作和使用的工具。利用 ArcGIS for Desktop,可以实现任何从简单到复杂的 GIS 任务。ArcGIS for Desktop 包括了高级的地理分析和处理能力、强大的编辑工具、完整的地图生产过程以及数据和地图分享体验。ArcGIS for Desktop 是一个系列软件套,它包含了多个带有用户界面的 Windows

桌面应用：ArcMap，ArcCatalog，ArcGlob，ArcScene，ArcToolbox 和 ModelBuilder，每一个应用都具有丰富的 GIS 工具。在 ArcGIS for Desktop 10.3 中，还推出了一个全新的应用程序 ArcGIS Pro。

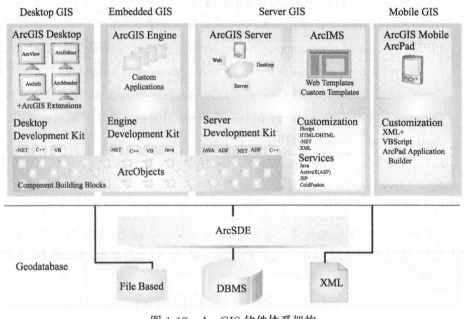

图 1-17　ArcGIS 软件体系架构

　　ArcMap 是 ArcGIS for Desktop 中一个主要的应用程序，承担所有制图和编辑任务，也包括基于地图的查询和分析功能。对 ArcGIS for Desktop 来说，地图设计是依靠 ArcMap 完成的。ArcMap 通过一个或几个图层集合表达地理信息，而在窗口中又包含了许多地图元素，通常一张地图拥有多个地图元素，包括的元素有比例尺、指北针、地图标题、描述信息和图例等。

　　ArcMap 提供两种类型的地图视图：地理数据视图和地图布局视图。在地理数据视图中，对地理图层进行符号化显示、分析和编辑 GIS 数据集。ArcMap 的地图文档可以发布为一个 ArcGIS for Server 的 GIS 地图服务。地图服务是 ArcGIS for Server 的主要服务类型，几乎是所有服务器 GIS 应用的基础，包括 Web 地图浏览、编辑、分析、工作流以及移动 GIS。

　　ArcCatalog 应用程序帮助用户组织和管理所有的 GIS 信息，比如地图、数据、文件、Geodatabase、空间处理工具箱、元数据、服务等。用户可以使用 ArcCatalog 来组织、查找和使用 GIS 数据，同时也可以利用基于标准的元数据来描述数据。

GIS 数据库管理员使用 ArcCatalog 来定义和建立 Geodatabase。GIS 服务器管理员则使用 ArcCatalog 来管理 GIS 服务器框架。自 ArcGIS 10.0 开始，ArcCatalog 已经嵌入到各个桌面应用程序中，包括：ArcMap，ArcGlobe 和 ArcScene。

ArcGloble 是 ArcGIS for Desktop 中实现 3D 可视化和 3D 空间分析的软件组件。ArcGlobal 提供了全球地理信息连续、多分辨率的交互式浏览功能，支持海量数据的快速浏览。像 ArcMap 一样，ArcGlobal 也是使用 GIS 数据来组织数据，显示 Geodatabase 和其他数据格式中的信息。ArcGlobal 具有地理信息的动态 3D 视图。ArcGlobal 图层放在一个单独的内容表中，将所有的 GIS 数据源整合到一个通用的球体框架中。它能处理数据的多分辨率显示，使数据集能够在适当的比例尺和详细程度上可见。

ArcScene 是 ArcGIS for Desktop 系统中实现 3D 可视化和 3D 空间分析的应用程序，需要配备 3D 分析扩展模块。它是一个适合于展示三维透视场景的平台，可以在场景中漫游并与三维矢量栅格数据进行交互，适用于小场景 3D 分析和显示。ArcScene 基于 OpenGL，支持 TIN 数据显示。显示场景时，ArcScene 会将所有数据加载到场景中，矢量数据以矢量形式显示。

2) ArcGIS for Server

ArcGIS for Server 是基于 SOA 架构的 GIS 服务器，通过它可以跨企业或跨互联网以服务形式共享二、三维地图，地址定位器，空间数据库和地理处理工具等 GIS 资源，并允许多种客户端(如 Web 端、移动端、桌面端等)使用这些资源创建 GIS 应用。ArcGIS for Server 也可以方便地用于构建云 GIS 系统，目前 ArcGIS for Server 已在 Amazon 上建设了可落地的公有云 ArcGIS Online，ArcGIS for Server 为私有云的落地也提供了解决方案。

3) ArcGIS Online

ArcGIS Online 是基于云的协作式平台，允许组织成员使用，创建和共享地图、应用程序和数据，以及访问权威性底图和 ArcGIS 应用程序。通过 ArcGIS Online，用户可以访问 ESRI 的安全云，在其中可将数据作为发布的 Web 图层进行管理、创建和存储。由于 ArcGIS Online 是 ArcGIS 系统的组成部分，还可以利用其扩展 ArcGIS for Desktop、ArcGIS for Server、ArcGIS Web API 和 ArcGIS Runtime SDK 的功能。

4) ArcGIS Engine

在许多应用中,用户需要通过定制应用或者在现有应用中增添 GIS 逻辑来实现对 GIS 的需求，而这些应用程序常常是运行在 Windows 和 Linux 上，ArcGIS

Engine 则被用来建立这样一些应用程序。ArcGIS Engine 是 ArcObjects 组件跨平台应用的核心集合，它提供多种开发的接口，可以适应 .NET，Java 和 C++等开发环境。开发者可以使用这些组件来开发和 GIS 相关的地图应用，应用程序可以建立并且部署在 Windows 和 Linux 等通用平台上，这些应用程序包括从简单的地图浏览到高级的 GIS 编辑程序。

ArcGIS Engine 可以开发嵌入式应用、独立的 GIS 应用，并能与 ENVI 集成实现 GIS 和遥感的一体化应用，支持平板电脑并开发高级的编辑功能，如定制的轻量级 ArcGIS for Desktop 应用。ArcGIS Engine 根据用户需求可以开发出含有专业的 GIS 功能的应用，如网络分析、空间分析、3D 分析等。ArcGIS Engine 还可以作为 ArcGIS for Server 或 ArcGIS Online 的客户端，访问 SOAP 或以 REST 的方式服务。

5) ArcGIS Mobile

ArcGIS Mobile 是 ArcGIS 套件中移动 GIS 解决方案之一，可将 ArcGIS 的应用范围扩展到野外，并通过以任务为中心的野外应用程序运用于车载 Windows 触摸设备和手持式 Windows Mobile 设备中。ArcGIS Mobile 针对企业用户，支持现场工作流模式，可供手持机或车载使用来代替传统的纸质测量。

ArcGIS Mobile 包含 3 个部分：

首先，是一个以任务为向导的移动应用程序 Mobile Application，此应用程序适用于 Windows Mobile 和 Windows 设备，并使用 Web 服务架构在现场与办公室之间同步信息。

其次，是一个名为"Mobile 项目中心"(mobile project center)的桌面应用程序，该程序用来对现场地图和现场工作流进行配置。ArcGIS Mobile 包含现场地图浏览、现场观测和现场数据采集任务。

最后，ArcGIS Mobile 还包含一个用于构建专用应用程序的 SDK，所构建的程序既适用于 Windows Mobile 设备也适用于 Windows(笔记本电脑/平板电脑)设备。利用 Mobile SD 可以把基于 ArcGIS 的业务任务和工作流程扩展到移动领域，开发人员还可以把 ArcGIS 的功能嵌入到现有的移动业务应用中来。

2. MapInfo

MapInfo 是美国 MapInfo 公司(后被 Pitney Bowes 公司收购，2009 年改名为其子公司 Pitney Bowes Business Insight)的桌面地理信息系统软件，是一种数据可视化、信息地图化的桌面解决方案。它依据地图及其应用的概念、采用办公自动化的操作、集成多种数据库数据、融合计算机地图方法、使用地理数据库技术、加入了地理信息系统分析功能，形成了具实用价值的，可以为各行各业所用的大众化小型软件系统。MapInfo 含义是 "mapping+information(地图+信息)"，即 "地图对象+属性数据"。

相比较 ArcGIS 软件，MapInfo 具有结构简单、操作方便等特点，在实际中也得到了广泛的应用。MapInfo 套件包括：MapInfo Professional、MapInfo MapX、MapInfo MapXtreme、MapInfo MapX Mobile、MapInfo Spatialware 等软件。

MapInfo Professional 是一套基于 Windows 平台的地图化信息解决方案。它可以方便、直观地展现数据和地理信息的关系，其周密而详细的数据分析能力可以帮助用户从地理的角度更好地理解商业信息，辅助用户做出更具洞察力的分析和决策。

MapInfo MapX 是基于 ActiveX 的组件式 GIS 开发工具，与 VB、VC、PB、Delphi 等应用开发平台无缝连接，可以很方便地将地图功能集成到各类商业应用中。MapInfo MapX 可以简单理解为单机版的 GIS 开发工具。

MapInfo MapXtreme 是 MapInfo 家族中用于开发 WebGIS 的软件，其分为MapInfo MapXtreme for Windows 和 MapInfo MapXtreme Java Edition 两种版本，分别直接面向.Net 和 Java 的开发。通过 MapXtreme，用户可以在 Internet/Intranet上发布基于电子地图的应用系统。所有的最终用户只需在自己的机器上安装浏览器即可访问存放在服务器端的空间数据，用户可以很方便地对地图进行放大、缩小、漫游、查询、统计等操作。可以说 MapXtreme 系列是在 MapX 的基础上开发出来的支持 B/S 结构的产品。

MapInfo MapX Mobile 是一个可以用在手持电脑上的 MapX 平台，它是为Pocket PC 开发用户化地图应用软件所开发的工具。用 MapX Mobile 开发的应用软件支持 Pocket PC 的 Windows CE 操作系统，并可以单独在设备上运行，无需无线连接。它是 MapX and MapXtreme for Windows 的自然延伸，用 MapX Mobile开发的应用软件运行在移动的 Pocket PC 上，显示来自 MapXtreme 的地图信息。

MapInfo Spatialware 是 MapInfo 公司最新推出的空间数据库服务器，发布了基于 Oracle、DB2、MS SQL Server、Informix 等数据库的各种版本。它的主要作用是能够把复杂的 MapInfo 地图对象存入大型数据库中，并能为其建立空间数据索引，从而在数据库服务器上实现对属性数据和空间图形对象数据的统一管理。前端用户可以像访问普通数据库字段一样访问这些图形对象字段，开发出完整的 C/S、B/S 模式下的 MapInfo 应用程序。

3. Skyline

Skyline 是美国 Skyline 公司研发的一套优秀的三维数字地球平台软件，通过应用三维数字化显示技术，利用航空影像、卫星数据、数字高程模型和其他的 2D 或 3D 信息源，包括 GIS 数据集层等，创建一个对真实世界进行模拟的三维场景和交互式环境。它能够允许用户快速地融合数据、更新数据库，并且有效地支持大型数据库和实时信息流通信技术，Skyline 还能够快速和实时地展现给用户 3D 地理空间影像，是国内目前制作大型真实三维数字场景的常用软件之一。

SkylineTerra 套件中最主要的三维地理信息软件主要包括以下三类。

TerraBuilder：融合海量的遥感航测影像数据、高程和矢量数据，以此来创建有精确三维模型景区的地形数据库，允许用户快速创建、编辑和获得 Skyline 三维地表数据集。TerraBuilder 可以使用户为其地理参考的应用创建一个现实影像的、地理的、精确的地球三维模型。它支持多种输入格式，能够合并不同分辨率和大小的数据，将数据进行重新投影生成相同投影参考的数据，还能对源数据进行区域裁减，能够生成任意大小的现实的、详细的场景。

TerraExplorer Pro：它是一个桌面工具应用程序，使得用户可以浏览、分析空间数据，并对其进行编辑，添加二维或三维的物体、路径、场所以及地理信息文件。TerraExplorer Pro 用于编辑、注释和发布现实影像的交互的 3D 环境，可用自己的影像来构建数字世界。用户还可以定制 Terra experience 使当地地理地物高亮显示，在 3D 地图上叠加自有的专题信息，创建交互式应用，突出一个地区的特征等。TerraExplorer 与 TerraBuilder 所创建的地形库相连接，并且可以在网络上直接加入 GIS 层。

TerraGate：它是一种网络数据服务器技术，实现三维地理数据的实时传送。TerraGate 能够同时向数以千计的客户传送 Skyline 数字地球数据。TerraGate 和视频流技术不同，它基于网络无缝可变带宽运行，当用户接收到初始低分辨率影像后开始三维显示，可为用户展示无缝的三维图像。

1.6.2 国内主要商业化 GIS 软件

1. SuperMap

SuperMap GIS 是北京超图软件股份有限公司开发的大型地理信息系统软件平台。SuperMap 由于其国产化、产品类型齐全，目前已成为国内优秀的 GIS 平台软件之一。SuperMap GIS 系列产品分 GIS 平台软件、GIS 应用软件与 GIS 云服务三类。其中，GIS 云服务包括超图在线 GIS 平台(SuperMapOL.com)、地图慧

(www.dituhui.com);GIS 应用软件包括:SuperMap SGS(共享交换平台)、SuperMap MMIS(矿政管理信息系统)、SuperMap Floor(房产项目测绘软件)、SuperMap FieldMapper(野外专业数据采集软件)等。SuperMap 软件体系架构如图 1-18 所示。

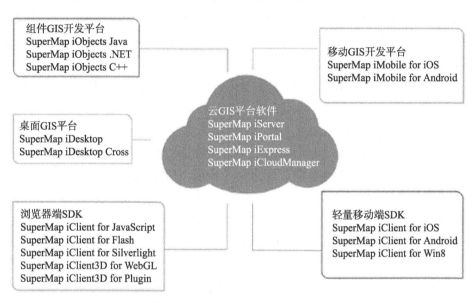

图 1-18 SuperMap 软件体系架构

SuperMap iDesktop 是插件式桌面 GIS 平台,具备二三维一体化的数据处理、制图和分析等功能,并且支持.NET 环境的插件式扩展开发,可快速定制行业应用系统。

SuperMap iDesktop Cross 是开源的跨平台专业桌面 GIS 软件,提供了数据处理、地图制图、二三维一体化浏览等功能,支持界面定制。

SuperMap iObjects 是 SuperMap 中组件式 GIS 开发平台,分别面向 JAVA、.NET 和 C++具有不同的版本。

SuperMap iServer 是 SuperMap 套件中的服务式 GIS 软件,采用面向服务的地理信息共享方式,用于构建 SOA 应用系统和 GIS 专有云系统。

SuperMap iCloudManager 是超图 GIS 云管理器,可在云计算平台中部署 GIS 业务环境,解决云 GIS 平台管理问题,并与 SuperMap GIS 各产品共同构成 SuperMap 云 GIS 解决方案。

SuperMap iMobile 是移动 GIS 开发平台,支持 Android 和 IOS 操作系统的智能移动终端,可快速开发各类在线和离线的移动 GIS 应用。

2. GeoGlobal

GeoGlobal 的前身为"吉奥之星"(GeoStar)，是国内主要的自主版权 GIS 平台之一。武大吉奥创立之初的技术成果来源于以李德仁院士和龚健雅院士为首的原武汉测绘科技大学 GIS 研究中心，经多年发展 GeoGlobal(GeoStar)已成为国产优秀地理信息平台软件之一。目前吉奥之星的软件套件包括：GeoGlobe、GeoStack、GeoSmarter 等多个软件平台。

GeoGlobe 是一个架构完整、易学易用、功能强大、部署灵活、可伸缩的地理信息平台软件。该软件可通过桌面、服务器、Web、移动智能终端对地理信息进行处理、管理、发布、浏览及相关分析；同时还可提供灵活便捷的二次开发支持，为个人或群体用户提供丰富的 GIS 功能，享受智能的地图服务。GeoGlobe 能快速部署、建设地理信息共享服务，集成行业应用系统，支持同行业垂直管理部门之间空间信息数据的汇总统计与分析、各行业领域之间空间信息数据的集成与应用，充分发挥空间信息共享带来的社会效益和经济效益。GeoGlobe 由 GeoGlobe Desktop、GeoGlobe Server、GeoGlobe Mobile 功能模块构成。

吉奥地理信息智能云(GeoStack)是为政府机构、企事业单位、智慧城市运营商等类型客户的 GIS 云需求而量身定做的，可支持业界主流基础 IT 云平台。GeoStack 可较好地满足其 GIS 时空云平台应用的需求。GeoStack 可将所有服务云化，包括 GeoGlobe 的各种分析服务、OGC 服务、GeoSmarter 的大数据分析管理服务等，并能够为智慧城市的大数据分析管理提供软件服务，为智慧城市云平台运行、维护以及运营提供支撑平台。

吉奥智慧服务平台(GeoSmarter)是一套应对大数据时代下政府和企业信息化的变革而规划的平台化解决方案，其目标是以大数据为核心，构建政府或企业级智慧服务中心。智慧服务中心作为政府或企业的智慧服务引擎，为政府和企业的重大决策、信息公开和互联互通提供技术保障。GeoSmarter 基于数据融合平台、大数据平台和智慧运营平台，融合互联网、物联网以及各行业的业务数据，打造智慧服务中心，为城市管理者提供城市的关键指标状态监测及趋势分析、预警预报，同时为系统运营者提供数据、服务的共享发布和订阅管理。

3. MapGIS

MapGIS 是中地数码集团的产品名称，是中国具有完全自主知识版权的地理信息系统软件之一，MapGIS 是支持空中、地上、地表、地下真三维一体化的 GIS 开发平台。

MapGIS 产品的体系框架包括：开发平台、工具产品和解决方案。

(1) 开发平台包括服务器开发平台(DC Server)、遥感处理开发平台(RSP)、三维 GIS 开发平台(TDE)、互联网 GIS 服务开发平台(IG Server)、嵌入式开发平台(EMS)、数据中心集成开发平台和智慧行业集成开发平台，并可用于专业领域应用开发。

(2) 工具产品覆盖各行各业，包括矢量数据处理工具、遥感数据处理工具、国土工具产品、市政工具产品、三维 GIS 工具产品、房产工具产品和嵌入式工具产品。

(3) 解决方案是包括开发平台、需求文档、设计文档、使用文档的一款集成化服务。MapGIS 在三维 GIS/遥感、数字城市/数字市政、国土/农林、通信/广电/邮政领域都有运用，同时在 WebGIS、"金盾二期"PGIS、森林防火、房地产信息管理、质量监督等行业也有相应的应用解决方案。

1.6.3 开源 GIS

1. 桌面 GIS 系统

Quantum GIS：QGIS 是优秀的开源的地理信息桌面软件之一，QGIS 的开发起源于 2002 年，遵循 GPL 开源协议，其主界面如图 1-19 所示。QGIS 目前提供的功能包括矢量和栅格数据的查看，支持 PostGIS、shp、MapInfo 等开源和商用软件数据格式，也支持 OGC 标准的 Web 服务格式数据。QGIS 提供了创建、编辑、

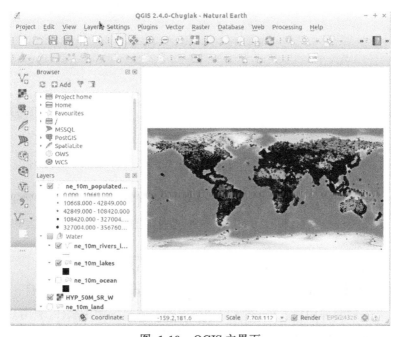

图 1-19 QGIS 主界面

管理和导出数据的功能。QGIS 也提供了功能强大的空间分析功能，还集成了 GRASS 的分析工具，其中包括超过 400 个的空间分析模块。QGIS 还可以通过插件的形式对其功能进行扩展，支持 C++或 Python 对其进行开发。

uDig：uDig 是由 Eclipse 富客户端平台(Eclipse RCP)开发的开源(遵循 BSD 开源协议)桌面应用框架，其主界面如图 1-20 所示。uDig 可以作为一个独立的应用程序，也可以作为插件扩展 Eclipse RCP。uDig 的目标在于提供一个面向 Java 的完整桌面 GIS 解决方案，实现地理数据的编辑、查看、操作等功能。uDig 支持 shp 格式 GIS 数据，除了提供桌面 GIS 的常用功能，还支持面向 Internet 的应用，支持标准 OGC 协议(如 WMS、WFS、WPS 等)。

图 1-20　uDig 主界面

2. 服务式 GIS

Geoserver 和 MapServer 是优秀的开源服务式 GIS 软件平台，在全球拥有大量的用户。通过 GeoServer 和 MapServer 可实现地理信息的 Web 服务发布、管理等功能。

1) GeoServer

GeoServer 始于 2001 年的 Topp(The Open Planning Project)项目，是一个基于 JAVA 开发的允许用户发布，共享地理数据的开源 GIS 服务软件。利用 GeoServer 可以方便地发布地图数据，允许用户对特征数据进行更新、删除、插入操作，通过

GeoServer 可以比较容易地在用户之间迅速共享空间地理信息。

GeoServer 兼容 WMS 和 WFS，支持 PostgreSQL、Shapefile、ArcSDE、Oracle、VPF、MySQL、MapInfo 等多种数据格式，能够将网络地图输出为 jpeg、gif、png、SVG、KML 等格式。Gerserver 还支持上百种地图投影，能够运行在任何基于 J2EE/Servlet 的容器之上，通过嵌入 MapBuilder 支持 AJAX 的地图客户端 OpenLayers。

2) MapServer

MapServer 是美国明尼苏达大学(University of Minnesota，UMN)在 20 世纪 90 年代利用 C 语言开发的开源 WebGIS 项目。MapServer 是一套基于胖服务器端/瘦客户端模式的实时地图发布系统，客户端发送数据请求时，服务器端实时地处理空间数据，并将生成的数据发送给客户端。MapServer 的核心部分是 C 语言编写的地图操作模块，它本身许多功能的实现依赖一些开源或免费的库。

MapServer 基于 C 语言，利用 GEOS、OGR/GDAL 对多种矢量和栅格数据的支持，通过 Proj.4 共享库实时的进行投影变换。同时，还集合 PostGIS 和开源数据库 PostgreSQL 对地理空间数据进行存储和 SQL 查询操作，基于 Kamap、MapLab、Cartoweb 和 Chameleon 等一系列客户端 JavaScript API 来支持对地理空间数据的传输与表达，并且遵守 OGC 制定的 WMS、WFS、WCS、WMC、SLD、GML 和 Filter Encoding 等一系列规范。

3) 空间数据库 PostgreSQL

PostgreSQL 是一个自由的对象-关系数据库服务器(数据库管理系统)，它在灵活的 BSD 开源许可证下发行。PostgreSQL 支持大部分 SQL 标准并且提供了许多其他现代特性，如复杂查询、外键、触发器、视图、事务完整性、MVCC 等。同样，PostgreSQL 可以用许多方法扩展，比如通过增加新的数据类型、函数、操作符、聚集函数、索引。

PostgreSQL 支持丰富的数据类型，其中有些数据类型连商业数据库都不具备，比如 IP 类型和几何类型等。另外，PostgreSQL 是全功能的自由软件数据库，支持事务、子查询、多版本并行控制系统(MVCC)、数据完整性检查等特性。PostgreSQL 采用的是比较经典的 C/S(client/server)结构，为了便于客户端的程序的编写，由数据库服务器提供统一的客户端 C 接口，并提供丰富的接口支持，几乎支持所有类型的数据库客户端接口。

4) 空间数据引擎 PostGIS

PostgreSQL 数据库在 GIS 领域得到了广泛的应用，已成为空间信息领域最优秀的开源数据库软件之一，而这得益于 PostGIS。PostGIS 在其基础上实现空间对象的扩展，使 PostgreSQL 数据库成为了一个真正的大型空间数据库。PostGIS 在对象关系型数据库 PostgreSQL 上增加了存储管理空间数据的能力，相当于 Oracle 的 spatial 部分。PostGIS 最大的特点是符合并且实现了 OpenGIS 的一些规范。PostGIS 提供的空间信息服务功能包括：空间对象、空间索引、空间操作函数和空间操作符。

PostGIS 以 GNU 的 GPL 协议实现开源，任何人都可以自由地得到 PostGIS 的源码并对其做研究和改进。正是由于这一点，PostGIS 得到了迅速的发展，越来越多的爱好者和研究机构参与到 PostGIS 的应用开发和完善当中。

5) WebGIS 开发平台 OpenLayers

OpenLayers 是一个用于开发 WebGIS 客户端的 JavaScript 包。OpenLayers 支持的地图来源包括 Google Maps、Yahoo、Map、微软 Virtual Earth 等，用户还可以用简单的图片地图作为背景图，与其他的图层在 OpenLayers 中进行叠加。除此之外，OpenLayers 实现访问地理空间数据的方法都符合行业标准。OpenLayers 支持 Open GIS 协会制定的 WMS(web mapping service)和 WFS(web feature service)等网络服务规范，可以通过远程服务的方式，将以 OGC 服务形式发布的地图数据加载到基于浏览器的 OpenLayers 客户端中进行显示。OpenLayers 2.4 版本以后提供了矢量画图功能，方便动态地展现点、线和面的矢量地理数据。

思考题

1. 举例说明什么是地理数据，解释地理数据与地理信息的区别和联系。
2. 什么是信息系统？什么是地理信息系统？简述二者的区别和联系。
3. 简述地理信息系统的构成。
4. 地理信息系统的功能有哪些，请结合生活中的实例描述。
5. 简述 GIS 发展中"S"的变化。
6. 学习安装一个 GIS 软件，并进行简单操作。

第 2 章　GIS 空间数据表达基础

地理信息系统中的空间概念常用"地理空间"（geo-spatial）来表达，所有地理空间的数据必须嵌入到一个空间参考系中才能进行空间分析。应用地理空间与地理坐标系可以解决地球表面信息空间定位和表达的问题。地图投影解决如何将地球曲面信息展绘到二维平面上的问题。这些是对地理信息表达、分析和应用的基础，也是地理信息系统的基础。本章介绍地理空间与地理坐标系、地图投影、常用的地图投影以及 GIS 中坐标系与地图投影的应用等内容。

2.1　地理空间与地理坐标系

广义的地理空间是指上至大气电离层、下至地幔莫霍面之间的空间区域，有着广阔的范围。但一般地理空间指的是地球表层，其基准是陆地表面和大洋表面，它是人类活动频繁发生的区域，是人地关系最为复杂、紧密的区域。

地理信息是有关地理空间中物质的性质、特征与运动状态的表征，以及一切有用的知识，它是对表达地理特征与地理现象(空间现象)之间关系的地理数据的解释。在地理信息系统中，地理空间被定义为绝对空间和相对空间两种形式。绝对空间是具有属性描述的空间位置的集合，由一系列不同位置的空间坐标值组成；相对空间是具有空间属性特征的实体的集合，是由不同实体之间的空间关系构成。所有地理空间的数据必须嵌入到一个空间参考系中才能进行空间分析。根据地球空间参考建立空间参考系统，能够解决地球表面信息空间定位和表达的问题，即地球的几何模型问题。

GIS 中的图层需在空间上相匹配，例如，要使跨越省界的道路网互相连接起来，需把它们转换成相同的空间参照系统。GIS 用户通常在平面上对地图要素进行处理，这些地图要素代表地球表面的空间要素。地图要素的位置是基于用 x 轴和 y 轴表示的坐标系统平面，而地球表面空间要素的位置是基于用经纬度值表示的地理坐标系统。地图投影可从一种坐标系统过渡到另一种坐标系统，投影的过程就是从地球表面转换到平面，输出结果为一个地图投影，即可用于投影坐标系统。通常从互联网或政府部门获取 GIS 项目所需的数据集，一些数字化数据集用经纬度值度量，另一些用不同的投影坐标，如果这些数据要放在一起使用，那么使用前必须先经过处理。

2.1.1　地球椭球体

1. 地球的自然表面

地球的自然表面是包括海洋底部、高山高原在内的固体地球表面。固体地球表面的形态是由多种成分的内、外地貌应力在漫长的地质年代里综合作用的结果，所以非常复杂，难以用一个简洁的数学表达式描述出来，不适合直接数学建模，也无法进行运算。

2. 地球的物理表面

由于地球的自然表面不能作为测量与制图的基准面，因此，应该寻求一种与地球自然表面非常接近的规则曲面，来代替这种不规则的曲面。地球表面的72%被流体状态的海水所覆盖，于是可以假设一个当海水处于完全静止的平衡状态时，从海平面延伸到所有大陆下部，而与地球重力方向处处正交的一个连续、封闭的水准面，这就是大地水准面。由于海水温度、盐度差异等原因，大地水准面仍然不是一个规则的曲面，也难以直接用一个简单的几何形状和数学公式表示。

3. 地球的数学表面

虽然大地水准面的形状十分复杂，但从整体看，其起伏变化是微小的，非常接近于绕自转轴(短轴)的旋转椭球体。假想一个扁率极小的椭圆，绕大地球体短轴旋转所形成的规则椭球体称之为地球椭球体，此椭球体近似于大地水准面。地球椭球体表面是一个规则的数学表面，可以用数学公式表达，所以在测量和制图中就用它替代地球的自然表面，因此就有了地球椭球体的概念。地球自然表面、大地水准面和地球椭球面及其之间的相互关系如图2-1所示。

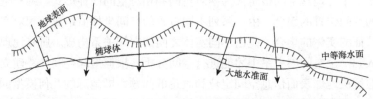

图 2-1　地球自然表面、大地水准面和地球椭球面及其之间的相互关系

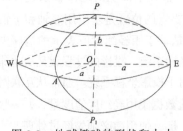

图 2-2　地球椭球的形状和大小

地球椭球体表面是一个规则的数学表面(图2-2)。椭球体的大小，通常用两个半径：长半径 a 和短半径 b，或由一个半径和扁率来决定。扁率 f 表示椭球的扁平程度。扁率的计算公式为：$f=(a-b)/a$。这些地球椭球体的基本元素 a、b、f 等，由于推求它的年代、使用的方法以及测定的

地区不同，其结果并不一致，故地球椭球体的参数值有很多种。世界各国常用的地球椭球体的数据见表 2-1。

表 2-1　各种常用地球椭球体模型

椭球体名称	年份	长半轴/m	短半轴/m	扁率
埃佛勒斯(Everest)	1830 年	6 377 276	6 356 075	1:300.8
贝塞尔(Bessel)	1841 年	6 377 397	6 356 079	1:299.15
克拉克(Clarke)	1866 年	6 378 206	6 356 584	1:295.0
克拉克(Clarke)	1880 年	6 378 249	6 356 515	1:293.5
海福德(Hayford)	1910 年	6 378 388	6 356 912	1:297
克拉索夫斯基(Krasovsky)	1940 年	6 378 245	6 356 863	1:298.3
I.U.G.G.	1967 年	6 378 160	6 356 775	1:298.25

　　世界各个国家在大地测量中，均会采用一个地球椭球代表地球。选定某一个地球椭球体后，仅解决了椭球的形状和大小问题。要把地面大地网归算到该椭球面上，还必须确定它同大地体的相关位置，这就是所谓的椭球定位和定向问题。地球椭球体的定位就是将具有确定元素的椭球与地球的相关位置确定下来，从而确定测量计算基准面的具体位置和大地测量起算的具体数据。椭球定位一般是通过大地原点的天文观测来实现的，包括大地原点的天文经度、天文纬度和原点至某一方向的天文方位角。一个形状、大小和定位、定向都已确定的地球椭球叫参考椭球。参考椭球一旦确定，则标志着大地坐标系已经建立。

　　一个国家或地区在建立大地坐标系时，为使地球椭球面更切合本国或本地区的自然地球表面，往往需要选择合适的椭球参数，确定一个大地原点的起始数据，并进行椭球的定位和定向。显然，不同的椭球参数构成不同的大地坐标系。相同的地球椭球参数，由于定位或定向不同(或定位、定向均不相同)，将构成不同的大地坐标系，大地原点上不同的大地起始数据表明属不同的大地坐标系。

　　我国历史上曾经使用过的椭球体包括：

　　(1) 海福德椭球体(1910)，我国 1952 年前采用的椭球体。

　　(2) 克拉索夫斯基椭球体(1940)，我国北京 54 坐标系采用的椭球体。

　　(3) 1975 年 IUGC 推荐椭球体(IAG，1975)，我国西安 80 坐标系采用的椭球体。

　　(4) WGS-84 椭球体(GPS 系统椭球体)，国际通用的 WGS-84 坐标系椭球体。

　　(5) CGCS2000(2000 国家大地坐标系)椭球体，我国 2000 大地坐标系采用的椭球体。

2.1.2　地理坐标系的分类

　　通常将用经度和纬度表示地面点位的坐标系统称为地理坐标系，在测量学科中也常常称为大地坐标系。地理坐标系统由椭球体和大地基准面决定，大地基准面是利用特定椭球体对特定地区表面的逼近，正是为追求好的逼近效果，不同区域或国家采用不同的基准或椭球体，因此也产生了不同的地理坐标系。

根据坐标系中心的选取方法不同，可将地理坐标系分为参心坐标系和地心坐标系。根据坐标系不同，坐标轴与坐标值的确定方法不同，可将地理坐标系分为大地坐标系和空间直角坐标系。两种分类方法可以相互混合，如参心空间直角坐标系和参心大地坐标系。除了空间坐标系，GIS 中还大量使用平面直角坐标系。

1. 大地坐标系

大地坐标系是大地测量中以参考椭球面为基准面建立起来的坐标系。地面点的位置用大地经度、大地纬度和大地高度表示。大地坐标系的确立包括选择一个椭球、对椭球进行定位和确定大地起算数据。大地坐标系为右手系，采用大地经、纬度和大地高描述空间位置 (B, L, H)，即地面点沿椭球的法线投影到基准面的位置。

如图 2-3 所示，Z 为椭球旋转轴，S 为南极，N 为北极。包括旋转轴 NS 的平面称为子午面，子午面与椭球面的交线称为子午线，也称为经线。垂直于旋转轴 NS 的平面与椭球面的交线称为纬线。圆心为椭球中心 O 的平行圈称为赤道。建立大地坐标系，规定以椭球的赤道为基圈，以起始子午线(经过英国格林尼治天文台的子午线)为主圈。对于图中椭球面上任一点而言，其大地坐标为以下方面。

大地经度 L：过 P 点的子午面与起始子午面间的夹角。由格林尼治子午线起算，向东为正，向西为负。大地纬度 B：在 P 点的子午面上，P 点的法线 PK 与赤道面的夹角。由赤道起算，向北为正，向南为负。大地高是空间点沿参考椭球的法线方向到参考椭球面的距离。

2. 空间直角坐标系

空间直角坐标系的坐标原点位于参考椭球的中心，Z 轴指向参考椭球的北极，X 轴指向起始子午面与赤道的交点，Y 轴位于赤道面上切按右手系与 X 轴呈 90° 夹角，某点中的坐标可用该点在此坐标系的各个坐标轴上的投影来表示，如图 2-4 所示。

3. 参心坐标系

参心坐标系是以参考椭球的几何中心为基准的大地坐标系，参心是指参考椭球的中心。在测量中，为了处理观测成果和测算控制网的坐标，通常选取以参考椭球面为基本参考面，选取参考点作为大地测量的起算点(大地原点)，利用大地原点的天文观测量来确定参考椭球在地球内部的位置和方向。参心坐标系可分为参心

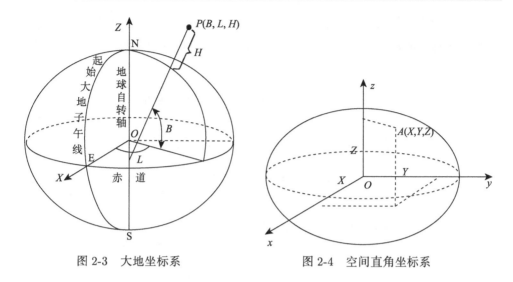

图 2-3 大地坐标系   图 2-4 空间直角坐标系

空间坐标系和参心大地坐标系，相应的坐标系建立方法与上面介绍大地坐标系和空间直角坐标系建立方法类似。

根据地图投影理论，参心大地坐标系可以通过高斯投影计算转化为平面直角坐标系，为地形测量和工程测量提供控制基础。由于不同时期采用的地球椭球不同，或其定位与定向不同，在我国历史上出现的参心大地坐标系主要有 BJZ54(老北京54 坐标系)、GDZ80(西安 80 坐标系)和 BJZ54(北京 54 坐标系)三种。

4. 地心坐标系

通俗理解地心坐标系是以地球质心为原点建立的空间直角坐标系，或以球心与地球质心重合的地球椭球面为基准面所建立的大地坐标系。因此，地心坐标系也可以分为地心空间直角坐标系(以 X, Y, Z 为其坐标元素)和地心大地坐标系(以 B, L, H 为其坐标元素)。

地心坐标系是随着科技的发展而产生的。20 世纪 50 年代之前，一个国家或一个地区都是在使所选择的参考椭球与其所在地区的大地水准面最佳拟合的条件下，按弧度测量方法来建立各自的局部大地坐标系的。由于当时除海洋上有稀疏的重力测量外，大地测量工作只能在各个大陆上进行，而各大陆的局部大地坐标系间几乎没有联系。不过在当时的科学发展水平上，局部大地坐标系已能基本满足各国大地测量和制图工作的要求。但是，为了研究地球形状的整体及其外部重力场以及地球动力现象，特别是 20 世纪 50 年代末，人造地球卫星和远程弹道武器出现后，为了描述它们在空间的位置和运动，以及表示其地面发射站和跟踪站的位置，都必须采用地心坐标系。因此，全球地心坐标系(世界坐标系)应运而生。从使用参心坐标系到地心坐标系的建立与应用，也见证了测绘空间信息技术的发展，二者的区别与联系见表 2-2。

表 2-2   地心坐标系与参心坐标系的区别与联系

主要参数	地心坐标系	参心坐标系
原点定义	以地球质心(总椭球的几何中心)为原点的大地坐标系	以参考椭球的几何中心为原点的大地坐标系
椭球定位	总地球椭球体中心与地球质心重合；总地球椭球面与全球大地水准面差距的平方和最小	参考椭圆体中心与地球质心不重合；参考椭球面与区域大地水准面差距的平方和最小
椭球定向	椭球短轴与地球自转轴重合	椭球短轴与地球自转轴平行
适用范围	全球测图	区域(国家)测图
实例	WGS84 坐标系 2000 国家大地坐标系	1954 北京坐标系 1980 西安坐标系

5. 平面直角坐标系

通常地理坐标系是一种球面坐标，由于地球表面是不可展开的曲面，这也意味着曲面上的各点不能直接表示在平面上。必须运用地图投影的方法，建立地球表面和平面上点的函数关系，使地球表面上任何一个由地理坐标确定的点，在平面上都有一个与它对应的点。由于经纬度坐标系不是一种平面坐标系，而且度不是标准的长度单位，给识图、用图带来了极大不便，因此需要建立平面直角坐标系。

在 GIS 系统的开发使用中可能遇到三种不同的平面直接坐标系。

第一种平面坐标系是在计算机图形学中广泛使用的平面直角坐标系，其坐标原点位于屏幕左上角，x 轴和 y 轴分别沿着屏幕的两个边。GIS 系统在显示地图数据时，内部会自动将其转换为平面坐标显示。

第二种平面坐标系是 GIS 系统存储数据时使用的坐标系。如图 2-5(a)所示，其坐标原点与坐标轴取决于所选择的地图投影，通常 x 轴为水平方向，y 轴为垂直方向。

第三种平面坐标系是测量制图时使用的平面坐标系，与 GIS 数据存储所使用的平面坐标系不同。如图 2-5(b)所示，其 x 轴为垂直方向，y 轴为水平方向。该坐标系常用于地形图的绘制、工程测量等领域。GIS 系统在管理这种数据时，需注意坐标系的转换。

6. 几种经纬度的比较

球面坐标系采用经纬度的方式表示地面上的点，根据参考面、参考线以及测算方式的不同，地理坐标系中有三种常见的经纬度，除了上面介绍的大地经纬度，还有天文经纬度和地心经纬度。

(1) 天文经纬度。天文经度是指首子午面与经过观察点的子午面所夹的二面角；天文纬度是指经过观测点的铅垂线与赤道面之间的夹角。天文经纬度是通过地面天文测量的方法得到的，它以大地水准面和铅垂线为依据。精确的天文测量结果(如天文经纬度和方位角)可作为大地定向控制点起始的坐标校核数据。

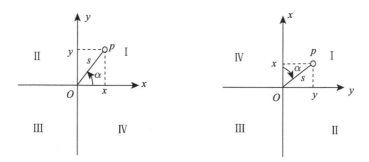

(a) GIS 使用的平面直角坐标系　　　(b) 测量制图使用的平面直角坐标系

图 2-5　平面直角坐标系

(2) 地心经纬度。地心经度的定义与大地经度的定义一样，区别在于纬度的定义。地心纬度是指参考椭球面上的某一点和椭球中心连线与赤道面之间的夹角。在地理学研究和小比例尺地图制图对经度要求不高时，经常把地球椭球体当成正球体看待，地理学研究和应用中常用球面地理坐标系，经纬度采用地心经纬度。但地图学常采用大地坐标系，经纬度常用大地经纬度，两者的区别如图 2-6 所示。

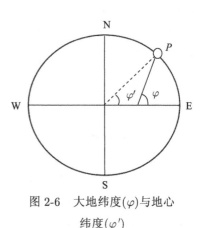

图 2-6　大地纬度(φ)与地心纬度(φ')

2.1.3　我国 GIS 常用坐标系

1. 1954 北京坐标系

1949 年前我国没有国家大地坐标系,新中国成立以后根据我国的实际情况先后建立了 3 种国家大地坐标系。我国 1954 年完成了北京天文原点的测定工作，建立了 1954 北京坐标系。新中国成立至 20 世纪 90 年代出版的地图，大多采用 1954 北京坐标系。1954 北京坐标系是苏联 1942 年普尔科沃坐标系在我国的延伸，但略有不同。

　　该坐标系属参心大地坐标系，并采用克拉索夫斯基椭球参数。此坐标系的大地原点是苏联的普尔科沃，大地点高程是以 1954 年青岛验潮站求出的黄海平均海水面为基准，高程异常是以苏联 1955 年大地水准面重新平差结果为水准起算值，按我国天文水准路线推算出来的。1954 北京坐标系建立后，30 多年来用它提供的大地点成果是局部平差结果。

　　2. 1980 国家大地坐标系

　　随着社会的发展，1954 北京坐标系(以下简称"54 坐标系")存在许多缺点和问题，难以适应现代科学研究、经济建设和国防尖端技术的需要。1980 国家大地坐标系(以下简称"80 坐标系")是 1978 年 4 月，经全国天文大地网会议决定并经有关部门批准建立的坐标系。该坐标系采用1975 年国际大地测量与地球物理联合会(IUGG)推荐的地球椭球，以中国地极原点 JYD1968.0 系统为椭球定向基准，大地原点选在西安附近的泾阳县永乐镇。此坐标系是综合利用天文、大地与重力测量成果，以地球椭球体面在中国境内与大地水准面能达到最佳吻合为条件，利用多点定位方法建立的国家大地坐标系统。80 坐标系属于参心大地坐标系，大地原点定在我国中部地区的陕西省泾阳县永乐镇，简称西安原点，大地高程以 1956 年青岛验潮站求出的黄海平均海水面为基准。

　　3. 2000 国家大地坐标系

　　随着社会的进步，国民经济建设、国防建设、社会发展、科学研究等对国家大地坐标系提出了新的要求，迫切需要采用原点位于地球质量中心的坐标系统作为国家大地坐标系。采用地心坐标系，有利于借助现代空间技术对坐标系进行维护和快速更新，测定高精度大地控制点三维坐标，并提高测图工作效率。2000 国家大地坐标系(China Geodetic Coordinate System 2000，CGCS2000)于 2008 年 3 月由国土资源部正式上报国务院《关于中国采用 2000 国家大地坐标系的请示》，并于 2008 年 4 月获得国务院批准。自 2008 年 7 月 1 日起，中国全面启用 2000 国家大地坐标系。

　　2000 国家大地坐标系是全球地心坐标系在我国的具体体现，其原点为包括海洋和大气的整个地球的质量中心。2000 国家大地坐标系采用的地球椭球参数如下。

　　(1) 长半轴：$a = 6\ 378\ 137$m；

　　(2) 扁率：$f = 1/298.257\ 222\ 101$；

(3) 地心引力常数：$GM = 3.986\ 004\ 418 \times 10^{14} \mathrm{m}^3/\mathrm{s}^2$；

(4) 自转角速度：$\omega = 7.292\ 115 \times 10^{-5} \mathrm{rad/s}$。

4. WGS-84 坐标系

由于 GPS 的普及，WGS-84 坐标系也常被使用。它是目前 GPS 所采用的地心坐标系。WGS-84 坐标系由美国国防部制图局建立，于 1987 年取代了当时 GPS 采用的 WGS-72 坐标系。WGS-84 坐标系的坐标原点为地球质心，其地心空间直角坐标系的 Z 轴指向 BIH(国际时间服务机构)1984.0 定义的协议地球极(CTP)方向，X 轴指向 BIH 1984.0 的零子午面和 CTP 赤道的交点，Y 轴与 Z 轴、X 轴垂直构成右手坐标系，又称为 1984 年世界大地坐标系统。

WGS-84 采用的椭球是国际大地测量与地球物理联合会第 17 届大会大地测量常数推荐值，其参数如下。

(1) 长半径：$a = 6\ 378\ 137 \mathrm{m} \pm 2 \mathrm{m}$；

(2) 地球引力和地球质量的乘积：$GM = (3\ 986\ 005 \pm 0.6) \times 10^8 \mathrm{m}^3/\mathrm{s}^2$；

(3) 正常化二阶带谐系数：$C_{20} = -484.166\ 85 \times 10^{-6} \pm 1.3 \times 10^{-9}$；

(4) 地球重力场二阶带球谐系数：$J_2 = 108\ 263 \times 10^{-8}$；

(5) 地球自转角速度：$\omega = (7\ 292\ 115 \pm 0.15) \times 10^{-11} \mathrm{rad/s}$；

(6) 扁率：$f = 0.003\ 352\ 810\ 664$。

2.1.4　高程系统

地面点到高度起算面的垂直距离称为高程，高度起算面又称高程基准面。选用不同的面做高程基准面，可得到不同的高程系统。一般测量工作中是以大地水准面作为高程基准面。某点沿铅垂线方向到大地水准面的距离，称为该点的绝对高程或海拔，简称高程，用 H 表示。为了建立全国统一的高程系统，必须确定一个高程基准面。通常采用平均海水面代替大地水准面作为高程基准面，平均海水面的确定是通过验潮站长期验潮来求得的。

我国的高程基准面位于青岛大港 1 号码头西端青岛观象台的验潮站，地理位置为东经 120°18′40″，北纬 36°05′15″。根据验潮站常年获取的潮位资料，经多次严格的测量计算，得到青岛验潮站海平面的高程，作为我国的高程基准，并确定相应的水准原点。

1949 年前我国没有统一的高程起算面和起算点，曾经使用过坎门平均海平面、吴淞零点、废黄河零点和大沽零点等多个高程基准面和基准点。新中国成立后采用的高程基准有以下两种。

(1) 1956 年黄海高程系。根据青岛验潮站 1950~1956 年记录资料，确定黄海平均海水面作为全国各地高程测量计算的依据，并得出水准原点高程为 72.289m。

(2) 1985 年国家高程系。1985 年采用青岛验潮站 1953~1979 年共 27 年的潮汐观测资料所求得的平均值作为新的高程起算面，并命名为 1985 年国家高程基准。以此推算了新的国家水准原点高程为 72.260m，与旧水准原点相差 28.6mm。

2.2　地　图　投　影

地图一般为平面，而它所描述的对象——地球椭球面是一个不可展的曲面。将地球椭球面上的点转换为平面上点的方法称为地图投影。所以投影的过程就是在 GIS 中基于椭球体从球形的地球表面到平面的转换，这个转换以经纬线在平面上系统排列来代表地理空间坐标系统。

在 GIS 中也可以直接使用基于地理坐标的空间数据，也有越来越多的地图使用这种数据集制作。但是地图投影有两个突出的优点：第一，地图投影可用二维的纸质或数字地图代替地球仪；第二，地图投影可用平面坐标或投影坐标，而不是经纬度值。

2.2.1　地图投影的实质

地图投影概念来源于西方。中世纪时，古地中海地区航海业比较发达，使这一地区的地图学家较早地接受地球为一球体的概念，因而产生了早期的地图投影。投影一词源于几何学，因为早期的地图投影多采用几何透视的方法来实现球面上的曲线(如经纬网)向平面转换(图 2-7)，这种转换在几何学中叫做投影。现在的地图投影绝大多数是非透视的数学转换。然而，投影一词源远流长，沿用下来并不妨碍对其进行使用。

于是从数学的角度可将地图投影理解为建立在平面上的点(用平面直角坐标或极坐标表示)和地球表面上的点(用纬度 φ 和经度 λ 表示)之间的函数关系。用数学公式表达这种关系，如式(2-1)所示。

$$\begin{cases} x = f_1(\varphi, \lambda) \\ y = f_2(\varphi, \lambda) \end{cases} \tag{2-1}$$

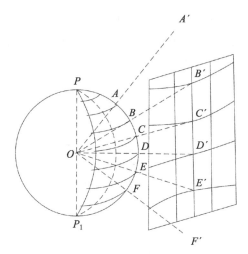

图 2-7　球心投影示意图

2.2.2　变形椭圆与地图投影变形

将地球椭球面(或球面)上的点投影到平面上，必然会产生变形，这是由于椭球面是一个不可展的曲面所决定的。在地球面上，一定间隔的经差和纬差构成经纬网格，相邻两条纬线间的多片网格具有相同的形状和大小。但投影到平面上后，往往产生明显的差异(图 2-7)，这就是投影变形所致，这种变形表现在形状和大小上发生了变形。

同样大小的经纬线网格在投影平面上变成形状和大小都不相同的图形，每种投影有它的特殊性，它们的变形是各不相同的。实质上，就是由投影产生了长度变形、面积变形以及角度变形。为了阐明作为投影变形结果各点上产生的变形概念，法国数学家底索(Tissort)采用了一种图解方法，即通过变形椭圆来论述和显示投影在各方向上的变形。可以证明地面上一点处的一个无穷小圆——微分圆(也称单位圆)，在投影后一般成为一个微分椭圆，这个椭圆便是变形椭圆，通常利用这个微分椭圆表示地图投影变形的特征。

微分椭圆长、短半轴的大小等于该点主方向的长度比。用 a，b 分别表示变形椭圆的长半轴和短半轴，假定变形圆半径为单位 1($r=1$)，并称长轴与短轴的方向为主方向。变形椭圆的长短半轴的大小等于该点主方向的长度比，该比值即极值长度比。如果一点上主方向的长度比已经确定，则微分椭圆的大小及形状即可确定。

通过变形椭圆的形状和大小便可以反映出投影中变形的差异(图 2-8)，如投影后为大小不同的圆形，如图 2-8(a)、(b)所示，$a=b$，则该投影为等角投影；如果投影后为面积相等而形状不同的椭圆，如图 2-8(c)、(d)所示，$ab=r^2$，则该投影为等积投影；如果投影后为面积不等、形状不同的椭圆，如图 2-8(e)、(f)所示，则该投影为任意投影，其中，如果椭圆的某半轴与微分圆的半径相等，如 $b=r$，则为等距投影。从变形椭圆中还可以看出，变形椭圆的长短半轴即为极值长度比，长轴与短轴的方向为主方向。

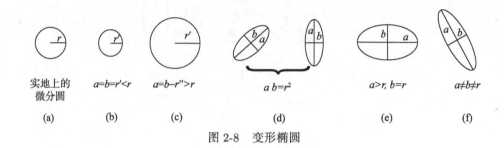

图 2-8 变形椭圆

可以用以下基本定义描述投影变形。

1) 长度变形与长度比

长度比(μ)，地面上微分线段投影后长度 ds' 与它固有长度 ds 之比值。用公式表示为

$$\mu = ds'/ds \tag{2-2}$$

长度变形(V_μ)，长度比与 1 之差值。用公式表示为

$$V_\mu = \mu - 1 \tag{2-3}$$

若 $V_\mu = 0$，投影后长度没有改变；若 $V_\mu < 0$ 投影后长度缩小；若 $V_\mu > 0$ 投影后长度增加。投影上的长度比不仅随该点的位置而变化，而且随着其在该点上的不同方向而变化。这样在一定点上的长度比存在最大值和最小值，称其为极值长度比，即变形椭圆和长短轴(a, b)长度。

2) 面积变形与面积比

面积比(p)，地面上微分面积投影后的大小 dF' 与其固有的面积 dF 之比值。用公式表示为

$$p = dF'/dF \tag{2-4}$$

面积变形，面积比与 1 之差值。用公式表示为

$$V_p = p - 1 \tag{2-5}$$

若 $V_p = 0$ 表示投影后面积没有改变；若 $V_p < 0$ 表示投影后面积缩小；若 $V_p > 0$ 表示投影后面积增加。

3) 角度变形

角度变形是指地面某一角度投影后角度值 β' 与它在地面上固有角度值 β 之差的绝对值 $|\beta'-\beta|$。一点上可有无数的方向角，投影后这无数的方向角一般都不能保持原来的大小。通常用一点的最大角度变形来衡量角度变形，称为最大角度变形，用 ω 表示。ω 由极值长度比 a, b 计算得到

$$\sin\frac{\omega}{2}=\frac{a-b}{a+b} \tag{2-6}$$

同样地，若 $\omega=0$，表示投影后角度没有改变；若 $\omega<0$，表示投影后角度缩小；若 $\omega>0$，表示投影后角度增大。

图 2-9 和图 2-10 是两个投影的示例。在投影中不同位置上的变形椭圆具有不同的形状或大小，把它们的形状同经纬线形状联系起来观察：在图 2-9 中，不同位置的变形椭圆形状差异很大，但面积大小一样。实际上这是一个等面积投影。在图 2-10 中，变形椭圆形状保持圆形，但面积大小在不同位置(不同的纬度上)差异很大。实际上，这是一个等角投影(也称正形投影)。等角投影中变形椭圆的长短半径相等，仍然是圆形，也就是形状没有变化。

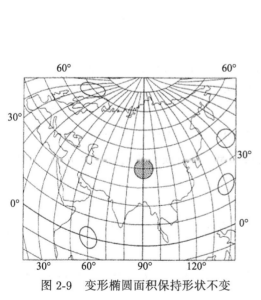

图 2-9　变形椭圆面积保持形状不变

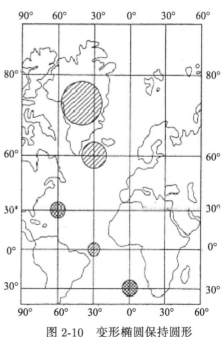

图 2-10　变形椭圆保持圆形

投影值相等的点连线称为等变形线(又称等误差线),可分为面积等变形线与最大角度等变形线等。等变形线与没有变形的点和线,组成了变形分布的系统,描述投影变形大小与分布状况。在一些投影中等变形线的形状是规则的,如与纬线形状一致或为以投影中心为圆心的圆,但大多数等变形线都是不规则的曲线。在变形分布比较简单的投影中,等变形线经常与变形椭圆配合使用,而在变形分布比较复杂的投影中,由于各处变形椭圆的差异较大,绘制变形椭圆比较麻烦,所以往往绘制等变形线来表示变形。

2.2.3 地图投影参数

标准线是定义地图投影的一个普通参数,它与地球椭球体与投影体的切割状态直接相关。标准线指的是投影面与参考椭球的切线。对于圆柱和圆锥投影,相切时只有一条标准线,而相割时则有两条标准线。如果标准线沿纬线方向则称为标准纬线,如果沿经线方向则称为标准经线。因为标准线与参考椭球相同,在投影过程中没有投影变形。远离标准线,会由于撕裂、剪切或球面压缩以符合投影面等情况导致投影变形。

比例尺是一种表述投影变形的方法,它是指地图上(或球体)距离与相应的实地距离之间的比值。主比例尺(或参照球体比例尺)是指球体半径或地球半径的比值。主比例尺仅适用于地图投影的标准线,这也是为什么标准纬线有时也称为真比例尺纬线的原因。局部比例尺适用于地图投影的其他部分,局部比例尺会依投影变形的程度而发生变化。比例系数是标准局部比例尺,即局部比例尺与主比例尺的比值。标准线的比例系统为1,如果偏离标准线,则比例系数就会变为小于1或大于1。

标准线与中心线是两个不同的概念,标准线指明投影变形分布的模式,而中心线(通常为中央纬线或中央经线)定义了地图投影的中心及原点。中央纬线有时也称为原点纬线,也不同于标准纬线。同样,中央经线不同于标准经线。横轴墨卡托投影能较好地说明中央经线与标准线之间的差异。横轴墨卡托投影通常是正割投影,它由中央经线和位于其两侧的两条标准线限定,标准线的比例系数为1,而中央经线的比例系数小于1(图 2-11)。

用作坐标系统基础的地图投影,中央纬线和中央经线确定的地图投影中心成为坐标系的原点,并将坐标系分成 4 个象限。根据点位于不同象限,其坐标(x,y)可能为正或负。为了避免坐标值 x 与坐标值 y 出现负数,可以将横坐标东移(假东),纵坐标北移(假北),形成一个伪原点,这样使所有点都落在东北象限,坐标值为正,如图 2-12 所示。

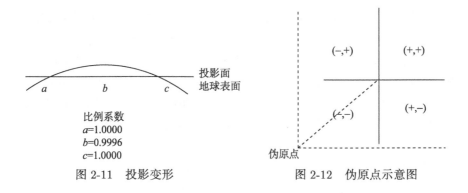

图 2-11　投影变形　　　　　　　　　　图 2-12　伪原点示意图

2.2.4　地图投影类型

地图投影的种类很多,从理论上讲,由椭球面上的坐标 (φ, λ) 向平面坐标 (x, y) 转换可以有无穷多种方式,也就是说可能有无穷多种地图投影。以何种方式将它们进行分类,寻求其投影规律,是很有必要的。人们对于地图投影的分类已经进行了许多研究,并提出了一些分类方案,但是没有任何一种方案是被普遍接受的。目前,主要是依外在的特征和内容的性质来进行分类,前者体现在投影平面上经纬线投影的形状,具有明显的直观性,后者则是投影内蕴含的变形的实质。在决定投影的分类时,应把两者结合起来,并综合考虑地理数据在 GIS 中的应用,才能选择合适的地图投影。

1. 按变形性质分类

地图投影按变形性质可分为三类:等角投影、等积投影和任意投影(含等距投影),如图 2-13 所示。

1) 等角投影

投影后在投影面上任意点的任意两条线所构成的夹角不变,即保持投影前后图形的形状不变(图形相似),因而也称为正形投影。为了保持等角的性质,必须是最大和最小长度比相等,即 $a=b$,也就是变形椭圆是圆而不是椭圆,如图 2-13(a)所示。因此从小范围看,它能保持无限小图形的相似。但需要注意的是,此投影虽然在一点上任何方向的长度比都是相等,而不同点上的长度比却不同,即不同点上的变形椭圆大小是不同的。因此,从大范围看,投影图形与地面实际形状并不完全相似。由于这种投影无角度变形便于在图上测量方向/角度,所以常用于要求方向/角度正确的地图,如航海、洋流和风向图等。此类投影面积变形很大,故在其上不能量算面积。

2) 等积投影

投影面上任一块图形的面积与地面上相应图形的面积保持相等。保证了投影前后某一微分面积不变，即投影前后的面积比为1。这种投影使梯形的经纬线变成正方形、矩形、不规则四边形等形状。虽然角度和形状变形较大，但却保持了投影面积与实地面积相等。为了保持等面积的性质，该类投影不同点上，变形椭圆的长轴拉伸，短轴缩短，导致角度变形很大，图形变形也很大，如图2-13(b)所示。

由于这种投影面积无变形，便于面积的比较和量算，所以常用于那些对面积精度要求高的自然和经济地图，如地质、土壤、土地利用、行政区划地图等。

3) 任意投影

该投影是在投影后既不保持角度不变，又不保持面积不变，它同时存在着长度、角度和面积的变形。任意投影虽然长度、面积和角度都有变形，但各种变形比较均衡。在任意投影中，有一种比较常见的等距投影，其定义为沿某一特定方向的距离，投影前后保持不变，即沿着该特定方向长度比为1。在这种投影图上并不是不存在长度变形，它只是在特定方向上没有长度变形，如图2-13(c)所示。

由于任意投影中三种变形都有，但其角度变形没有等积投影中的角度变形大，面积变形没有等角投影中的面积变形大，所以常用于那些要求各种变形适中且制图区域较大的地图，如教学地图、科学参考地图、通用世界地图等。

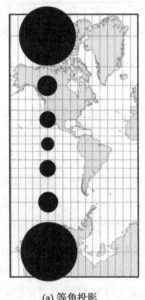
(a) 等角投影

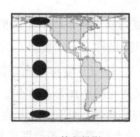
(b) 等积投影

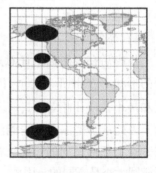
(c) 任意投影（等距投影）

图 2-13　投影及其变形

2. 根据投影面与地球表面的相关位置分类

地图投影早期是建立在透视几何原理基础上，借助辅助面将地球(椭球)面展开成平面，称为几何投影。在几何投影中首先将不可展的椭球面投影到一个可展曲面上，然后将该曲面展开成为一个平面，便得到所需要的投影，如图 2-14 所示。

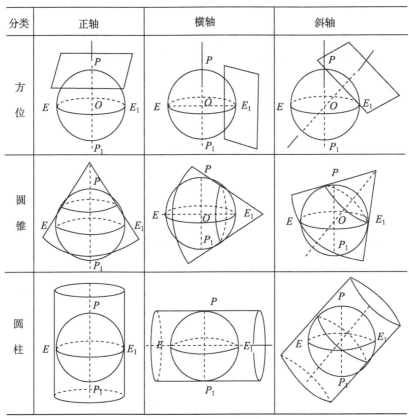

图 2-14　投影的类型

1) 按投影面类型划分

(1) 圆柱投影。以圆柱面作为投影面。

(2) 圆锥投影。以圆锥面作为投影面。

(3) 方位投影。以平面作为投影面。

2) 按投影面与地球自转轴方位的关系划分

(1) 正轴投影。投影面的中心线与地轴一致。

(2) 横轴投影。投影面的中心线与地轴垂直。

(3) 斜轴投影。投影面的中心线与地轴斜交。

3) 按投影面与地球位置关系划分

(1) 切投影。以平面、圆柱面或圆锥面作为投影面，使投影面与球面相切，将球面上的经纬线投影到平面上、圆柱面上或者圆锥面上，然后将该投影面展为平面。

(2) 割投影。以平面、圆柱面或圆锥面作为投影面，使投影面与球面相割，将球面上的经纬线投影到平面上、圆柱面上或圆锥面上，然后将该投影面展为平面。

3. 根据正轴投影时经纬网的形状分类

后来地图投影跳出几何透视原理的框架，产生了一系列按数学条件形成的投影，称为条件投影。对条件投影进行分类实质是按投影后经纬线的形状进行分类。由于随着投影面的变化，经纬线的形状会变得十分复杂。本书只介绍正轴条件下的经纬线形状，其基础又是三种基本几何投影，如图 2-15 所示。

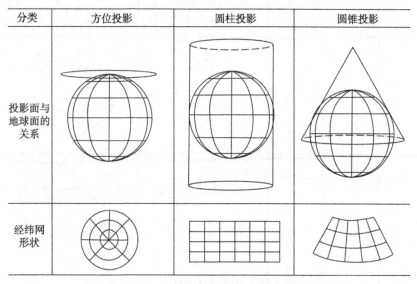

图 2-15　正轴几何投影的经纬线形状

(1) 圆锥投影。投影中纬线为同心圆圆弧，经线为圆的半径(图 2-16(c2))，且经纬间的夹角与经差成正比例。该投影按变形性质又可分为等角、等面积和任意(主要为等距离)圆锥投影。等角圆锥投影也称兰勃特(Lambert)正形圆锥投影；正轴等面积割圆锥投影也称阿伯斯(Albers)投影。

(2) 圆柱投影。投影中纬线为一组平行直线，经线为垂直于纬线的另一组平行直线，且两相邻经线之间的距离相等(图 2-16(c1))。

该投影按变形性质可分为等角、等面积和任意(包括等距离)圆柱投影。等角圆柱投影也称墨卡托(Mercator)投影，它在海图和小比例尺区域地图上有广泛应用。等角横切椭圆柱投影，即著名的高斯-克吕格投影，等角横割椭圆柱投影即通用横轴墨卡托(UTM)投影，它们广泛用于编制大比例尺地形图。

(3) 方位投影。投影中纬线为同心圆，经线为圆的半径(图 2-16(c2))，且经线间的夹角等于地球面上相应的经差。

该投影有非透视方位投影和透视方位投影之分。非透视方位投影按变形性质可分为等角、等面积和任意(包括等距离)方位投影。等面积方位投影也称为兰勃特等面积方位投影。等距离方位投影又称为波斯托(Postel)投影。

(4) 伪圆锥投影。纬线投影成同心圆弧，中央经线投影成过同心圆弧圆心的直线，其余经线投影为对称于中央经线的曲线(图 2-16(b4))。

(5) 伪圆柱投影。纬线投影成一组平行直线，中央经线投影为垂直于各纬线的直线，其余经线投影为对称于中央经线的曲线(图 2-16(b2))。

(6) 伪方位投影。纬线投影成同心圆，中央经线投影成直线，其他经线投影为相交于同心圆圆心且对称于中央经线的曲线(图 2-16(b4))。

(7) 多圆锥投影。纬线投影成同轴圆弧，中央经线投影成直线，其他经线投影为对称于中央经线的曲线(图 2-16(a))。

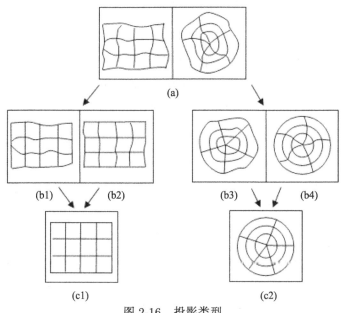

图 2-16　投影类型

4. 地图投影的命名

对于一个地图投影，完整的命名参照以下 4 个方面进行。

(1) 地球(椭球)与辅助投影面的相对位置(正轴、横轴或斜轴)。

(2) 地图投影的变形性质(等角、等积、任意性质 3 种),等距离投影属任意性质投影。

(3) 辅助投影面与地球相割、相切(割或切)。

(4) 作为辅助投影面的可展面的种类(方位、圆柱、圆锥)。

例如,正轴等角割圆锥投影(也称双标准纬线等角圆锥投影)、斜轴等面积方位投影、正轴等距离圆柱投影、横轴等角切椭圆柱投影(也称高斯-克吕格投影)等。也可以以投影的发明者的名字命名。

2.3 常用地图投影

2.3.1 高斯-克吕格投影

我国除了 1∶100 万比例尺地形图采用国际投影和正轴等角割圆锥投影外,其余全部采用高斯-克吕格投影(简称高斯投影)。

1. 投影性质

高斯投影是一种等角横切椭圆柱投影。如图 2-17 所示,把地球看成是地球椭球体,假想用一个椭圆筒横套在其上,使筒与地球椭球体的某一经线相切,椭圆筒的中心轴位于赤道上,按等角条件将地球表面投影到椭圆筒上,然后将椭圆筒展开成平面。

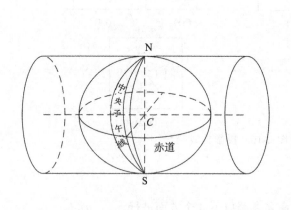
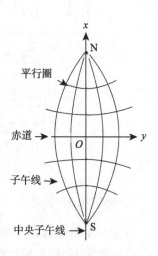

图 2-17 高斯-克吕格投影

2. 变形特征

(1) 中央经线(椭圆筒和地球椭球体的切线)和赤道投影成垂直相交的直线。

(2) 投影后没有角度变形(即经纬线投影后仍正交)。

(3) 中央经线上没有长度变形。

3. 分带规定

高斯投影没有角度变形,面积变形是通过长度变形来表达的。为了控制投影变形不致过大,保证地形图精度,高斯投影采用分带投影方法,即将投影范围的东西界加以限制,使其变形不超过一定的限度。我国规定 1:2.5 万~1:50 万地形图均采用经差 6°分带,大于等于 1:1 万比例尺地形图采用经差 3°分带。

1) 6°分带法

从格林尼治零度经线起,自东半球向西半球,每经差 6°分为一个投影带,见图 2-18。东半球的 30 个投影带,是从 0°起算往东划分,即东经 0°~6°,6°~12°,…,174°~180°,用阿拉伯数字 1~30 给以标记。各投影带的中央经线位置可用下式计算(式中 n 为投影带带号):

$$L_0 = 6° \cdot n - 3° \tag{2-7}$$

西半球的 30 个投影带,是从 180°起算,回到 0°,即西经 180°~174°,174°~168°,…,6°~0°。各带的带号为 31~60,各投影带中央经线的位置,可用下式计算(式中 n 为投影带带号):

$$L_0 = (6° \cdot n - 3°) - 360° \tag{2-8}$$

我国领土位于东经 72°~136°,共包括 11 个投影带,即 13~23 带,各带的中央经线分别为 75°,81°,…,135°,如图 2-18 所示。

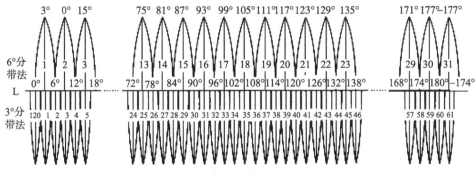

图 2-18　高斯投影分带示意图

2) 3°分带法

从东经 1°30′算起，每隔 3°为一带，将全球划分为 120 个投影带，即东经
1°30′~4°30′，4°30′~7°30′，…，东经 178°30′~西经 178°30′，…，西经 1°30′~东经 1°30′。
其中央经线的位置分别为 3°，6°，9°，…，180°，西经 177°，…，3°，0°。这样分
带的目的在于使 6°的中央经线均为 3°带的中央经线，即 3°带中有半数的中央经
线同 6°带重合，在从 3°带转换成 6°带时，可以直接转用，不需任何计算。

4. 高斯平面直角坐标网

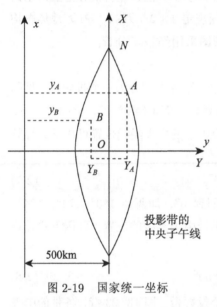

图 2-19　国家统一坐标

高斯投影平面直角网，它是由高斯投影每
一个投影带构成一个单独的坐标系。投影带的
中央经线投影后的直线为 x 轴(纵轴)，赤道投影
后的直线为 y 轴(横轴)，它们的交点为原点，
如图 2-19 所示。

我国位于北半球，全部 x 值都是正值，在
每个投影带中则有一半的 y 值为负。为了使计
算中避免横坐标 y 值出现负值，规定每带的中
央经线西移 500km。由于高斯投影每一个投影
带的坐标都是对本带坐标原点的相对值，所以，
各带的坐标完全相同。为了指出投影带是哪一
带，规定要在横坐标(通用值)之前加上带号即
可。因此，计算一个带的坐标值，制成表格，
就可供查取各投影带的坐标时使用(有关地形
图图廓点坐标值可从《高斯-克吕格坐标表》中查取)。例如，A、B 两点原来的横
坐标分别为

$$\begin{cases} y_A = 245\,863.7\text{m} \\ y_B = 168\,474.8\text{m} \end{cases} \tag{2-9}$$

纵坐标轴西移 500km 后，其横坐标分别为

$$\begin{cases} y'_A = 745\,863.7\text{m} \\ y'_B = 331\,525.2\text{m} \end{cases} \tag{2-10}$$

加上带号，如 A、B 两点位于第 20 带，其通用坐标为

$$\begin{cases} y''_A = 20\,745\,863.7\text{m} \\ y''_B = 20\,331\,525.2\text{m} \end{cases} \tag{2-11}$$

2.3.2　通用横轴墨卡托投影(UTM)

高斯投影具有许多优点，我国和世界上许多国家都采用高斯投影作为大地测量和地图投影的数学基础。但高斯投影也有不足之处，最主要的缺点是长度变形比较大，面积变形也大，特别是纬度越低、越靠近投影带边缘的地区，这些变形将更厉害。过大的变形对于大比例尺制图和 GIS 应用而言是不允许的。

另一种类似高斯投影的是通用横轴墨卡托投影(UTM)。该投影由美国军事测绘局于 1938 年提出，1945 年开始采用。从几何意义上讲，UTM 投影属于横轴等角割椭圆柱投影，如图 2-20 所示。椭圆柱割地球于南纬 80°、北纬 84°两条等高圈。它的特点是中央经线投影长度比不等于 1，而是等于 0.9996，投影后两条割线上没有变形。它的平面直角系与高斯投影相同，且和高斯投影坐标有一个简单的比例关系，因而有的文献上也称它为长度比为 0.9996 的高斯投影。

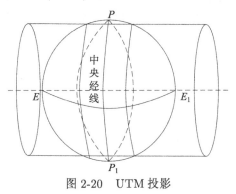

图 2-20　UTM 投影

UTM 投影中使中央经线长度比为 0.9996，是为了使得 6°带边缘的最大变形值小于 0.001 而选择的数值。两条割线上没有长度变形，离开这两条割线越远变形越大，在两条割线以内，长度变形为负值；在两条割线以外，长度变形为正值。

UTM 投影的分带与高斯-克吕格投影相似，全球划分为 60 个投影带，每带经差为 6°，以经度西经 180°算起，两条标准经线距中央经线为 180km 左右。使用时直角坐标的实用公式为

$$y_实 = y + 500\,000(轴之东用)，x_实 = 100\,000\,000 - x(南半球用) \qquad (2\text{-}12)$$

$$y_实 = 500\,000 - y(轴之西用)，x_实 = x \qquad\qquad (北半球用) \qquad (2\text{-}13)$$

由于 UTM 投影与高斯投影的相似性，某些国外 GIS 及相关软件不支持高斯-克吕格投影，但支持 UTM 投影，可把 UTM 投影坐标当作高斯-克吕格投影坐标。

2.3.3　墨卡托投影

正轴等角圆柱投影又称墨卡托投影，它是由墨卡托在 1569 年专门为航海设计的。其设计思想是令一个与地轴方向一致的圆柱相切或相割于地球，将球面上的经纬网按等角条件投影于圆柱表面上，然后将圆柱面沿着某一条经线剪开展成平面，

即得到墨卡托投影(图 2-21，图 2-22)。该投影的经纬线是相互垂直的平行直线，经线间隔相等，纬线间隔由赤道向两极逐渐扩大。图上任取一点，由该点向各方向长度比皆相等，即角度变形为 0(图 2-22(b))。在正轴等角切圆柱投影中，赤道为没有变形的线，即随着纬度增高面积变形增大。在正轴等角割圆柱投影中，两条割线为没有变形的线，在两条标准纬线之间变形为负值，离标准纬线越远变形越大，赤道上负向变形最大，两条标准纬线以外呈正变形，同样离标准纬线越远变形越大，到极点为无穷大。

墨卡托投影的最大特点是：在该投影图上，不仅保持了方向和相对位置的正确，而且能将等角航线表示为直线，因此对航海、航空具有重要的实际应用价值。只要在图上将航行的两点间连成一直线，并量好该直线与经线的夹角，一直保持这个角度航行即可到达目的地(n 为长度比)。

但由于长度变形，实际上沿等角航线航行是不经济的，最经济的航线是大圆航线，它是球面两点间的最短距离，但在墨卡托投影的地图上，大圆航线却表现为弧线，如图 2-21 所示。图 2-21 所示的墨卡托投影的地图上，从非洲南端的开普敦到

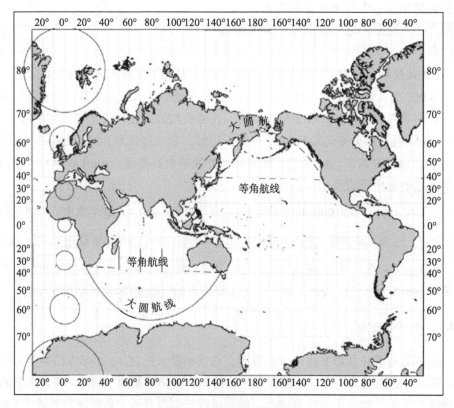

图 2-21　墨卡托投影的地图

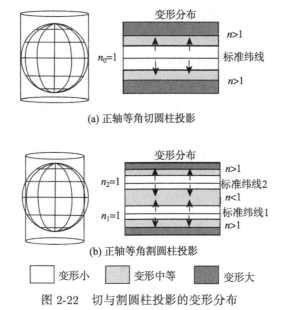

(a) 正轴等角切圆柱投影

(b) 正轴等角割圆柱投影

变形小 变形中等 变形大

图 2-22 切与割圆柱投影的变形分布

澳大利亚南端墨尔本,两点间的短虚线是等角航线,其航程是 6020 海里。两点间用长虚线表示的是大圆航线,沿大圆航线的航程是 5450 海里,要比等角航线短 570海里。为了使船舶尽可能沿大圆航线行进,同时又尽可能少地改变航向,通常是先在起讫点之间绘出大圆航线,然后将大圆航线分成若干段,将每两个相邻的点连成直线。这些直线就是等角航线。轮船航行时,在每段航线上是沿等角航线行进的,但就其整个航程来说是接近大圆航线的,既经济又方便。

2.3.4 Web 墨卡托

随着 WebGIS 技术的发展,人们需要将全球地图展示在电脑中并进行查看,于是 Google 地图、雅虎地图、开放街道地图(OSM)、bing 地图、微软虚拟地球等应用的产生,使得在 GIS 应用中形成了一种新的常用地图投影 Web 墨卡托投影,也叫球形墨卡托(spherical Mercator)。Web 墨卡托与普通墨卡托投影最大的区别是把地球模拟为球体,而不是椭球体。采用球体的主要原因是实现方便和计算简单,其精度理论上差别在 0.33% 之内,特别是比例尺越大,地物更详细的时候,差别较小。而 Google 地图和微软虚拟地球等应用主要用于地图显示而不是数值分析,故球体投影精度的损失并不重要。

Web 墨卡托投影坐标系是以整个世界范围,赤道作为标准纬线,本初子午线作为中央经线,两者交点为坐标原点,向东向北为正,向西向南为负。

(1) X 轴。由于赤道半径为 6 378 137m,则赤道周长为 $2\pi r = 2 \times 20\ 037\ 508.342\ 789\ 2$m,因此 X 轴的取值范围为 $[-20\ 037\ 508.342\ 789\ 2,\ 20\ 037\ 508.342\ 789\ 2]$。

(2) Y 轴。由墨卡托投影的公式可知,当纬度 φ 接近两极,即 90°时, y 值趋向于无穷。于是那些"懒惰的工程师"就把 Y 轴的取值范围也限定在 $[-20\ 037\ 508.342\ 789\ 2,\ 20\ 037\ 508.342\ 789\ 2]$,这样整个坐标范围便成了一个正方形。

由于目前基础地图(如 Google 地图、bing 地图等)的地图服务器通常采用切片地图实现地图的管理、传输与在客户端的显示,而采用正方形的好处在于地图服务器事先计算地图切片时提供方便,也便于切片在客户端的组织与显示。因此在投影坐标系(m)下的坐标范围是:左下角最小值(−20 037 508.342 789 2, −20 037 508.342 789 2)到右上角最大值(20 037 508.342 789 2, 20 037 508.342 789 2)。

于是新的问题产生了,Web 墨卡托投影究竟能表达的地理范围有多大。经度可取全球范围即[−180°,180°]。由于纬度不可能到达 90°,而人们为了实现表达区域的正方形而取值 20 037 508.342 789 2,经过坐标反计算,可得到纬度 85.051 128 779 806 59。因此,纬度取值范围是[−85.051 128 779 806 59, 85.051 128 779 806 59]。其余的地区多在两极,人烟稀少,使用 Google 地图的需求不大。因此,Web 墨卡托地理坐标系(经纬度)对应的范围是:最小值(−180, −85.051 128 779 806 59),最大值(180, 85.051 128 779 806 59)。

Google 地图和微软虚拟地球应用的是 Web 墨卡托。它是基于球体而不是椭球体的墨卡托投影,这样可以简化计算。因为 Google 地图和微软虚拟地球主要用于地图显示而不是数字分析,故球体投影精度的损失并不重要。GIS 用户用 Web 墨卡托在 Google 地图和微软虚拟地球叠合 GIS 图层做数据分析时,必须考虑重投影。

2.3.5　兰勃特投影

兰勃特投影是由德国数学家兰勃特拟定的,故称为兰勃特投影。兰勃特投影是一种无角度变形的正形正轴圆锥投影,将正圆锥套在地球椭球上,使圆锥面相切或相割于椭球面,根据正形投影的投影条件,将椭球投影到圆锥面上,纬线沿着母线展开成为同心圆,经线沿着母线展开成为指向两极的辐射直线,如图 2-23 所示。根据圆锥面与椭球面相切或相割的关系,可分为兰勃特切圆锥投影和兰勃特割圆锥投影。兰勃特投影的变形特征为以下方面。

(1) 角度没有变形,即投影前后对应的微分面积保持图形相似,故也称为正形投影。

(2) 等变形线和纬线一致,即同一条纬线上的变形处处相等。

(3) 两条标准纬线上没有任何变形。

(4) 在同一经线上，两标准纬线外侧为正变形(长度比大于 1)，而两标准纬线之间为负变形(长度比小于 1)。因此，变形比较均匀，变形绝对值也比较小。

(5) 同一纬线上等经差的线段长度相等，两条纬线间的经纬线长度处处相等。

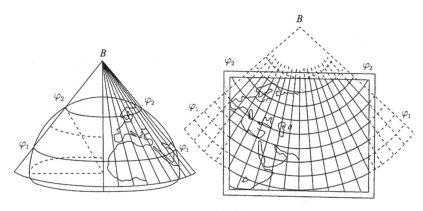

图 2-23　兰勃特投影

兰勃特投影长度变形与经度无关，只与纬度有关，离标准纬线越远的点，投影变形越大。因此，兰勃特投影对于东西走向、南北跨越窄的区域制作非常有利，是一种适用于中纬度的一种投影。在我国兰勃特投影常用于小于 1∶100 万(包括 1∶100 万)的地形图。它类似于阿伯斯投影(Albers 投影)，不同之处在于其描绘形状比描绘面积更准确。由于我国位于中纬度地区，中国地图和分省地图经常采用割圆锥投影(兰勃特投影或阿伯斯投影)，中国地图的中央经线常位于东经 105°，两条标准纬线分别为北纬 25°和北纬 47°。

采用兰勃托投影时的分幅原则与国际地理学会规定的全球统一使用的国际百万分之一地图投影一致。纬度按纬差 4°分带，从南到北共分成 15 个投影带，每个投影带单独计算坐标，每带两条标准纬线，第一标准纬线为图幅南端纬度加 30′的纬线，第二标准纬线为图幅北端纬度减 30′的纬线，这样处于同一投影带中的各图幅的坐标结果完全相同，不同带的图幅变形值接近相等，因此每投影带只需计算其中一幅图(纬差 4°，经差 6°)的投影结果即可。

2.3.6　阿伯斯投影

阿伯斯(Albers)投影是等积割圆锥投影，它是假想一个圆锥面与地球椭球旋转轴重合地套在椭球上，按等积条件把地球椭球上的经纬线投影到圆锥面上，然后沿一条母线将圆锥面切开展成平面，如图 2-24 所示。阿伯斯投影为双标准纬线投影，与兰勃特投影属于同一投影族。该投影经纬网的经线为辐射直线，纬线为同心圆圆弧，两条割纬线投影后无任何变形，投影区域面积保持与实地相等。总体上阿伯斯投影的变形特征为以下方面。

(1) 等积圆锥投影上面积没有变形。

(2) 两条标准纬线长度比等于 1。

(3) 两条标准纬线之间，纬线长度比小于 1，要保持等积，因此经线长度比要相应扩大，所以在两条标准纬线之间，纬线间隔越向中间就越大。

(4) 在两条标准纬线之外纬线长度比大于 1，要保持等积，经线长度比要相应缩小，并且经线方向上缩小的程度和相应纬线上扩大的程度相等，因此在两条标准纬线向外，纬线间隔是逐渐缩小的。

(5) 角度变形比较大，离标准纬线越远，角度变形越大。

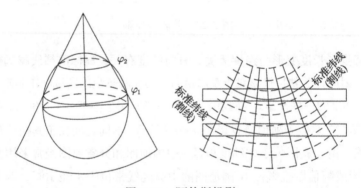

图 2-24　阿伯斯投影

与兰勃特投影类似，阿伯斯投影主要是以东西方向分布或位于中间纬度的地区的地图投影结果最佳。从北至南的整个纬度范围不应超过 30°~35°，而对于东西分布的范围没有约束。因此阿伯斯投影适用于面积较小的地区和国家，但不适合于大洲，常用于行政区划图、人口密度图、社会经济地图或自然图。在处理显示 1：400万、1：100 万的全国数据时为了保持等积特性，经常采用阿伯斯投影。如中国地图出版社出版的 1：800 万、1：600 万和 1：400 万的《中华人民共和国地图》就是采用了阿伯斯投影，双标准纬线分别为 $\varphi_1 = 25°N$ 和 $\varphi_2 = 47°N$，地图的中央经线为 105°E。

2.4　GIS 中坐标系与投影的应用

2.4.1　GIS 中地图投影标识

由于地图投影的类型很多,在 GIS 系统中采用了不同的标识来表示不同的地图投影,便于 GIS 数据的交换与互操作。目前常用的地图标识包括 EPSG、SRID、WKT 等。

EPSG 为欧洲石油测绘组(European Petroleum Survey Group, EPSG),它成立于 1986 年,并在 2005 年重组为 OGP(Internation Association of Oil and Gas Producers),负责维护并发布坐标参照系统的数据集参数,以及坐标转换描述。该数据集被广泛接受并使用,通过一个 Web 发布平台进行分发,同时提供了微软 Access 数据库的存储文件,通过 SQL 脚本文件,MySQL, Oracle 和 PostgreSQL 等数据库也可使用。

目前已有的椭球体,投影坐标系等不同组合都对应着不同的 ID 号,这个 ID 号在 EPSG 中被称为 EPSG 代码,它代表特定的椭球体、单位、地理坐标系或投影坐标系等信息。

以 Web 墨卡托投影及对应的地理坐标系统为例,在其提出与发展过程中曾经出现了几个标识。早期的 Web 墨卡托标识为 OpenLayers:900913,随后 EPSG 给出的编号为 EPSG:3785,并最终确定为 EPSG:3857。为对应 EPSG 给出的两个不同的编号,ESRI 在 ArcGIS 中分别给出了两个对应的编号,ESRI:102113 对应于 EPSG:3785,而 ESRI:102100 对应于 EPSG:3857。

SRID 为空间引用标识符(spatial reference identifier),对应于基于特定椭圆体的空间引用系统,可用于平面球体映射或圆球映射。OGC 标准中的参数 SRID,也是指的空间参考系统的 ID,与 EPSG 一致。WMS1.1.1 以前用空间参考系(spatial reference system,SRS)参数表示坐标系统,而 WMS1.3 开始用坐标参考系统(cooridnation reference system, CRS)参数表示。

WKT(OGC well-known text)和 WKB(OGC well-known binary)是 OGC 制定的空间数据的组织规范,WKT 以文本形式描述,WKB 以二进制形式描述。使用 WKT 和 WKB 能够和其他系统进行数据交换,目前大部分支持空间数据存储的数据库构造空间数据都采用这两种规范。

下面为北京 1954 地理坐标系下高斯-克吕格投影(横轴等角切圆柱投影)的相关信息：

投影方式：Gauss_Kruger

中央经线：75.000000

原点纬线：0.000000

标准纬线(1)：0.000000

标准纬线(2)：0.000000

水平偏移量：13500000.000000

垂直偏移量：0.000000

比例因子：1.000000

方位角：0.000000

第一点经线：0.000000

第二点经线：0.000000

地理坐标系：GCS_Beijing_1954

大地参照系：D_Beijing_1954

参考椭球体：Krasovsky_1940

椭球长半轴：6378245.000000

椭球扁率：0.0033523299

本初子午线：0.000000

以 WKT 形式表示该投影坐标系：

PROJCS["Gauss_Kruger",

GEOGCS["GCS_Beijing_1954",

DATUM["D_Beijing_1954",

SPHEROID["Krasovsky_1940",6378245.0,298.299997264589]],

PRIMEM["Greenwich",0.0],

UNIT["Degree",0.0174532925199433]],

PROJECTION["Gauss_Kruger"],

PARAMETER["False_Easting",13500000.0],

PARAMETER["False_Northing",0.0],

PARAMETER["Central_Meridian",75.0],

PARAMETER["Scale_Factor",1.0],

```
PARAMETER["Latitude_Of_Origin",0.0],
UNIT["Meter",1.0],
AUTHORITY["EPSG",2422]]
```

2.4.2　ArcGIS 中地图投影与坐标系

1. ArcGIS 中的三种坐标系

(1) 地理坐标系(geographic coordinate system)。用经纬度表示地物的空间位置，此时只需要选择相应的椭球体及其参数，不涉及投影。我国 GIS 中常用的地理坐标系有：北京 54 坐标系、西安 80 坐标系、国家大地坐标系 2000 以及 WGS-84 等。

(2) 投影坐标系(projected coordinate system)。用二维平面直角坐标表示地物的空间位置。此时在 ArcGIS 中不仅会设置椭球体参数，还会选择相应的投影。国内 GIS 中常用的投影为高斯投影，根据椭球体不同，可选择北京 54-高斯投影，西安 80-高斯投影和国家大地坐标系 2000-高斯投影等。

(3) 垂直坐标系(vertical coordinate system)，也就是高程坐标系。用于表达地物离开地心或者相对于标准海平面的高程。我国 GIS 中常用的高程坐标系包括：1956 黄海高程、1985 黄海高程和 WGS84 高程，在 ArcGIS 中常以 Z 值表示。

ArcGIS 中的三种坐标系选择如图 2-25 所示。

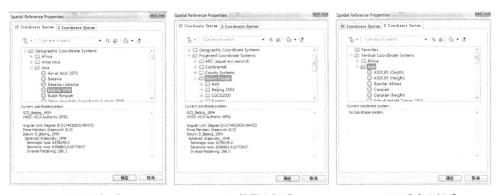

(a) 地理坐标系　　　　　　　(b) 投影坐标系　　　　　　　(c) 垂直坐标系

图 2-25　ArcGIS 中的三种坐标系

2. 即时投影(on-the-fly)与投影转换

即时投影也叫动态投影，是 GIS 厂商重点推介的一个功能。即时投影可按照与数据源不同的坐标系显示数据集。以 ArcGIS 为例对其进一步说明，数据源加载到

ArcGIS 后成为一到多个图层，同时在 ArcMap 中若干个图层也组成了数据框。数据框也拥有自己的坐标系和投影系，称为地图的主坐标参考系。地图框架中包括了一到多个数据图层，每个图层有自己的坐标参考系。这些图层的坐标参考系可能与地图主坐标参考系一致，也可能不一致。如果一致时，不存在任何问题，按照地图的主坐标参考显示其中的图层数据即可。但如果地图主坐标参考系(地图框架的坐标参考系)与其中某个图层的坐标参考系不一致时，这个图层是否能正确显示，如果可以正确显示，那将如何实现？

此时在 ArcMap 中采用即时投影可以解决这个问题，也就是将坐标参考系不一致的图层数据临时动态重投影为地图的主坐标参考系，以保证该图层的正确显示。这种动态重投影是由 ArcGIS 自动完成的，用户感觉不到。但在 WebGIS 应用中，应尽量避免即时投影，因为这样会降低系统的性能。

即时投影不是真的改变数据集的坐标参考系，只是为了适应其显示，临时调整了其坐标参考系，所以在 GIS 项目中不能用它代替数据集的重投影与投影转换。如果某个数据集在不同坐标系中频繁使用，就需要对其进行重投影。

ArcGIS 中为地图重投影提供了投影转换工具(图 2-26)。在 ArcToolbox 中针对不同格式的数据，提供了投影定义、转换等多个地图数据投影操作工具。以 ArcGIS 10.2 为例，其中的投影转换工具位于 ArcToolBox→Data Management Tools→Projections and Transformations→Feature→Project。图 2-27 展示了将数据从西安 80-高斯克吕格坐标系转换为 CGCS2000-高斯克吕格坐标系。

图 2-26　ArcGIS 投影转换工具箱

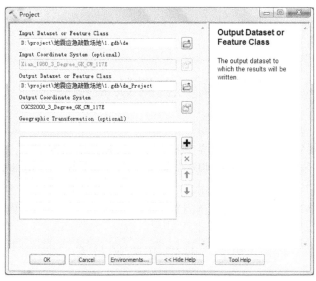

图 2-27　从西安 80-高斯克吕格坐标系转换为 CGCS2000-高斯克吕格坐标系

思考题

1. 什么是大地基准？

2. 简述常用的地理坐标系。

3. 如何理解 GIS 中人们对地球的建模过程？

4. 我国常用的地图投影有哪些？

5. 简述地图投影的分类方法。

6. 学习如何在 ArcGIS 中设置指定的投影和坐标系？

第 3 章　空间数据模型

空间数据模型是关于现实世界空间实体及其相互联系的模型，它为描述空间数据的组织和设计空间数据库模型提供了基本方法，并对空间模型的认识和研究，空间数据的处理和管理有很大的作用。本章介绍现实世界的抽象、空间实体、空间数据、空间数据结构、面向对象的空间数据模型与时空数据模型等内容。

3.1　现实世界的抽象

空间数据模型是现实世界的一个抽象，它通过使用一个数据对象集合来支持对空间信息的显示、查询、编辑和分析。把现实世界中的对象抽象成能用计算机表达的空间数据对象是实现 GIS 的前提，开放地理空间协会(OGC)把这个抽象分为 9 个层次，它定义了从现实世界到地理要素世界的转换模型。以使用几何对象来描述地理对象的空间信息为例，这 9 个层次依次为现实世界(real world)、概念世界(conceptual world)、地理空间世界(geospatial world)、维度世界(dimensional world)、工程世界(project world)、点世界(points world)、几何世界(geometry world)、要素世界(feature world)以及要素集合世界(feature collection world)(图 3-1)。其中前 5 个模型是对现实世界的抽象，它们不涉及软件的实现；后 4 个模型是从软件实现的角度对现实世界进行建模，它们是关于现实世界的数学符号化模型。

现实世界是真实世界中事物的集合，也是 GIS 所要描述的客观世界。人们通过对事物的本质来认识和区分事物，并通过命名的方法，把现实世界中的事物抽象成为具有名称的事物，以方便人们进行交流。而按照人类自然语言命名的事物就构成了概念世界。在概念世界中，事物的描述充满了复杂的形状、样式、细节，并且不是所有的事物都是 GIS 的兴趣所在，因此必须对概念世界进行更进一步的抽象。对概念世界中的事物进行简化和抽象，这个简化的子集就是地理空间世界。

地理空间世界使用简单、浅显的抽象来消除概念世界中事物的复杂性。图 3-2 从 GIS 数据产生的角度，说明了地理信息世界中对现实世界的抽象过程。人们对现实世界进行观察形成地理世界，这个过程中采用地理信息数据采集设备。在观察的过程中人们不仅会对现实世界中的事物进行选择，而且会对观察的事物的特征进行筛选。一条河流包括的特性很多，如河流的历史、长度、宽度、深度、水质等。

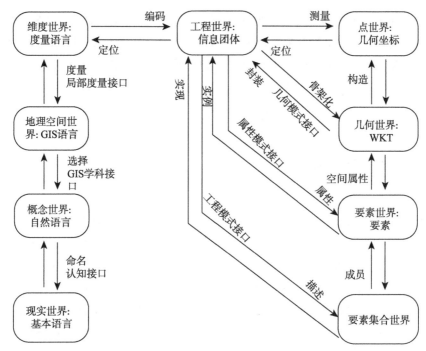

图 3-1　OGC 地理信息的 9 层抽象模型

人们在进行观测时，难免会根据需求进行取舍。结合 GIS 的分析及应用需求，其对现实世界进行描述时通常会重点关注现实世界中事物的特征(如几何大小)、关系(如学校周边的污染源)、行为(如地震发生)等。

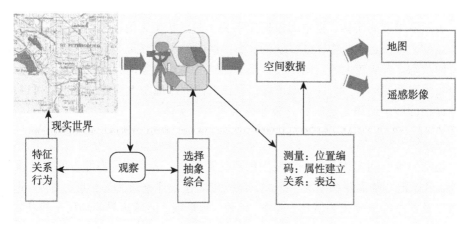

图 3-2　地理信息对现实世界的抽象过程

在对现实世界的观察过程中，GIS 除了会对事物进行选择，还会进行抽象和综合，通过抽象便于事物在 GIS 中进行建模、分析和应用，实现现实世界在 GIS 中的表达，如将一条河流在几何上抽象为一条线。经观察处理后的现实世界便转化为空间数据(关于空间数据的内容，随后将详细介绍)，并以地图、遥感影像等多种形式呈现。

3.2　空 间 实 体

3.2.1　空间实体的概念

GIS 的研究和应用对象是现实世界，确切地说是地理空间世界。对空间实体的建模表达是实现 GIS 应用、研究的基础，也是 GIS 中的处理对象。空间实体是存在于自然世界中地理实体，与地理空间位置或特征相关联，在空间数据中不可再分的最小单元、现象称为空间实体。GIS 中空间实体不仅表示地理空间中实体本身的空间位置及形态信息，而且还表示实体属性和空间关系(如拓扑关系)信息。根据几何坐标、空间位置以及实体间的相互关系，GIS 中空间实体可以抽象为简单实体和复杂实体。简单实体是一个结构单一、性质相同的几何形体元素，在空间结构中不可再分。复杂实体是相互独立的简单实体的集合，对外存在着一个封闭的边界。不同的软件系统中空间实体的定义与划分是不相同的。简单实体、复杂实体及其基本空间拓扑关系类型组成了空间概念的基本描述模型。目前 GIS 中基本的空间实体有点、线、面和体 4 种类型。

1. 点状实体

表示零维空间实体，在空间数据库中表示对点状实体的抽象，可以具体指单独一个点位，如独立的地物，也可以表示小比例图中逻辑意义上不能再分的集中连片和分散状态。当从较大的空间规模上来观测这些地理现象时，就能把它们抽象成点状分布的空间实体，如村庄、城市等，但在大比例尺地图上同样的城市就可以描述十分详细的城市道路、建筑物分布等线状和面状实体。

2. 线状实体

表示一维空间实体，有一定范围的点元素集合，表示相同专题点的连续轨迹。例如，可以把一条道路抽象为一条线，该线可以包含这条道路的长度、宽度、起点、终点以及道路等级等相关信息。道路、河流、地形线、区域边界等均属于线状实体。

3. 面状实体

表示二维空间实体，表示平面区域大范围连续分布的特征。例如，土地利用中不同的地块、土壤的类型，大比例尺中的城市、农村等都可以认为是面状实体。有些面状目标有确切的边界，如建筑物、水塘等，有些面状目标在实地上没有明显的边界，如土壤。

4. 体状实体

表示三维空间实体，"体"是三维空间中有界面的基本几何元素。在现实世界中，只有"体"才是真正的空间三维对象。目前对三维体空间的研究还处于发展阶段，在建筑、地质、大气、海洋污染领域已有多种应用。

从地理现象到空间实体的抽象并不是一个可逆过程，同一个地理现象，根据不同的抽象尺度(比例尺)、实际应用和视点可被抽象成不同的空间实体。

3.2.2　空间实体的特征

现实世界中的事物和现象具有多样性、客观存在性、依赖性、动态变化性等特性，这些既相互独立又相互依存的事物和现象构成了复杂、完整的地理空间系统。为了应用 GIS 方法与技术认识与分析该系统，需要把事物和现象抽象为便于计算机处理的空间实体，空间实体既是事物和现象的简化描述，又能充分表达事物和现象的上述特性，因此空间实体相应地具有空间、属性、时间等特征。

1. 空间特征

空间特征表达了地理事物和现象的客观存在性、几何形态的多样性和空间相关性，相应的空间特征又包括空间位置特征、空间几何特征、空间关系特征等。空间特征是人们认识地理空间的地理框架，是一个三维子空间。

(1) 空间位置描述空间实体在一定的地理框架下的空间位置和几何定位，通常采用地理坐标、空间直角坐标、平面直角坐标和极坐标等表示。

(2) 空间几何描述空间实体的大小、形状和分布状况等。

(3) 空间关系表达了地理空间中相互依存的事物和现象的关系，包括拓扑关系、方位关系和度量关系等。例如，拓扑关系表达了空间实体间的邻接、包含或关联关系，说明空间实体构成的地理空间是一个无缝结构的空间；方位关系表达了空间实体之间相对的方向或空间顺序关系，如桥在河面的上方、办公楼在教学楼的后方等；度量关系表达了空间实体之间定量的相关关系，如办公楼离教学楼的距离为 300m 等。

2. 属性特征

属性特征也称为专题特征或功能特征，通过属性数据表达空间实体内在的性质和相关关系。属性数据从性质上通常分为定性和定量两种类型，定性属性数据包括名称、类型、特性等，定量属性数据包括数量、等级等；从内容类型上通常可分为命名属性、顺序属性、间隔属性、比率属性和周期属性等。属性特征包括描述事物和现象的内在特性的多维数据集，体现了地理事物和现象的多样性。

人们在日常生活中使用的姓名、身份证号码、房屋道路名称等就是命名属性，目的是进行同一类成员间的区分。如土壤的质量级别、水质的级别等为顺序属性，水质按一、二、三、四、五类而逐步下降，其中四类和五类由于所含的有害物质高出国家规定的指标，会影响人体健康，因此不能作为饮用水源。

3. 时间特征

时间特征指空间实体随着时间变化而动态变化的过程。时间特征是人们认识地理空间的另一维子空间，它与空间特征共同构成了人们认识地理空间的时空框架。属性特征是在时空框架下的多维子空间，空间实体的空间特征和属性特征相对于时间特征的动态变化是绝对的，只是有的变化快、有的变化慢。大自然的地壳运动相对缓慢，如珠穆朗玛峰处于欧亚板块与印度板块运动的冲撞地区，因印度洋板块快速向东北方向推进，亚洲板块则向东北方向推进的速度极慢，所以造成青藏高原不断隆起，导致各山峰增高。珠穆朗玛峰的高度数据还在不断变化，但每年仅以厘米计。而因人类活动的加快，人造构筑物相关的空间数据的时间变化则比地壳运动快多了，如道路建设、房屋拆建等。

3.2.3　空间关系

空间关系是指地理空间特征或对象之间存在的与空间特征有关的关系，是描述数据表达、建模、组织、查询、分析和推理的基础。是否支持空间实体空间关系的描述和表达，是 GIS 区别于 CAD 等计算机图形处理的主要标志和本质所在。目前空间关系包括空间拓扑关系、空间度量关系、空间方位关系和一般关系。其中空间拓扑关系是空间关系的关键，甚至有时候如果未作特别的强调，可用拓扑关系代替空间关系。

1. 拓扑关系

拓扑关系是 GIS 中重点描述的地理特征或对象之间的一种空间逻辑关系。"拓扑"一词源于希腊文，原意指"形状的研究"。拓扑学是几何学的一个分支，它研究在拓扑变换下能够保持不变的几何属性，即拓扑属性。理解拓扑属性，可以设想一块高质量的橡皮板，它的表面是欧氏平面，这块橡皮可以任意弯曲、拉伸、压缩，但不能扭转和折叠，表面上有点、线、多边形等组成的几何图形。在拓扑变换中，图形的有些属性会消失，有的属性则保持不变。前者称为非拓扑属性，后者称为拓扑属性，具体如表 3-1 所示。拓扑关系就是描述几何特征元素的非几何图形元素之间的逻辑关系，即拓扑关系只关心几何图形元素之间的关系，而忽略几何图形元素的形状、大小、距离和长度等几何特征信息。根据拓扑关系绘制的图形称为拓扑图，图形元素之间的逻辑关系被描述，但几何特征信息被忽略，如计算机网络拓扑图或逻辑连接图只描述了网络元素的逻辑连接关系，忽略了网络元素实际的形状和实际距离。如图 3-3 所示的北京地铁分布图，完全只是展示了不同地铁线路之间的网络(拓扑)分布，地图每条地铁线路的形状只是一种示意，完全不能代表其几何长度、形状等非拓扑属性。

表 3-1　欧氏平面上实体对象所具有的拓扑和非拓扑属性

属性	描述
拓扑属性	一个点在一个弧段的端点
	一条弧段是一个简单弧段
	一个点在一个区域的边界上
	一个点在一个区域的外部
	一个点在一个区域的内部
	一个点在一个环的内部
	一个面是一个简单面(没有岛)
	一个面的连续性(给定面上任意两点,从一点可以完全在面的内部沿任意路径走向另一点)
非拓扑属性	两点之间的距离
	一个点指向另一个点的方向
	弧段的长度
	一个区域的周长
	一个区域的面积

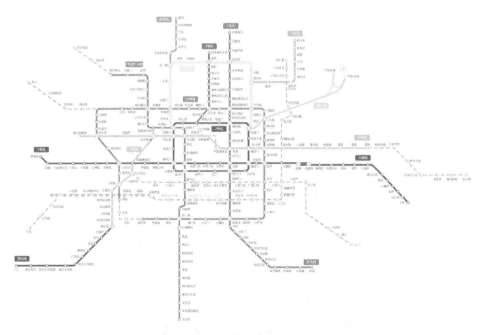

图 3-3　北京地铁分布图(2016 年)

GIS 中拓扑关系主要用于描述点(结点，node)、线(弧段)和多边形元素之间的逻辑关系，其表现形式如图 3-4 所示。基本的拓扑关系有关联关系、邻接关系、连通关系和包含关系等。关联关系是指不同类图形之间的拓扑关系，如结点与弧段的关系、弧段与多边形的关系等。邻接关系是指同类图形元素之间的拓扑关系，如结点与结点、弧段与弧段、多边形与多边形等之间的拓扑关系。连通关系指由结点和弧段构成的有向图网络图形中，结点之间是否存在通达的路径，即是否具有连接性，是一种隐含于网络中的关系。包含关系是指多边形内是否包含了其他弧段或多边形。其中关联关系可以具体表示为相交、相离、重合等。各种元素之间的关系见表 3-2。

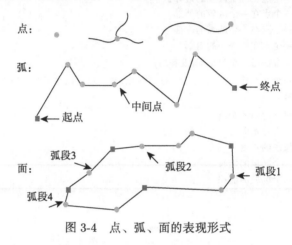

图 3-4　点、弧、面的表现形式

表 3-2　点、线、面之间的拓扑关系

要素	邻接	相交	相离	包含	重合
点—点			▲		▲
点—线	▲	▲	▲	▲	
点—面					
线—线	▲	▲	▲	▲	
线—面					
面—面					

2. 空间方位关系

空间方位关系描述空间实体之间在空间上的排序和方位,如实体之间的前、后、左、右,以及东、南、西、北等方位关系。其同拓扑关系的形式化描述类似,也具有多边形—多边形,多边形—点,多边形—线,线—线,线—点,点—点等多种形式上的空间关系。

计算点对象之间的方位关系是最容易的,只要计算两点之间的连线与某一基准方向的夹角即可。同样,在计算点与线对象,点与多边形对象之间的方位关系时,只需将线对象和多边形对象转换为由它们的几何中心所形成的点对象,就转换为点对象之间的空间方位关系。

计算线对象之间以及线—多边形和多边形—多边形之间的方位关系的情况比较复杂。当计算的对象之间的距离很大时,如果对象的大小和形状对它们之间的方位关系没有影响,可转化为点,计算它们之间的点对象方位关系。但当距离较小并且外接多边形尚未相交时,算法会变得非常复杂,目前的计算方法仍处于研究中。

3. 空间度量关系

基本的空间度量关系指的是空间实体之间的距离,在此基础上,可以构造出实体群之间的度量关系。距离度量有不同的计算方式,如大地测量距离、曼哈顿距离、时间距离等。此外还有一些其他空间量算的指标,如:

(1) 几何指标。位置、距离、面积、体积形状、方位等;

(2) 自然地理参数。坡度、坡向、地表辐射度、地形起伏度、通达度等;

(3) 人文地理指标。交通便利程度、吸引范围、人口密度等。

3.3　空　间　数　据

空间数据以数字化的形式表达空间实体,因此结合空间实体的特征,空间数据通常描述和表达地理空间实体的位置、形状、关系等空间特征信息,以及非空间的属性信息。空间数据适用于描述所有呈二维、三维甚至多维分布的关于区的现象,空间数据不仅能够表示实体本身的空间位置及形态信息,而且还能表示实体属性和空间关系(如拓扑关系)的信息。具体而言,空间数据包括 3 个信息范畴:几何数据、属性数据和时态数据。

1. 几何数据

根据空间实体的几何特征,空间对象可分为点对象、线对象、面对象和体对象,目前体对象还未形成公认的数据表达方法与数据结构。根据数据的实现形式不同，空间数据的几何数据分为矢量数据和栅格数据。

矢量数据用于描述和表达离散地理空间实体要素。离散地理空间实体要素是指位于或贴近地球表面的地理特征要素，即地物要素。这些要素可能是自然地理特征要素，如山峰、河流、植被、地表覆盖等；也可能是人文地理特征要素，如道路、管线、井、建筑物、土地利用分类等；或者是自然或人文区域的边界。虽然存在一些其他的类型，但离散的地理特征要素通常表示为点、线和多边形。

点定义为因太小不能描述为线状或面状的地理特征要素的离散位置，如井的位置、电线杆、河流或道路的交叉点等。点可以用于表达地址的位置、GPS坐标、山峰的位置等，也可以用于表达注记点的位置等，如图3-5(a)所示。

线定义为因太细不能描述为面状的地理特征要素的形状和位置，如道路中心线、溪流等。线可以用于表达具有长度而没有面积的地理特征要素，如等高线、行政边界等，如图3-5(b)所示。

多边形定义为封闭的区域面，多边图形用于描述均匀特征的位置和形状，如省、县、地块、土壤类型、土地利用分区等，如图3-5(c)所示。

矢量数据是用坐标对、坐标串和封闭的坐标串来表示点、线、多边形的位置及其空间关系的一种数据格式，如图3-6所示。

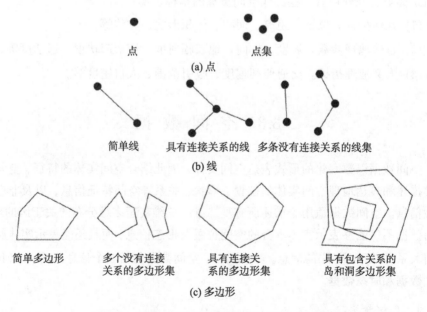

图 3-5　离散地理特征要素的点、线和多边形表达

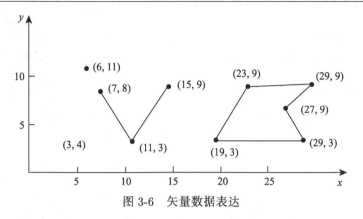

图 3-6　矢量数据表达

栅格数据表达中,栅格由一系列的栅格坐标或像元所处栅格矩阵的行列号(I, J)定义其位置,每个像元独立编码并载有属性(图3-7)。栅格单元的大小代表空间分辨率,表示其表达的精度。在 GIS 中,影像按照栅格数据组织,影像像素灰度值是栅格单元唯一的属性值。栅格单元的值可能是代表栅格中心的取值,也可能是代表整个单元的取值,如图 3-8 所示。

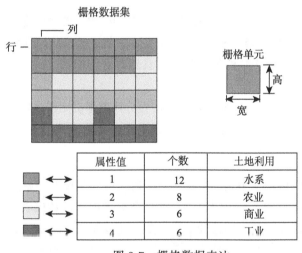

属性值	个数	土地利用
1	12	水系
2	8	农业
3	6	商业
4	6	工业

图 3-7　栅格数据表达

通常栅格单元值采用以下几种方法确定。

1) 中心点法

用处于栅格中心处的地物或现象的特殊性决定栅格代码。在图 3-9 所示的矩形区域中,中心点 O 落在代码为 C 的地物范围内,按中心点法的规则,该矩形区域相应的栅格单元代码应为 C。中心点法常用于具有连续分布特征的地理要素,如降雨量分布、人口密度图等。

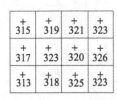 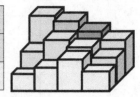

(a) 中心取值   (b) 单元取值

图 3-8　栅格单元的值

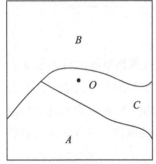

图 3-9　栅格单元代码的
确定

2) 面积占优法

以占矩形区域面积最大的地物类型或现象的特性决定栅格单元的代码。在图 3-9 所示的例子中，B 类地物所占面积最大，故相应栅格代码应为 B。面积占优法常用于分类较细、地物类别斑块较小的情况。

3) 重要性法

根据栅格内不同地物的重要性，选取最重要的地物类型作为相应的栅格单元代码，如假设图 3-9 中 A 为最重要的地物类型，则栅格单元的代码应为 A。重要性法常用于具有特殊意义而面积较小的地理要素，特别是点、线状地理要素，如城镇、交通枢纽等。在栅格单元中代码应尽量表示这些重要的地物。

4) 百分比法

根据矩形区域内各地理要素所占面积的百分比数来确定栅格单元的代码，如可记面积最大的两类为 BA，也可根据 B 类和 A 类所占面积的百分比在代码中加入数字。

2. 属性数据

空间实体的属性特征用属性数据表达，通常属性是按照一系列简单的、基本的关系数据库概念的数据表来组织。描述属性数据被组织成数据表，表包含若干行。表中所有的行都具有相同的列，即字段。每个字段都对应一个数据类型，如整型、浮点型、字符型或日期型等。属性字段的数值类型可以是名义值、序数值、区间值和比率值的任一种。

(1) 属性值是名义值。如果属性能成功的区分位置，则属性值是名义值，不意味着排序或算术含义，如电话号码可以用于位置的属性，但它本身没有任何算术上的数据含义，对电话号码进行加减算法或比较大小是没有意义的。把土地的分类用数字代替，是最常见的将名称变为数字的做法，这里数字没有算术含义，只是名义数字。

(2) 属性值是序数值。如果属性隐含排序含义，则属性值是序数值。在这个意义上，类别 1 可能比类别 2 好，作为序数属性，没有算术操作的意义，不能根据数值的大小比较哪个更好。

(3) 属性是区间值。这是一个定量描述的属性值，用于描述两个值之间的差别，如温差、高差等。

(4) 属性值是比率值。这是定量描述的属性值，用于描述两个量的比值，如一个人的收入是另一个人收入的 2 倍。

(5) 属性是循环值。这在表达属性是定向或循环现象时并不少见，循环值是定量描述的属性值，对其进行算术操作会遇到一些尴尬的问题，如会遇到 0°与 360°是相等的。

3.4 空间数据结构

3.4.1 空间数据结构与空间数据模型

地理空间数据模型和地理空间数据结构在概念上有时有些模糊，两者关系密切，定义也十分接近，如有时是根据存储数据的具体需要来定义数据模型。地理空间数据模型是从逻辑角度对客观世界进行抽象，是一组具有相关关系联系在一起的空间实体集、空间关系表达的规则集，包括几何数据模型和语义数据模型。几何数据模型用于描述空间实体或现象的，静态的或与时态变化相关的几何分布与空间关系。语义数据模型描述空间实体或现象的非空间关系在内的专题信息和部分时态信息。

而地理空间数据结构强调地理空间数据模型的实现手段，即在计算机中的编码、存储和表现方法。地理空间数据结构提供了为地理空间数据模型而定义的操作，并将操作映射到数据结构特定的代码。因此，地理空间数据结构是地理空间数据模型的物理描述，也称为地理空间物理模型。地理空间数据模型是定义地理空间数据结构的基础，地理空间数据结构是地理空间数据模型的具体实现。就某一建模角度来讲，地理空间数据模型是相对独立存在的，而地理空间数据结构则随定义数据库管理系统的改变而改变，如文件系统管理、数据库系统管理等。这两者的关系如图 3-10 所示。

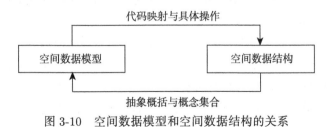

图 3-10 空间数据模型和空间数据结构的关系

地理空间认知模型(概念模型)、地理空间数据模型(逻辑模型)、地理空间数据结构(物理模型)，构成了对地理实体、现象及其关系从地理现实世界到计算机世界(数据世界)的三个表达层次，如图3-11所示。这三个抽象表达的层次由上到下，由抽象到具体。地理认知模型由地理认知理论和方法决定，通过地理学语言定义和描述。地理空间数据模型由建模的角度和实现它的数据库或其他条件决定，通过计算机形式化语言或其他建模语言定义和描述。因建模的应用角度不同，会产生不同逻辑模型，如对地下管线系统，测绘部门只把它当成一般的管线系统进行建模，主要用于测绘数据管理，而市政部门则把它视为网络模型，用于管线分析。因实现它的数据库不同，也会产生不同的模型，如用于关系数据库的关系数据模型、面向对象数据库的面向对象数据模型等。因描述语言形式不同，会产生不同表现形式的模型，如E-R(实体关系)模型和地图的符号模型、影像的灰度模型等。数据结构由实现它的数据管理系统或数据库管理系统决定，通过数据描述语言和数据定义语言进行描述和定义，如文件系统与数据库系统等。数据结构描述了数据文件的内容和相互之间的关系。

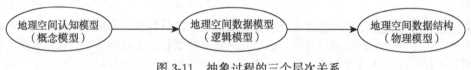

图3-11   抽象过程的三个层次关系

随着GIS的发展，空间数据模型与数据结构发生了较大的变化。特别是早期由于计算机技术的限制，GIS空间数据采用文件存储，直接应用操作系统管理不同的文件，此阶段的空间数据模型的关键是如何利用一个到多个文件实现不同类型空间数据的存储与管理。这一阶段的空间数据模型是根据存储数据的具体需要来定义的，因此这个阶段的空间数据模型主要是指空间数据结构(物理空间数据模型)。这个时期产生的每种GIS软件数据格式，就是一种空间数据模型，如ArcInfo中的coverage格式、shapefile格式，Google地图中的KML格式、GPX格式、LAS格式等。时至今日，这些空间数据格式(空间数据模型)仍然活跃在GIS研究和应用中，发挥着巨大的作用。

随着数据库及面向对象技术的发展，通过扩展传统关系数据库也可以实现空间数据的存储，GIS空间数据物理存储的细节(即GIS空间数据物理存储方法)逐渐由数据库管理系统代替。人们对GIS空间模型的研究也转向了逻辑层面，特别是结合面向对象技术实现对现实空间实体世界的更加合理的表达。此阶段的标志性成果是ESRI公司自ArcGIS 8.0以来推出的地理空间数据库——Geodatabase。Geodatabase是基于对象的空间数据模型，与其对应的ArcObject中包含了数千的对象和类。

3.4.2　矢量数据结构

　　矢量数据结构是地理信息系统中最常见的一种图形数据结构，矢量数据结构是通过记录实体坐标及其关系，尽可能精确地表示点、线、面(多边形)等地理实体。这种数据组织方式能最好地逼近地理实体的空间分布特征，便于进行地理实体的网络分析，但对于多层空间数据的叠合分析比较困难。矢量数据结构的优点是：①坐标空间设为连续，允许任意位置长度和面积的精确定义；②数据按照点、线或多边形为单元进行组织，结构简单、直观，易实现以实体为单位的运算和显示。其缺点在于：①独立存储方式造成相邻多边形的公共边界被数字化并存储两次，出现数据冗余和细碎多边形，导致数据不一致；②自成体系，缺少多边形的邻接信息，邻域处理复杂，需追踪出公共边；③处理岛或洞等嵌套问题较麻烦，需要计算多边形的包含等。矢量数据结构按照其功能和方法又分为实体数据结构(面条数据结构)和拓扑数据结构。

　　1. 实体数据结构

　　实体数据结构是指只记录空间对象的位置坐标和属性信息，不记录拓扑关系，又称为面条数据结构。这种数据结构适用于制图及一般查询，不适合复杂的空间分析。实体数据结构的存储方法分为独立编码法和点位字典法。这种存储方法具有以下特征：

　　(1) 无拓扑关系，主要用于显示、输出及一般查询。

　　(2) 公共边重复存储，存在数据冗余，难以保证数据独立性和一致性。

　　(3) 多边形分解和合并不易进行，邻域处理较复杂。

　　(4) 处理嵌套多边形比较麻烦。

　　2. 拓扑数据结构

　　拓扑数据结构是根据拓扑几何学原理进行空间数据组织的方式。在拓扑数据结构中，点是相互独立存储的，它们相互连接构成线，线始于起结点，止于终结点。面由线(线段、弧段、链、环等)构成。一个多边形可以由一个外环和零个内环或多个内环组成，简单多边形没有内环，复杂多边形由一个或多个内环组成，这些内环所包围的区域称为"岛"或"洞"。前者有实体意义，后者无实体意义。在 GIS 软件中，拓扑关系有两种表达方式：全显式和半隐含式。

　　1) 全显式表达

　　全显式表达是指对结点、弧段、面块相互之间的所有关联关系都进行显式存储。例如，对图 3-12，不仅要明确存储面块—弧段—结点的拓扑关系，还要存储结点—弧段—面块的拓扑关系。对于全显式拓扑关系一般用 4 张表来反映拓扑关系，即面与弧段的关系表、结点与弧段的关系表、弧段与结点的关系表、弧段与面的关系表。
表 3-3~表 3-6 为这些拓扑关系的表格描述。

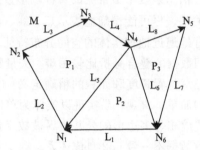

图 3-12　矢量数据图形的基本元素

表 3-3　面与弧段的关系表

面块	弧段
P_1	L_2，L_3，L_4，L_5
P_2	L_1，$-L_5$，L_6
P_3	$-L_6$，L_7，L_8
M	图外区域

表 3-4　结点与弧段的关系表

结点	弧段
N_1	L_1，L_2，L_5
N_2	L_2，L_3
N_3	L_3，L_4
N_4	L_4，L_5，L_8
N_5	L_7，L_8
N_6	L_1，L_6，L_7

表 3-5　弧段与结点的关系表

弧段	起结点	终结点
L_1	N_6	N_1
L_2	N_1	N_2
L_3	N_2	N_3
L_4	N_3	N_4
L_5	N_4	N_1
L_6	N_4	N_6
L_7	N_5	N_6
L_8	N_4	N_5

表 3-6　弧段与面的关系表

弧段	左多边形	右多边形
L_1	M	P_2
L_2	M	P_1
L_3	M	P_1
L_4	M	P_1
L_5	P_2	P_1
L_6	P_3	P_3
L_7	M	P_3
L_8	M	P_3

ArcInfo 的 Coverage 数据结构是一种典型的全显式拓扑数据结构。多边形/弧段清单作为图形文件存储在 Coverage 文件夹中。另一个文件夹叫做 INFO，与全面的 Coverage 在相同工作空间共享，用于存储属性数据文件。基于拓扑关系的数据结构有利于数据文件的组织，并减少数据冗余。两个多边形之间的共享边界在弧段-坐标表中只列一次，而不会列两次。

2) 半隐含式表达

GIS 中也可以仅存储部分的拓扑关系，主要是关联关系(不同类元素之间的关系)，其他关系可以从这些关系导出或通过空间运算得到，这种拓扑关系表达方法为半隐含式表达。具体表现为仅用上面的部分表格表示几何目标的拓扑关系，也称为半显式表达。如使用了表 3-7 表达从面块到弧段、弧段到结点的上下拓扑关系，其他关系则隐含表达，需要时再建立临时的拓扑关系。美国人口调查局早期的双重独立式的地图编码法(dual independent map encoding，DIME)就使用了半隐含式表达。虽然人们对拓扑关系的表达进行了大量研究，提出了更复杂的关联和邻接关系，但到目前为止，各种使用的 GIS 软件仍以上述关系为主。

拓扑数据结构的构建实际上大大增加了数据编辑的难度和复杂性，以至于它成了一个广泛争议的问题。显然，拓扑关系的存在为数据错误的查找和空间分析提供了必要的前提，但并不是所有的 GIS 应用都必须具备这种预先存储的、耗费大量精力才能创建的数据结构。究竟是否应预先存储拓扑关系、存储哪些拓扑关系也成为组织空间数据时需要考虑的重点问题之一。

表 3-7　弧段—结点—面块的拓扑关系

弧段	起结点	终结点	左多边形	右多边形
L_1	N_6	N_1	M	P_2
L_2	N_1	N_2	M	P_1
L_3	N_2	N_3	M	P_1
L_4	N_3	N_4	M	P_1
L_5	N_4	N_1	P_2	P_1
L_6	N_4	N_6	P_3	P_3
L_7	N_5	N_6	M	P_3
L_8	N_4	N_5	M	P_3

3.4.3　栅格数据结构

矢量数据结构对于有确定位置与形状的离散要素较为理想,但对于连续变化空间形象(如降雨量、海拔等)的表示不太理想。表示连续的现象最好是选择栅格数据模型。栅格数据结构是最简单、最直观的空间数据结构,又称为网格结构(raster或 grid cell)或像元结构(pixel),是指将地球表面划分为大小均匀、紧密相邻的网格阵列,每个网格作为一个像元或像素,由行、列号定义,并包含一个代码,表示该像素的属性类型或量值,或仅仅包含指向其属性记录的指针。因此,栅格结构是以规则的阵列来表示空间地物或现象分布的数据组织,组织中的每个数据表示地物或现象的非几何属性特征。

在如图 3-13 所示的栅格结构中,点用一个栅格单元表示;线状地物则用沿线走向的一组相邻栅格单元表示,每个栅格单元最多只有两个相邻单元在线上;面或区域用记有区域属性的相邻栅格单元的集合表示,每个栅格单元可有多于两个的相邻单元同属一个区域。任何以面状分布的对象(土地利用、土壤类型、地势起伏、环境污染等)都可以用栅格数据逼近。遥感影像就属于典型的栅格结构,每个像元的数字表示影像的灰度等级。

栅格结构的显著特点是:属性明显、定位隐含,即数据直接记录属性的指针或属性本身,而所在位置则根据行列号转换为相应的坐标给出,也就是说定位是根据数据在数据集中的位置得到的。由于栅格结构是按一定的规则排列的,所表示的实体的位置很容易隐含在网格文件的存储结构中,在后面讲述栅格结构编码时可以看到,每个存储单元的行列位置可以方便地根据其在文件中的记录位置得到,且行列坐标可以很容易地转为其他坐标系下的坐标。在网格文件中每个代码本身明确地代表了实体的属性或属性的编码,如果为属性的编码,则该编码可作为指向实体属性

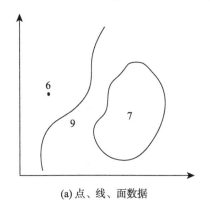

| | (a) 点、线、面数据 | | | | (b) 栅格表示 | |

图 3-13 点、线、面数据的栅格结构表示

表的指针。图 3-13 中表示了一个代码为 6 的点实体,一条代码为 9 的线实体,一个代码为 7 的面实体。由于栅格行列阵列容易为计算机存储、操作和显示,因此这种结构容易实现,算法简单,且易于扩充、修改,也很直观,特别是易于同遥感影像结合处理,给地理空间数据处理带来了极大的方便,受到普遍欢迎,许多系统都部分或全部采取了栅格结构。

1. 栅格数据类型

常用的栅格数据类型包括卫星影像、数字高程数据、数字正射影像、数字扫描地图、数字栅格图和采样数据网格等。

1) 卫星影像

也称为卫星图像,是通过遥感手段获得的一种栅格数据。遥感传感器在某个特定的时间,对一个地面区域的辐射和反射能量进行扫描采样,并按不同的波谱段获取,以数字形式记录像素值阵列。

2) 数字高程数据

数字高程模型(DEM)由等间隔高程数据的排列组成,是一定范围内规则格网点的平面坐标(x, y)及其高程(z)的数据集,它主要是描述区域地貌形态的空间分布。DEM 是以点为基础的,可以将高程点置于像元中心,把 DEM 数据表示为栅格数据。从 DEM 数据也可以生成不规则三角网 TIN 数据。DEM 数据可以通过遥感或地面测量方式获取。

3) 数字正射影像

数字正射影像(digital orthophoto quadrangle, DOQ)是一种航片或其他遥感成像数据制作的数字化影像,由照相机镜头倾斜和地形起伏引起的位移已经被消除(采用摄影测量学的校正技术)。数字正射影像是基于地理坐标系的,具有经纬度信息，并且可以与地形图和其他图配准。DOQ 有单色和彩色影像之分，其中单色类似单波段卫星影像，彩色影像是多波段卫星影像。

4) 数字扫描地图

通过扫描仪对地图或其他图件的扫描，可把纸质地图转换为数字栅格形式的数据。例如，扫描仪扫描专题图的图像数据得到每个像元的行、列、颜色(灰度)，定义颜色与属性对应表，用相应属性代替相应颜色，根据每个像元的行、列和属性，进行栅格编码并存储，即得到该专题图的栅格数据。如果采用二值扫描，得到的是二值扫描地图图像。二值地图图像经过矢量化，可以生成矢量地图，实现栅格数据到矢量数据的转换。

5) 数字栅格图

运用矢量数据栅格化技术，例如扫描的方法，把地图扫描成数字图像，把矢量地图转换成栅格数据，称为数字栅格图(digital raster graphic，DRG)，或称为数字栅格图形、数字栅格地图。这种情况通常是为了有利于某些空间操作，如叠加分析等，或者是为了更好地输出。

6) 采样数据网格

又称为网格化专题数据，即用网格(grid)数据表示的专题信息。通过网格采样得到地理环境的属性值，适合表示连续现象，例如温度、降雨量和高程等。数字高程矩阵就是一种采样数据网格。这里单独列出这种数据类型，是因为一些 GIS 系统软件中特别提到这种类型的栅格数据。

2. 栅格数据编码

为提高栅格数据的精度，需要增加栅格个数，由此带来了一个严重的问题，即数据量大幅度增加，数据冗余严重，原有的全栅格矩阵的存储方式造成文件过于庞大。为了解决这个难题，开发了一系列栅格数据压缩编码方法，如直接栅格编码、链式编码、游程长度编码、块状编码、四叉树编码等。

1) 直接栅格编码

这是最简单直观而又非常重要的一种栅格结构编码方法，通常称这种编码的图像文件为网格文件或栅格文件，也称逐个像元编码。直接编码就是将栅格数据看作一个数据矩阵，逐行(或逐列)逐个记录代码，可以每行都从左到右逐像元记录，也可按奇数行从左到右，而偶数行则由右向左记录，为了实现特定目的还可采用其他特殊的顺序。栅格结构不论采用何种压缩方法，其逻辑原型都是直接编码的网格文件，如图 3-14 所示。

数字高程模型采用直接栅格编码，因为很少有相邻海拔值是相同的。卫星图像也用这种方法来存储数据，然而多光谱波段的卫星图像的每个像元或像元有一个以上的值，因此需要特殊处理。多波段图像通常有 3 种格式存储：波段序列法(.bsq 格式)、波段依行交替法(.bil 格式)和波段依像元交替法(.bip 格式)。

波段序列法中将每一波段的卫星数据存储为一个图像文件，如果一幅图像有 7 个波段，那么该数据集就有 7 个连贯的文件。波段依行交替法将所有波段的值按行存储在一个文件中，该文件组成方式为：行 1，波段 1；行 1，波段 2；…；行 2，波段 1；行 2，波段 2；依次类推。波段依像元交替法将所有波段的值按像元存入一个文件中，该文件构成方式为：像元(1,1)，波段 1；像元(1,1)，波段 2；…；像元(2,1)，波段 1；像元(2,1)，波段 2；依次类推。

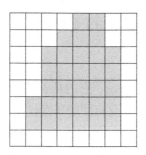

行1: 0 0 0 0 1 1 0 0
行2: 0 0 0 1 1 1 0 0
行3: 0 0 1 1 1 1 1 0
行4: 0 0 1 1 1 1 1 0
行5: 0 0 1 1 1 1 1 0
行6: 0 1 1 1 1 1 1 0
行7: 0 1 1 1 1 1 1 0
行8: 0 0 0 0 0 0 0 0

图 3-14　直接栅格编码

2) 链式编码

链式编码又称为弗里曼链码或边界链码。链式编码主要记录线状地物和面状地物的边界，它把线状地物和面状地物的边界表示为由某一起始点开始并按某些基本方向确定的单位矢量链。基本方向可定义为：东 = 0，东南 = 1，南 = 2，西南 = 3，西 = 4，西北 = 5，北 = 6，东北 = 7 等 8 个基本方向(图 3-15)。

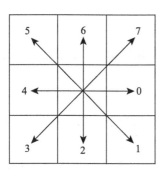
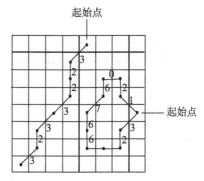

图 3-15　链式编码示意图

如果对图 3-15 所示的线状地物，确定其起始点为像元(1,5)，则其链式编码为

$$1, 5, 3, 3, 3, 3, 3, 3, 3$$

对图 3-15 所示的面状地物，假设其原起始点定为像元(5,8)，则该多边形边界按顺时针方向的链式编码为

$$5, 8, 3, 2, 4, 4, 6, 6, 7, 6, 0, 2, 1$$

链式编码的前两个数字表示起点的行、列数，从第三个数字开始的每个数字表示单位矢量的方向，8 个方向以 0~7 的整数表示。

链式编码对线状和多边形的表示具有很强的数据压缩能力，且具有一定的运算功能，如面积和周长计算等，探测边界急弯和凹进部分等都比较容易，类似矢量数据结构，比较适用于存储图形数据。其缺点是对叠置运算如组合、相交等很难实施，对局部修改将改变整体结构，效率较低，而且由于链码以每个区域为单位存储边界，相邻区域的边界则被重复存储而产生冗余。

3) 游程长度编码

游程长度编码是栅格数据压缩的重要编码方法，它的基本思路是：对于一幅栅格图像，常常有行(或列)方向上相邻的若干点具有相同的属性代码，因而可采取某种方法压缩那些重复的记录内容。其编码方案是，只在各行(或列)数据的代码发生变化时依次记录该代码以及相同代码重复的个数，从而实现数据的压缩。例如，对图 3-16(a)所示的栅格数据，可沿行方向进行如下游程长度编码：(9,4)，(0,4)，(9,3)，(0,5)，(0,1)，(9,2)，(0,1)，(7,2)，(0,2)，(0,4)，(7,2)，(0,2)，(0,4)，(7,4)，(0,4)，(7,4)，(0,4)，(7,4)，(0,4)，(7,4)。

游程长度编码对图 3-16(a)只用 40 个整数就可以表示，而如果用前述的直接编码却需要用 64 个整数表示，可见游程长度编码压缩数据是十分有效简便的。事实上，压缩比的大小是与图的复杂程度成反比的。变化少的部分游程数就少，图件越简单，压缩效率就越高。

游程长度编码在栅格加密时，数据量没有明显增加，压缩效率较高，且易于检索、叠加、合并等操作，运算简单，适用于机器存储容量小，数据需大量压缩，而又要避免因复杂的编码解码运算增加处理和操作时间的情况。

4) 块状编码

块码是游程长度编码扩展到二维的情况，采用方形区域作为记录单元，每个记录单元包括相邻的若干栅格，数据结构由初始位置(行、列号)和半径，再加上记录单元的代码组成。根据块状编码的原则，对图 3-16(a)所示图像可以用 12 个单位正方形，5 个 4 单位的正方形和 2 个 16 单位的正方形就能完整表示，具体编码如下：(1,1,2,9)，(1,3,1,9)，(1,4,1,9)，(1,5,2,0)，(1,7,2,0)，(2,3,1,9)，(2,4,1,0)，(3,1,1,0)，(3,2,1,9)，

$(3,3,1,9)$，$(3,4,1,0)$，$(3,5,2,7)$，$(3,7,2,0)$，$(4,4,1,0)$，$(4,2,1,0)$，$(4,3,1,0)$，$(4,4,1,0)$，$(5,1,4,0)$，$(5,5,4,7)$。

一个多边形所包含的正方形越大，多边形的边界越简单，块状编码的效率就越好。块状编码对大而简单的多边形更为有效，而对那些碎部较多的复杂多边形效果并不好。块状编码在合并、插入、检查延伸性、计算面积等操作时有明显的优越性，然而对某些运算不适应，必须再转换成简单数据形式才能顺利进行。

5) 四叉树编码

四叉树结构的基本思想是将一幅栅格地图或图像等分为 4 部分，逐块检查其格网属性值(或灰度)。如果某个子区的所有格网值都具有相同的值，则这个子区就不再继续分割，否则还要把这个子区再分割成 4 个子区。这样依次地分割，直到每个子块都只含有相同的属性值或灰度为止。图 3-16(b)表示对图 3-16(a)的分割过程及其关系。这 4 个等份区称为 4 个子象限，按左上(NW)、右上(NE)、左下(SW)、右下(SE)。用一个树结构的表示如图 3-17 所示。

9	9	9	9	0	0	0	0
9	9	9	0	0	0	0	0
0	9	9	0	7	7	0	0
0	9	9	0	7	7	0	0
0	0	0	0	7	7	7	7
0	0	0	0	7	7	7	7
0	0	0	0	7	7	7	7
0	0	0	0	7	7	7	7

(a) 原始栅格数据

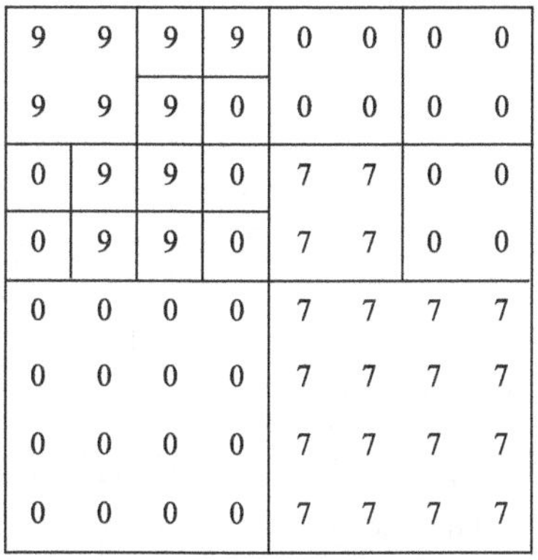

9	9	9	9	0	0	0	0
9	9	9	0	0	0	0	0
0	9	9	0	7	7	0	0
0	9	9	0	7	7	0	0
0	0	0	0	7	7	7	7
0	0	0	0	7	7	7	7
0	0	0	0	7	7	7	7
0	0	0	0	7	7	7	7

(b) 四叉树编码示意图

图 3-16　四叉树编码示意图

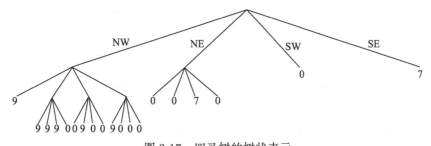

图 3-17　四叉树的树状表示

对一个由 $n \times n$ $(n=2 \times k,\ k>1)$的栅格方阵组成的区域 P，它的 4 个子象限 (P_a, P_b, P_c, P_d)分别为

$$P_a = \left\{ p[i,j],\ 1 \leqslant i \leqslant \frac{1}{2}n,\ 1 \leqslant j \leqslant \frac{1}{2}n \right\};$$

$$P_b = \left\{ p[i,j],\ 1 \leqslant i \leqslant \frac{1}{2}n,\ \frac{1}{2}+1 \leqslant j \leqslant n \right\};$$

$$P_c = \left\{ p[i,j],\ \frac{n}{2}+1 \leqslant i \leqslant n,\ 1 \leqslant j \leqslant \frac{1}{2}n \right\};$$

$$P_d = \left\{ p[i,j],\ \frac{n}{2}+1 \leqslant i \leqslant n,\ \frac{n}{2}+1 \leqslant j \leqslant \frac{1}{2}n \right\}$$

(3-1)

再下一层的子象限分别为

$$P_{aa} = \left\{ p[i,j]:\ 1 \leqslant i \leqslant \frac{1}{4}n,\ 1 \leqslant j \leqslant \frac{1}{4}n \right\};$$

$$\vdots$$

$$P_{ba} = \left\{ p[i,j]:\ 1 \leqslant i \leqslant \frac{1}{4}n,\ \frac{n}{2}+1 \leqslant j \leqslant \frac{3}{4}n \right\};$$

$$\vdots$$

(3-2)

$$P_{dd} = \left\{ p[i,j]:\ \frac{3}{4}n+1 \leqslant i \leqslant n,\ \frac{3}{4}n+1 \leqslant j \leqslant n \right\}$$

其中，a、b、c、d 分别表示西北(NW)、东北(NE)、西南(SW)、东南(SE)4 个子象限。根据这些表达式可以求得任一层的某个子象限在全区的行列位置，并对这个位置范围内的网格值进行检测。若数值单调，就不再细分，按照这种方法，可以完成整个区域四叉树的建立。这种从上而下的分割需要大量的运算，而大量数据需要重复检查才能确定划分。当 $n \times n$ 的矩阵比较大，且区域内容要素又比较复杂时，建立这种四叉树的速度就比较慢。

另一种是采用从下而上的方法建立。对栅格数据按如下的顺序进行检测。如果每相邻四个网格值相同则进行合并，逐次往上递归合并，直到符合四叉树的原则为止。这种方法重复计算较少，运算速度较快。

从图 3-18 可以看出，为了保证四叉树能不断地分解下去，要求图像必须为 $2^n \times 2^n$ 的栅格阵列，n 为极限分割次数，$(n+1)$是四叉树的最大高度或最大层数。对于非标准尺寸的图像需首先通过增加背景的方法将图像扩充为 $2^n \times 2^n$ 的图像，也就是说在程序设计时，对不足的部分以 0 补足(在建树时，对于补足部分生成的叶结点不存储，这样存储量并不会增加)。

四叉树编码法有许多有趣的优点：①容易而有效地计算多边形的数量特征；②阵列各部分的分辨率是可变的，边界复杂部分四叉树较高即分级多，分辨率也高，而不需表示许多细节的部分则分级少，分辨率低，因而既可精确表示图形结构又可减少存储量；③栅格到四叉树及四叉树到简单栅格结构的转换比其他压缩方法容易；④多边形中嵌套异类小多边形的表示较方便。

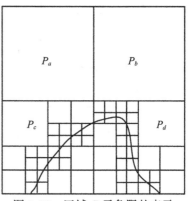

四叉树编码的最大缺点是转换的不定性，用同一形状和大小的多边形可能得出多种不同的

图 3-18　区域 P 子象限的表示

四叉树结构，故不利于形状分析和模式识别。但因它允许多边形中嵌套多边形即所谓"洞"这种结构存在，使越来越多的地理信息系统工作者都对四叉树结构很感兴趣。上述这些压缩数据的方法应视图形的复杂情况合理选用，同时应在系统中备有相应的程序。另外，用户的分析目的和分析方法也决定着压缩方法的选取。

四叉树结构按其编码的方法不同又分为常规四叉树和线性四叉树。常规四叉树除了记录叶结点之外，还要记录中间结点。结点之间借助指针联系，每个结点需要用 6 个量表达：4 个叶结点指针，1 个父结点指针和 1 个结点的属性或灰度值。这些指针不仅增加了数据储存量，而且增加了操作的复杂性。常规四叉树主要在数据索引和图幅索引等方面应用。

常规四叉树结点所代表的图像块的大小可由结点所在的层次决定，层次数是由从父结点移到根结点的次数来确定。结点所代表图像块的位置需要从根结点开始逐步推算下来，因而常规四叉树是比较复杂的。为了解决四叉树的推算问题，研究者们提出了一些不同的编码，最常用的是线性四叉树编码。线性四叉树编码的基本思想是：不需要记录中间结点和使用指针，仅记录叶结点，并用地址码表示叶结点的位置。线性四叉树叶结点的编号需要遵循一定的规则，这种编号称为地址码，它隐含了叶结点的位置和深度信息。最常用的地址码是四进制或十进制的 Morton 码。

为了得到线性四叉树的地址码，首先将二维栅格数据的行列号转化为二进制数，然后交叉放入 Morton 码中，即为线性四叉树的地址码。例如，对于第 5 行、第 7 列的 Morton 码为

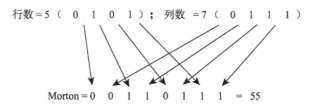

这样，在一个 $2^n \times 2^n$ 的图像中，每个像元点都给出一个 Morton 码，当 $n=3$ 时即如表 3-8 所示。

表 3-8 线性四叉树的 Morton 码

行	列							
	0	1	2	3	4	5	6	7
0	0	1	4	5	16	17	20	21
1	2	3	6	7	18	19	22	23
2	8	9	12	13	24	25	28	29
3	10	11	14	15	26	27	30	31
4	32	33	36	37	48	49	52	53
5	34	35	38	39	50	51	54	55
6	40	41	44	45	56	57	60	61
7	42	43	46	47	58	59	62	63

这样就可把行列表示的二维图像用 Morton 码写成一维数据，通过 Morton 码就可知道像元的位置。

把一幅 $2^n \times 2^n$ 的图像压缩成线性四叉树的过程如下：

(1) 按 Morton 码把图像读入一维数组；

(2) 相邻的 4 个像元比较，像元一致的合并，只记录第一个像元的 Morton 码；

(3) 比较所形成的大块，相同的再合并，直到不能合并为止。

对用上述线性四叉树的编码方法所形成的数据还可进一步用游程长度编码压缩，压缩时只记录第一个像元的 Morton 码。

图 3-19 所示的图像 P 的 Morton 码如图 3-20 所示。其压缩处理过程如下：

(1) 按 Morton 码读入一维数组。

Morton 码：0 1 2 3 4 5 6 7 8 9 10 11 12 13 14 15
像元值： A A A B A B B B A A A B B B B B

(2) 四个相邻像元合并，只记录第一个像元的 Morton 码。

Morton 码：0 1 2 3 4 5 6 7 8 12
像元值： A A A B A A B B A B

(3) 由于不能进一步合并，则用游程长度编码压缩。

Morton 码：0 3 4 6 8 12
像元值： A B A B A B

解码时，根据 Morton 码就可知道像元在图像中的位置，该 Morton 码和下一个

Morton 码之差即为像元个数。知道了像元的个数和像元的位置就可恢复图像。

A	A	A	A
A	B	B	B
A	A	B	B
A	A	B	B

图 3-19　栅格图像 P

0	1	4	5
2	3	6	7
8	9	12	13
10	11	14	15

图 3-20　栅格图像 P 的 Morton 码

　　线性四叉树编码的优点是压缩效率高，压缩和解压缩比较方便。阵列各部分的分辨率可不同，既可精确地表示图形结构，又可减少存储量，易于进行大部分图形操作和运算；但其缺点是不利于形状分析和模式识别，即具有变换不定性，如同一形状和大小的多边形可得出完全不同的四叉树结构。

3.4.4　表面模型

　　地形是 GIS 研究中一类重要的地理要素。起伏的地形表面可视为高程值 z 随平面坐标(x,y)变化而形成的空间曲面。如果将上述高程替换为人口密度、降水量或大气压梯度等，依然可以得到相应的空间曲面，这些反映不同主题的曲面具有一致的表示形式，GIS 将它们归纳为表面模型。

　　表面可以抽象表述为用于描述某种属性在二维区域的连续分布状态，GIS 研究最多的是地形。本节以地形为例来介绍用于地形建模的表面模型，其结构和组织方法对研究其他表面具有通用性。在 GIS 中通过数字高程模型(digital elevation model, DEM)来描述这种高低起伏变化的地形。DEM 中每个点对应一个高程值，用数学语义表达即是区域 D 上的三维向量有限序列，其数学函数模型为

$$V_i = (X_i, Y_i, Z_i), \quad i=1,2,\cdots,n \tag{3-3}$$

　　DEM 在地学中用于通视分析、坡度图、生成等高线等；在工程中可用于大坝规划、管线铺设、施工土石方计算；在军事上能用于导航、通信、演习等多个方面。DEM 的数据生产中以实际采集离散高程为基础，通过专门的内插方法生成一定范围内的高程。DEM 数据的组织方法和表达方式主要有规则格网、不规则三角网和等高(值)线法三种。推而广之，对所有表面的数字表达称为数字表面模型(digital surface model, DSM)。

　　1. TIN 数据结构

　　TIN(triangulated irregular network)，称为不规则三角网，是基于离散高程点连接的多个相互邻接的三角形面模拟地形起伏变化。不规则三角形面是 TIN 模拟

地表高程起伏的基本地表单元或地形单元(图 3-21)。TIN 模型能根据地表起伏变化程度确定采样点的密度，充分表达地形的起伏变化，从而减少在表达平坦地区时的数据冗余问题。同时，在山区等地形变化复杂地区，三角形面积较小且比较密集。

　　TIN 类似于前面所述的多边形矢量拓扑结构，但 TIN 模型中不存在"岛"或者"洞"的问题。三角形顶点是 TIN 模型中的基本实体要素，拓扑关系的描述是通过建立点—线拓扑、线—面拓扑实现。

　　TIN 数据结构有多种不同的数据组织和存储方法，常用的一种是以三角形作为基本空间对象，用两个表存储 TIN 数据，其中一个存储顶点坐标数据，另一个存储三角形顶点以及与相邻三角形的拓扑关系。这种存储结构比较适合于面相邻关系的操作。另一种方法是以三角形顶点为基本实体对象，也有两个表存储，一个与第一种方法中的顶点坐标文件相同，另一个存储点与其他顶点的相连关系，这种存储结构比较适合于三角形邻接关系的操作。下面主要介绍第一种 TIN 的数据结构。

　　图 3-22 的顶点坐标数据文件见表 3-9；表 3-10 表示三角形的构成顶点以及相邻三角形。

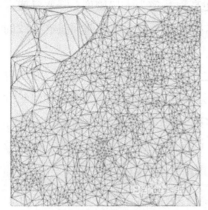

图 3-21　不规则三角网

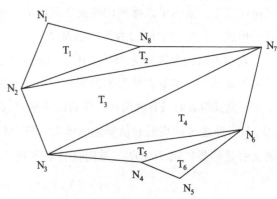

图 3-22　TIN 数据结构

表 3-9　点文件

点 ID	坐标
N_1	$X_1,\ Y_1,\ Z_1$
N_2	$X_2,\ Y_2,\ Z_2$
N_3	$X_3,\ Y_3,\ Z_3$
N_4	$X_4,\ Y_4,\ Z_4$
N_5	$X_5,\ Y_5,\ Z_5$
N_6	$X_6,\ Y_6,\ Z_6$
N_7	$X_7,\ Y_7,\ Z_7$
N_8	$X_8,\ Y_8,\ Z_8$

表 3-10   三角形拓扑关系文件

三角形 ID	顶点 ID	相邻三角形
T_1	N_1，N_2，N_8	T_2
T_2	N_2，N_7，N_8	T_1，T_3
T_3	N_2，N_3，N_7	T_2，T_4
T_4	N_3，N_6，N_7	T_3，T_5
T_5	N_3，N_4，N_6	T_4，T_6
T_6	N_4，N_5，N_6	T_5

TIN 数据结构是一种多分辨率模型，三角形的大小和密度反映了高程的起伏变化。三角形面积越小，密度越高，说明此地区的高程变化频繁；反之，地表比较平坦。因此 TIN 模型能较直观、精确地表达地面高程变化。三角形顶点高程大多是实际测量高程值，因此其精度远远高于格网 DEM 的内插精度。TIN 模型在平坦地区高程的表达中能够减少数据冗余，在一定程度上弥补了网格 DEM 的不足。

2. Delaunay 三角网

相比较 TIN 的存储，如何在离散点集的基础上构建结构合理的 TIN 也是一个值得关注的问题。相同的点集采用不同的构建方法，可产生不同的 TIN。如一个好的构网方法期望三角网中的每个三角形尽量接近等边形状，并保证由最邻近的点构成三角形，即三角形的边长之和最小。在所有可能的三角网中，Delaunay 三角网在地形拟合方面表现最出色。

根据 Delaunay 三角剖分的定义，一个三角网成为 Delaunay 三角网需符合两个重要的准则。

(1) 空圆特性。Delaunay 三角网是唯一的(任意四点不能共圆)在 Delaunay 三角形网中，任一三角形的外接圆范围内都不会有其他点存在，如图 3-23(a)所示。

(2) 最大化最小角特性。在散点集可能形成的三角剖分中，Delaunay 三角剖分所形成的三角形的最小角最大。从这个意义上讲，Delaunay 三角网是"最接近于规则化的"的三角网。具体地说是指两个相邻的三角形构成凸四边形的对角线，在相互交换后，6 个内角的最小角不再增大，如图 3-23(b)所示。

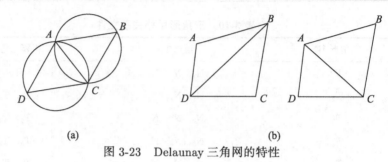

(a)　　　　　　　　　　　　　(b)

图 3-23　Delaunay 三角网的特性

总体上，Delaunay 三角网的优点表现为以下方面。

(1) 最接近。以最近的 3 点形成三角形，且各线段(三角形的边)皆不相交。

(2) 唯一性。不论从区域何处开始构建，最终都将得到一致的结果。

(3) 最优性。任意两个相邻三角形形成的凸四边形的对角线如果可以互换的话，那么这两个三角形 6 个内角中最小的角度不会变大。

(4) 最规则。如果将三角网中的每个三角形的最小角进行升序排列，则 Delaunay 三角网的排列得到的数值最大。

(5) 区域性。新增、删除、移动某一个顶点时只会影响临近的三角形。

(6) 具有凸多边形的外壳。三角网最外层的边界形成一个凸多边形的外壳。

关于 Delaunay 三角网的构建方法已有许多现成的算法，如 Lawson 算法，Bowyer-Watson 算法等。在形成 Delaunay 三角网后，还可以以此为基础构建 Voronoi 图。

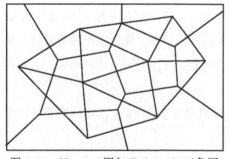

图 3-24　Voronoi 图与 Delaunay 三角网

Voronoi 图是由一组连接两邻点直线的垂直平分线组成的连续多边形。N 个在平面上有区别的点，按照最邻近原则划分平面，每个点与它最相邻的区域相关联。Voronoi 图与 Delaunay 三角网是一对偶图(图 3-24)，所以在构建多边形时，常先将离散点构建为 Delaunay 三角网。

3. 格网(gird)数据结构

格网模型是考虑到采样密度和分布的非均匀性，经内插处理后形成的规则的平面分割网格。这种模型一般用于地形表面构模，其源数据可能来自于遥感影像、地形测图、GPS 和三维激光扫描测量等，一般需要经过重采样(内插)得到规则表示的格网点数据。因此许多地形数据的格式是具有高程值的统一格网形式，如美国地质调查局的数字地面高程模型(DEM)数据就是一个非常典型的例子。

采用规则格网将区域空间切分为规则的格网单元,每个格网单元赋予一个高程值,这样就形成了一个具有典型栅格模型结构的二维高程矩阵,可以按照栅格模型的方式进行编码。规则网格通常是正方形,也可以是矩形、三角形等。每个格网单元或数组的一个元素对应一个高程值,其数据如图 3-25(a)所示,对应的 DEM 图层显示如图 3-25(b)所示。

31	18	3	−10	−7	3	−16	−5	−17	−35
34	21	4	−9	−3	2	−10	0	−10	−25
40	24	6	−5	4	6	−6	5	−3	−18
43	24	6	−4	12	11	−2	14	5	−13
36	22	6	3	20	18	0	24	12	−11
31	19	6	6	20	20	2	26	17	−4
26	18	8	9	14	15	10	36	22	−3
20	15	13	12	8	15	26	40	21	−4
14	7	9	14	2	6	23	28	13	−7
70	−4	2	14	−3	−2	11	14	3	−15

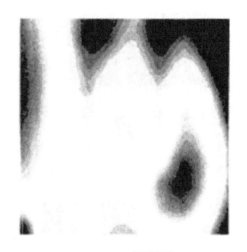

(a) DEM数据　　　　　　　　　　　　　　(b) DEM图层显示

图 3-25　格网 DEM 数据结构

规则格网数据集的优点:格网数据集的概念模型非常简单,数据存储非常紧凑;栅格模型有较为完善的处理算法,可以很容易地用计算机进行处理,还可以很容易地计算等高线、坡度坡向、山坡阴影和自动提取流域地形,使得其成为 DEM 广泛使用的格式之一,目前许多国家的 DEM 数据都是以规则格网的数据矩阵形式提供的;另外,栅格格式的高程数据相对丰富并且价格不高。

格网 DEM 的缺点是不能准确表示地形的结构和细部,为避免这些问题,可采用附加地形特征数据描述地形结构,如地形特征点、山脊线、谷底线、断裂线。格网 DEM 的另一个缺点是数据量过大,给数据管理带来不便,通常要进行压缩存储。DEM 数据的无损压缩可以采用普通的栅格数据压缩方式,如游程编码、块状编码等,但是由于 DEM 数据反映了地形的连续起伏变化,通常比较"破碎",普通压缩方式难以达到很好的效果。因此对于格网 DEM 数据,可以采用赫夫曼编码进行无损压缩。有时,在牺牲细节信息的前提下,可以对格网 DEM 进行有损压缩,有损压缩大都是基于离散余弦变换(discrete cosine transformation,DCT)或小波变换

(wavelet transformation)。

4. 等高(值)线

等高线也是一种重要的地面高程模型,它是地面上高程相等的相邻点连成的闭合曲线,如图 3-26 所示。每条等高线对应一个已知的高程值,一系列等高线集合和它们的高程值就构成一种地面高程模型。等高线能识别和确定山顶、山脊、台地、鞍部、坡面、山谷等不同的地形特征,也能确定高程、高差、坡度、坡向等数量特征。

等高线适合于人为的内插。密集的等高线可以清晰地反映出局部地形的起伏,等高线有明显转角的地方往往表示该处有一条河或是一条山脊线。通过阅读等高线图,人们可以获得"土地平面图"的感觉。但等高线不适用于计算机表达表面模型,即使采集等高线上的所有点也不能形成一个良好的表面数据集,只有将其转换为栅格或 TIN 后,才能较方便地应用计算机表达地形表面,用于表面分析。

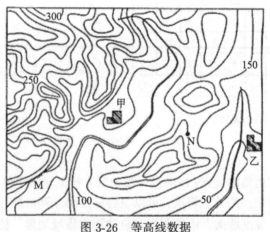

图 3-26　等高线数据

3.4.5　矢量数据结构与栅格数据结构的比较

栅格数据结构和矢量数据结构是 GIS 中记录空间数据的两种重要方法,它们各具有优缺点,具体比较见表 3-11。

栅格数据结构具有"属性明显、位置隐含"的特点,目视就能大致识别图像中的各个区域代表的真实地物;而矢量数据结构具有"位置明显、属性隐含"的特点,根据坐标可直接判读当前地理实体所在的位置。栅格数据操作总的来说比较容易实现,尤其是作为斑块图件的表示更易为人们接受;矢量数据结构表达线状地物比较直观，而面状地物通过对边界的描述来实现。

表 3-11　矢量数据结构与栅格数据结构的比较

比较内容	栅格数据结构	矢量数据结构
数据结构	数据结构简单，数据量较大	数据结构复杂、冗余度低
数据存储量	大	小
空间位置精度	低	高
图形运算处理	算法较容易，便于叠加及多要素综合分析	算法较复杂，特别是多边形叠加处理
输出表示	不美观，难以表达线状、网格状的事物	图形显示质量好，对线状、网状事物分析方便
并行处理	容易	困难
适合图像	色彩、阴影或形状变化复杂的图像	线性图像、阴影和色彩简单的图像

一方面，栅格数据结构在某些操作上比矢量数据结构更有效、更易于实现，如两张地图的覆盖操作，点或线状地物的邻域搜索等。在给定区域内的统计运算，包括计算多边形形状、面积、线密度、点密度，栅格数据结构可以很快计算出结果，而采用矢量数据结构则由于所在区域边界限制条件难以提取而降低效率。另一方面，矢量数据结构用于拓扑关系的搜索则更为高效。

栅格数据结构要提高精度，需要更多的栅格单元；而矢量数据结构要提高精度则需记录更多线段结点。一般来说，栅格数据只是矢量数据在某种程度上的一种近似，如果要使栅格数据结构描述的图件取得与矢量数据结构同样的精度，其数据量要比矢量数据结构大很多。

栅格数据结构和矢量数据结构在表示空间数据上是同样有效的，目前大多数地理信息系统平台都支持这两种数据结构，而在实际应用中，应根据具体的应用目的选用不同的数据结构。如矢量数据结构更有利于网络分析(交通网，供、排水网，煤气管道，电缆等)和制图应用。矢量数据表示的数据精度高，并易于附加上对制图物体的属性所作的分门别类的描述。栅格数据结构适用于遥感图像的处理，它与制图物体的空间分布特征有着简单、直观而严格的对应关系，对于制图物体空间位置的可探性强，并为应用机器视觉提供了可能性。对于探测物体之间的位置关系，栅格数据最为便捷。

3.5　面向对象的空间数据模型

面向对象数据模型用对象组织空间数据不像点、线或面的几何对象，对象在这里是定义为一组性质，且能根据要求完成操作，人们在 GIS 中用到的几乎一切事物均为对象。一个对象可以表示空间要素，例如，一幅土地利用图中的宗地可以是一个对象，它有其坐标系统和要素类型等性质，且能响应诸如放大、缩小和查询请求。对象也可以表示一个图层或基于图层的坐标系统，如道路图层、土地利用图层等。

对 GIS 用户而言，基于对象的数据模型与前面的模型相比有较大区别。首先，基于对象的模型把空间数据和属性数据存储在一个系统中，通常采用数据库中的 BLOB 字段以存储空间数据，其他属性数据仍然以普通数据库字段存储。其次，基于对象的数据模型允许一个空间要素(空间对象)与一系列属性和方法相联系。属性描述对象的性质或特征，方法执行特定的操作。因此，作为一个要素层对象，一个公路图层可以具有形状和范围的属性，也可以有复制和删除的方法。属性和方法直接影响 GIS 操作如何执行，在一个基于对象的 GIS 中，定义 GIS 对象的属性和方法是关键。

3.5.1　类与对象

现实世界是一个真实的世界，不论在何处，人们所见到的东西都可以看成是对象。河流、道路、绿地、土地等都是对象，现实世界是由对象组成的。对象多种多样，各种对象的属性不相同，各个对象也都有自己的行为，例如，河流的流动，土地的权属变更、分割、出售等。

人们是通过研究对象的属性和观察它们的行为而认识对象的。对象可以分成很多类，每一大类又划分成很多小类，也就是说，类是分层的。同一类的对象具有许多相同的属性和行为。例如，高速公路和省级公路具有类似的几何形状，小汽车和卡车等有共同之处。因此，类是对对象的抽象。

面向对象的数据模型就是用类来描述对象的，类是对现实世界进行抽象得到的。例如，在现实世界中，同是河流的秦淮河和金川河有许多共同点，但肯定也有许多不同点。当用面向对象的模型描述时，相同类的对象具有相同的属性和行为，它把对象分为两个部分：数据(相当于属性)和对数据的操作(相当于行为)。描述河流的数据可能用河流名称、长度、历史、流量、水质等，而对数据的操作可能是读或设置它们的名称、流量等。

面向对象技术还允许建立类与类之间的关系，包括关联、依赖、聚合、组合和泛化等。

关联是指两个类之间存在某种特定的对应关系，例如，客户和订单，一个订单只能属于某个客户，一个客户可能会有多张订单。根据方向，分为单向和双向。根据对应的数量分为一对一、一对多、多对多等。

依赖指的是类之间的调用关系。类 A 访问类 B 的属性或方法，或者类 A 负责实例化类 B，那么就说类 A 依赖于类 B。和关联关系不同的是，无需在类 A 中定义类 B 类型的属性。例如，自行车和打气筒，自行车通过打气筒来充气，那么就需要调用打气筒的充气方法。

聚合是整体与部分之间的关系。例如，计算机和主板，计算机是一个整体，主板是其中的一部分，主板、显卡、显示器等部件组成了计算机。聚合中，类之间可以独立出来，比如一块主板可以装在 A 计算机上，也可以装在 B 计算机上，也就是说这块主板离开 A 计算机之后仍然是有意义的。

组合中的类也是整体与部分的关系，与聚合不同的是，组合中的类不能对立出来。例如，一个人由头、手、腿和躯干等组成，如果这个头离开了人，那么这个头就没有任何意义了。

是聚合还是组合，则需要结合实际的业务环境来区分。例如，汽车和轮胎，车主买了一辆汽车，上边肯定是有轮胎的。在这个业务中，轮胎和汽车是组合关系，它们分开就没有实际意义了。在汽车修理店，汽车可以更换轮胎，所以在汽修店的业务环境中，汽车和轮胎就是聚合的关系，轮胎离开汽车是有业务意义的。

泛化就是两个类之间具有继承关系。例如，人和学生，学生继承了人的特征，除具有人的一般的属性和方法之外，学生还要有学习的方法。

3.5.2　Geodatabase 模型

1. Geodatabase 概念

Geodatabase 是 ArcInfo 8 引入的一种全新的面向对象的空间数据模型，是建立在 DBMS 之上的统一的、智能化的空间数据模型。"统一"是指 Geodatabas 之前的多个空间数据模型都不能在一个统一的模型框架下对地理空间要素信息进行统一的描述，而 Geodatabase 做到了这一点；"智能化"是指在 Geodatabase 模型中，对空间要素的描述和表达较之前的空间数据模型更接近现实世界，更能清晰、准确地反映现实空间对象的信息。

Geodatabase 的设计主要是针对标准关系数据库技术的扩展，它扩展了传统的点、线和面特征，为空间信息定义了一个统一的模型。在该模型的基础上，使用者可以定义和操作不同应用的具体模型。例如交通规划模型、土地管理模型、电力线路模型等。Geodatabase 为创建和操作不同用户的数据模型提供了一个统一的、强大的平台。

由于 Geodatabase 是一种面向对象的数据模型，在此模型中，空间中的实体可以表示为具有性质、行为和关系的对象。Geodatabase 描述地理对象主要通过以下

4 种形式。

(1) 用矢量数据描述不连续的对象；

(2) 用栅格数据描述连续对象；

(3) 用 TIN 描述地理表面；

(4) 用 Location 或者 Address 描述位址。

Geodatabase 还支持表达具有不同类型特征的对象，包括简单的物体、地理要素(具有空间信息的对象)、网络要素(与其他要素有几何关系的对象)、拓扑相关要素、注记要素以及其他更专业的特征类型。该模型还允许定义对象之间的关系和规则，从而保持地物对象间相关性和拓扑性的完整。

2. Geodatabase 体系结构

Geodatabase 以层次结构的数据对象来组织地理数据。这些数据对象存储在要素类(feature classes)、对象类(object classes)和要素数据集(feature datasets)中。object class 可以理解为是一个在 Geodatabase 中储存非空间数据的表；而 feature class 是具有相同几何类型和属性结构的要素(feature)的集合。

要素数据集是共用同一空间参考要素类的集合。要素类储存可以在要素数据集内部组织简单要素，也可以独立于要素数据集。独立于要素数据集的简单的要素类称为独立要素类。存储拓扑要素的要素类必须在要素数据集内，以确保一个共同的空间参考。

Geodatabase 的基本体系结构包括要素数据集、栅格数据集、TIN 数据集、独立的对象类、独立的要素类、独立的关系类和属性域。其中，要素数据集又由对象类、要素类、关系类、几何网络构成(图 3-27)。

3. Geodatabase 的三种存储方案

Geodatabase 提供了不同层次的空间数据存储方案，可以分成 3 种：Personal Geodatabase(个人空间数据库)、File Geodatabase(基于文件格式的数据库)和 ArcSDE Geodatabase(企业级空间数据库)。

1) 个人空间数据库

个人空间数据库主要适用于在单用户下工作的 GIS 系统，适用于小型项目的地理信息系统。ArcGIS 对个人 Geodatabase 同样具有全功能支持。Personal Geodatabase 实际上就是一个 Microsoft Access 数据库，当用户安装 ArcGIS 的时候，系统就自动安装了 Microsoft Jet，用户无需再另外安装 Microsoft Access 数据

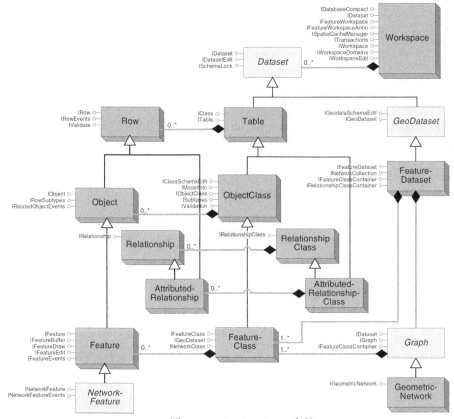

图 3-27　Geodatabase 内核

库。也就是说，Personal Geodatabase 对于 ArcGIS 用户是免费的，它使用 Microsoft
Jet Engine 的数据文件，将空间数据存放在 Access 数据库中。Personal Geodatabase
更像基于文件的工作空间，在使用时需要注意的是，Personal Geodatabase 的最大
容量是 2G，并且只支持 Windows 平台。

2) 基于文件格式的数据库

在 ArcGIS 9.2 版本中，引入了一种全新的空间数据存储方案——基于文件格式
的数据库。它也是适用于单用户环境的，同样能够支持完整的 Geodatabase 数据模
型，也可以让用户在没有 DBMS 的情况下使用大数据集。File Geodatabase 数据以
文件形式存储在 Windows、Solaris 以及 Linux 系统的文件夹内。容量限制方面，
File Geodatabase 中的每个表都能存储 1TB 的数据，这就是说对任何应用目的，用
户都能够支持非常大的数据集。File Geodatabase 还具有压缩矢量数据的选项，通
过这个选项，用户可以在保证性能的同时减少磁盘占用空间，压缩比率可以达到 2：

1 到 25 ∶ 1。从目前测试的情况来看，File Geodatabsse 性能比 Personal Geodatabase 要高 20%~100%。如果采用压缩方式，它的性能与 Shape 文件相仿，并且要强于 Personal Geodatabase。存储同样的数据时，File Geodatabase 比 Personal Geodatabase 减少了 50%~80% 的磁盘占用空间。

ArcGIS 提供了一些工具从 DBMS 形式的 Geodatabase 中提取一个 File Geodatabase 以及将一个 File Geodatabase 导入 DBMS 中。用户可以通过从其他任何 Geodatabase 或者所支持的文件结构内，例如 Shape 文件，加载数据来轻松地创建 File Geodatabase。File Geodatabase 很容易被 ArcGIS Desktop、ArcGIS Engine 以及 ArcGIS Server 访问和使用。

另外，File Geodatabase 还支持存储海量栅格数据集，与 ArcSDE raster schema 兼容。从目前的趋势来看，File Geodatabase 将要逐步取代 Personal Geodatabase。

3) 企业级空间数据库

企业级空间数据库(ArcSDE Geodatabase)主要用于在多用户网络环境下工作的 GIS 系统。通过 TCP/IP 协议，安装在管理企业数据的关系数据库的服务器上的 ArcSDE 为运行在客户端的 GIS 应用程序提供 ArcSDE Geodatabase。通过 ArcSDE，用户可以将多种数据产品按照 Geodatabase 模型存储于商业数据库系统中，并获得高效的管理和检索服务。

ArcSDE Geodatabase 一个最大特点就是使用 ArcSDE 在网络环境下对空间数据进行多用户并行操作。另外 ArcSDE Geodatabase 提供的版本控制机制也是 Personal Geodatabase 和 File Geodatabase 不具有的。通过 ArcSDE，用户可以在 Oracle、Microsoft SQL Server、InfoMix 和 DB2 中存取 SDE 图层。

当用户从 SDE 图层中创建 Geodatabase 时，客户端需要向这些图层加入元数据表。这些元数据包括子类、域、关联类、要素集等，这些元数据使得 ArcSDE 管理的空间数据库真正体现了 Geodatabase 模型。

4. Geodatabase 的优势

ESRI 地理空间数据模型从最初的 CAD 数据模型到 Coverage 数据模型，再发展为现今普通使用的 Geodatabase 数据模型，经历了几十年的时间。Geodatabase 为 GIS 应用程序提供常用的数据接口和管理框架，具有处理丰富数据类型、应用复杂规则和关系、存取大量地理数据等功能。

Geodatabase 的优势主要为该模型对关系数据库的扩展，具体体现以下几个方面。

(1) Geodatabase 存储要素的几何特性，便于开发 GIS 应用程序中的空间操作功能，比如查找与要素邻近的对象或者具有特定长度的对象，Geodatabase 中还提供定义和管理数据的地理坐标系统的框架。

(2) Geodatabase 中的几何网络(geometric network)可以模拟道路运输实业或者其他公用设施网络，进行网络拓扑运算。

(3) Geodatabase 中可以定义对象、要素之间的关联(relationships)。使用拓扑关系、空间表达和一般关联，用户不仅可以定义要素的特征，还可以定义要素与其他要素的关联规则。当要素被移动、修改或删除时，用户预先定义好的关联要素也会作出相应的变化。

(4) Geodatabase 通过定义域(domain)和验证规则(validation rule)来增强属性的完整性。

(5) Geodatabase 将要素的一些"自然"行为绑定到存储要素的表中。

(6) Geodatabase 可以有多个版本(version)，同一时刻允许不同用户对同一数据进行编辑，并可自动协调出现的冲突。

3.6　时空数据模型

传统应用往往只涉及地理信息的空间维度和属性维度，时空数据模型的核心问题是研究如何有效地表达、记录和管理现实世界的实体及其相互关系随时间不断发生的变化，即地理信息的时间维度。

这种时空变化表现为 3 种可能的形式：一是属性变化，其空间坐标和位置不变；二是空间坐标和位置变化，而属性不变，这里的空间坐标或位置变化既可以是单一实体的位置、方向、尺寸、形状等发生变化，也可以是两个或两个以上的空间实体之间的关系发生变化；三是空间实体或现象的坐标和属性都发生变化。

时空数据模型的特点是语义更加丰富，对现实世界的描述更准确，其物理实现的最大困难在于海量数据的组织与访问。经过多年的研究和发展已形成了多种时空数据模型，不同的研究人员和学者对这些时空数据模型进行了分类。如有研究人员根据所描述的时空目标(地理对象)本身的情况将时空数据模型分为 3 种类型：侧重于对时空实体状态本身的表述，侧重于时空实体变化过程的描述，以及侧重于时空实体本身和时空关系的描述。除此之外，也有研究人员从数据结构差异方面，将时空数据模型分为概念性数据模型和逻辑性数据模型。

龚健雅等(2014)结合时空数据模型的内在关系，将时空数据模型划分为 3 个发展时期：侧重记录实体时态变化的时态快照(temporal snapshots)时期，侧重表达实体变化前后关系的对象变化(object change)时期和侧重描述实体变化语义关系的事件与活动(events and action)时期。不同时期的各种模型见表 3-12。

表 3-12   时空数据模型的发展时期

类别	说明
侧重记录实体时态变化的时态快照时期	序列快照模型、基态修正模型、时空立体模型、离散格网单元列表模型、时空复合模型、第一范式关系时空数据模型和非第一范式关系时空数据模型等
侧重表达实体变化前后关系的对象变化时期	面向对象的时空数据模型、基于特征的时空数据模型、面向过程的时空数据模型等
侧重描述实体变化语义关系的事件与活动时期	基于事件的时空数据模型、基于图论的时空数据模型、时空三域数据模型

下面针对其中一些代表性模型作简单介绍。

1. 序列快照模型

序列快照模型(sequent snapshots)(Armstrong, 1988)是时态 GIS 中实现最简单、应用范围最广的时空数据模型，它将所研究的时空场景在时间轴上切片，每个切片记录此时空场景中所有地理对象在该时刻的状态，这个切片称为快照，在 GIS 中表现为一个带有时间戳的图层。每个快照内的地理对象状态具有一致的时间属性，将序列快照按时间属性值的大小顺序排列，能够表达整个场景的时空变化，如图 3-28 所示。

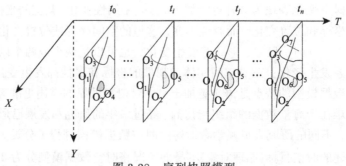

图 3-28   序列快照模型

序列快照模型简单易懂、一目了然，便于在计算机上实现，通过现有静态 GIS 中版本管理的方式，就可以直接存储快照数据。每个快照上的地理对象可以使用静态 GIS 空间分析方法提取有用信息。但是该模型也有其自身的缺点与不足(Langran, 1992)：模型仅仅记录了某些时刻时空场景内的状态快照，没有提供描述不同时刻空间变化的方法，要想得到变化信息，需要对两个快照进行完全对比分析；每个快照记录了该时刻所有地理对象或区域的状态，即使只有少部分变化，也需要记录全部信息，随着快照的增多，数据冗余十分明显；因缺乏时态结构上的约束规则，很难保证数据的内部逻辑性和完整性，地理对象的显著变化可能发生在两个快照之间而无法得知。

可以看出，序列快照模型应用于矢量结构的时空数据上存在诸多问题，但用在栅格结构的时空数据上会有很多便利之处。

2. 基态修正模型

基态修正模型(base state with amendments)最初称为矢量修正方法，该模型将记录某一时刻完整空间信息的状态快照作为基态图，其他时刻的状态中不包含当时完整的空间信息，仅保存相关对象的差异部分，如图 3-29 所示。基态的选择不是固定不变的，可以根据具体的应用需求任意选择基态。基态的选取对模型数据操作效率有较大影响，一般先确定基态，后面的观测状态是变化部分修正。

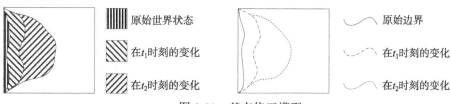

图 3-29　基态修正模型

如果考虑数据请求的频率，也有将当前状态作为基态，甚至采用多个基态。由于该模型中除了基态都只保存变化部分的空间信息，相比序列快照模型，其大大减少了存储的数据量，同时提高了地理对象变化记录的时间分辨率。并且，通过变化状态与基态数据的叠加，很容易还原出某一时刻的全部空间信息。可见，该模型既适合矢量结构时空数据的管理，也适合栅格结构时空数据的管理。

但基态修正模型也存在不足之处：由于地理对象的变化可能支离破碎地存储于不同的修正状态中，所以处理指定时刻地理对象间的相互关系时索引困难，效率不高；随着变化状态的不断增加，时空拓扑关系的复杂程度逐渐增大，很难分析地理对象间的时空关系，管理结构复杂、变化多样、更新频率高的地理对象显得力不从心。

3. 面向对象的时空数据模型

面向对象的思想是人们对现实世界理解与抽象表达的有效手段，逐渐被相关领域接受和采纳。Worboys 等(1990)首次使用面向对象的思想进行时空数据库建模，并在定义时空对象时融合了空间特征和非空间特征(专题属性特征和时间特征)。时空对象同样具有层次关系，复杂时空对象可以由简单对象组合而成，也可分解成简单的时空对象，如图 3-30 所示。因此，可以在时空数据建模中采用面向对象的继承、聚集、组合等机制，丰富地理对象时空变化的操作。此后，大量的国内外学者采用面向对象的思想进行时空数据建模。

因此，采用面向对象思想建立的时空数据模型易于实现、查询简单、操作方便，单个对象就能够表征地理实体的整个历史变化。但此类模型在表达时空对象间变化时的继承、聚集、组合层次、关联关系以及对象之间相互作用关系方面有所缺失。

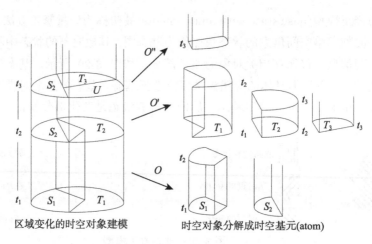

区域变化的时空对象建模   时空对象分解成时空基元(atom)

图 3-30　地理对象的时空变化分解(Worboys et al.，1990)

4. 基于事件的时空数据模型

Peuquet 和 Duan(1995)以简单的栅格图像的时空变化作为案例，建立了基于事件的时空数据模型(event-based spatio-temporal data model，ESTDM)。该模型是以时间组织为基础，扩展了序列快照模型，把序列快照模型中某个状态与其相邻的上一时刻状态进行比较，将变化部分提取出来定义为一个事件(event)，每种变化结果放在一起，称为一个构件(component)。按照时间顺序使用双向指针把所有的事件串联起来，形成一个列表(list)，在模型中将该列表定义为事件列表(event list)。在此模型中，使用一个类似于基态修正模型中的基图(base map)记录原始状态，用事件列表描述变化过程。"基图+事件列表"的模式可以去除重复不变的地方，并能够方便地计算出某个事件所在时刻的状态，在节省了存储空间的同时，也更加清晰地表现出时空变化过程。

ESTDM 主要用来表现栅格影像中的区域的时空变化，但没有表达出变化区域间的相互关系。随着研究的不断深入，事件的含义得到了进一步的扩展，事件不但被认为是地理对象状态时空变化的标识，同时也被认为是引发这个时空变化的原因，并在一些领域得到了应用。

思考题

1. 简述现实世界中对象在 GIS 中的抽象建模过程。

2. 什么是拓扑关系？如何在 GIS 中表达拓扑关系？

3. 说明空间数据结构与空间数据模型的关系。

4. 对比 TIN 数据结构与 Grid 数据结构。

5. 对下面的 8×8 的栅格数据分别进行游程长度编码和线性四叉树编码。

3	3	3	8	7	7	7	2
3	3	3	8	2	2	7	7
3	3	3	8	4	4	1	1
3	3	3	1	1	3	3	4
2	2	4	6	1	4	4	5
2	2	4	6	1	2	4	5
5	5	6	6	3	2	5	5
5	6	6	6	2	2	5	3

6. 通过使用 ArcGIS，理解矢量数据结构与栅格数据结构的区别。

第 4 章　空间数据的获取

GIS 的数据源有很多，如地图数据、遥感数据、文本资料、统计资料和其他数据。空间数据是地理信息系统的血液，地理信息系统是围绕空间数据的采集、存储、分析和表现展开的，因此空间数据的来源、采集手段、处理方法等都会直接影响到地理信息系统应用的潜力、成本和效率。本章介绍空间数据的内容与来源、全野外数据采集、数字化设备采集、空间数据格式转换与互操作及空间数据处理与质量评价等内容。

4.1　空间数据的内容与来源

空间数据是 GIS 的核心，设计和使用 GIS 的第一步就是根据系统的功能，获取所需要的空间数据，并创建空间数据库。数据采集获取就是应用各种技术手段，通过各种渠道收集数据并建立数据库的过程，它在 GIS 中具有重要的作用。

近年来，由于国家相关数据生产部门(如国家基础地理信息中心、城市测绘院等)以及一些专业应用部门(如土地局、房产局、规划局等)都产生了大量的数字化数据，并且大部分数据以数字线划图(digital line graphic，DLG)、数字栅格地图(digital raster graphic，DRG)、数字正射影像图(digital orthophoto map，DOM)和数字高程模型(digital elevation model，DEM)的 4D 产品形式存在。

4.1.1　4D 数据

4D 数据是空间数据的重要内容，它构成了地理信息系统的基础数据框架，是其他信息空间的载体，用户可依据自身的要求，选择适合自己的基础数据产品，研制各种专题地理信息系统。4D 数据是指数字线划图(DLG)、数字栅格地图(DRG)、数字正射影像图(DOM)和数字高程模型(DEM)，图 4-1 展示了 4D 数据的示例。

数字线划图是以矢量结构描述的，带有拓扑关系的空间信息以及以关系结构描述的属性信息，如行政区、居民地、交通与管网、水系及附属设施、地貌、地名、测量控制点等内容。它可用于建设规划、资源管理、投资环境分析、商业布局等方面，可作为人口、资源、环境、交通等各专业信息系统的空间定位基础，还可以生产数字或模拟地形图产品，以及各种不同类型的专题测绘产品。

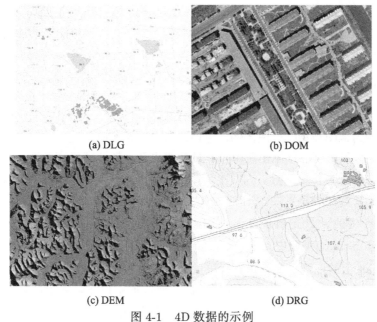

(a) DLG　　　　　　　　　　　　　　(b) DOM

(c) DEM　　　　　　　　　　　　　　(d) DRG

图 4-1　4D 数据的示例

数字正射影像图是具有正射投影的数字影像的数据集合。它生产周期较短，信息丰富、直观，具有良好的可判读性和可测量性，既可直接应用于国民经济各行业，又可作为背景从中提取自然地理和社会经济信息，可以用于评价其他测绘数据的精度、现势性和完整性，还可以结合数字地形数据库中的部分信息或其他相关信息制作各种形式的数字或模拟正射影像图，以及作为有关数字或模拟测绘产品的影像背景。

数字高程模型是地面规则格网点的高程数据集合，用来表示地面形态的起伏。它可以用于与高程分析有关的地貌形态分析、透视图、断面图制作、工程中土石方计算、表面覆盖面积统计、通视条件分析、洪水淹没区分析等多个方面。还可以用来制作坡度图、坡向图，可以同地形数据库中有关的内容结合生成分层设色图、晕渲图等符合数字或模拟的专题地图产品。

数字栅格地图就是以数字栅格形式存储的地形图，保持了模拟地形图的全部内容和几何精度，生产快捷、成本较低。通常采用扫描纸质地形图，经几何纠正(彩色地图还需经彩色校正)，内容更新和数据压缩处理后得到 DRG。它可作为有关的信息系统的空间背景，也可作为存档文件。

4.1.2　空间元数据

1. 空间元数据的概念

元数据即 metadata，其中 meta 是希腊语，意思是"改变"，metadata 为数据本身及对其变化的描述。到目前为止，科学界仍没有关于元数据确切公认的定义。元数据最简短的定义是关于数据的描述性数据信息，它应尽可能多地反映数据集自身的特征规律，以便于用户对数据集的准确、高效与充分的开发和利用，不同领域的数据库，其元数据的内容会有很大差异。通过元数据可以检索、访问数据库，可以有效利用计算机的系统资源，可以对数据进行加工处理和二次开发等。

　　事实上，元数据应用于地理学也已经有好几个世纪了，如早期纸质地图的元数据主要表现为地图类型、地图图例，包括图名、空间参照系统和图廓坐标、地图内容说明、比例尺精度、编制出版单位、日期或更新日期、销售信息等，只是当地理科学与计算机科学相结合时，人们才"真切"看到元数据在地理科学中的存在，逐渐认识到了元数据的重要性。目前，意义上的 metadata 这个词本身是随着 Internet 的发展而产生的，最先出现在美国国家航空与航天局(NASA)的 DIF(directory interchange format)手册中。

　　Internet 上的地理信息资源具有海量性、分布性、异构性等特点。为了使地理空间数据生产者能有效地管理和维护数据，使数据用户能够从生产者那里获取快捷、安全、有效、全面的服务，以便从海量数据中快速、准确地发现、访问、获取和使用所需的数据，从而有效地集成地理空间数据，必须建立目录索引，即地理信息元数据。

　　元数据的内容包括以下方面。

　　(1) 对数据集的描述，对数据集中各数据项、数据来源、数据所有者及数据序代(数据生产历史)等的说明；

　　(2) 对数据质量的描述，如数据精度、数据的逻辑一致性、数据完整性、分辨率、元数据的比例尺等；

　　(3) 对数据处理信息的说明，如量纲的转换等；

　　(4) 对数据转换方法的描述；

　　(5) 对数据库的更新、集成等的说明。

　　2. 空间元数据的标准

　　同物理、化学等学科使用的数据结构类型相比，空间数据是一种结构比较复杂的数据类型。它涉及对于空间特征的描述，也涉及对于属性特征及它们之间关系的描述，所以空间数据元数据标准的建立是项复杂的工作，并且由于种种原因，某些数据组织或数据用户开发出来的空间数据元数据标准很难被地学界广泛接受。但空间数据元数据标准的建立是空间数据标准化的前提和保证，只有建立规范的空间数据元数据才能有效利用空间数据。目前，针对空间数据元数据，已经形成了一些区域性的或部门性的标准。目前国内外主流的空间元数据标准如表 4-1 所示。

表 4-1　常用空间元数据标准

元数据标准名称	建立标准的组织
CSDGM 数字地理空间数据元数据内容标准	美国联邦地理数据委员会(FGDC)
GDDD 数据集描述方法	欧洲地图事务组织(MEGRIN)
核心元数据元素	澳大利亚新西兰土地信息委员会(ANZLIC)
DIF	美国国家航空与航天局(NASA)
ISO 地理信息	国际标准化组织地理信息技术委员会(ISO/TC 211)
Open GIS	Open GIS 协会
地理信息元数据 GB/T 19710—2005	中国国家标准
国家基础地理信息系统(NFGIS)元数据标准	国家基础地理信息中心
科学数据库元数据标准(SDBCM)	中国科学院
NSII 元数据标准	国家信息中心

美国联邦地理数据委员会(FGDC)于 1994 年发布了第一版地理空间数据的元数据内容标准(CSDGM)。该标准获得了行业较为广泛的认可，成为具有普遍应用价值的元数据标准。FGDC 于 1997 年发布了第二版 CSDGM。制定 FGDC 标准的目的是确定一个描述数字地理空间数据的术语及其定义几何，包括需要的数据元素、复合元素以及它们的定义和域值，还包括描述数字地理空间数据集的元数据信息内容。CSDGM 是按照段(section)、复合元素(compound element)、数据元素(data element)来组织记录的，共有 460 个元数据实体。

除了 FGDC 以外，国际标准化组织地理信息技术标准化技术委员会(ISO/TC 211)专门成立了元数据标注准工作组：ISO 15046-15，地理信息-元数据工作组。制定 ISO/TC 211 地理信息元数据标准的目的在于提供一个描述地理空间数据集的过程，以便用户能够定位和访问地理数据，并确定所拥有数据的适宜性。该标准以地理信息的实时性、精度、数据内容和属性、数据来源、价格、图层、实用性等为考虑对象，定义说明地理信息和服务所需的信息，提供有关数字地理数据标识、覆盖范围、质量、空间和时间模式、空间参照系统、发行等信息。

NASA 开发的目录交换格式(DIF)标准 1989 年便开始在 NASA 中使用，主要用于卫星及其他遥感数据设计。它提供了描述数据的元数据要素，规范所选要素的内容值，并为元数据在不同系统之间交换提供了一种数据结构。

我国也十分重视空间元数据标准的制定，颁布了中华人民共和国国家标准——地理信息元数据 GB/T 19710—2005。该标准改自国际标准化组织地理信息标准化技术委员会(ISO/TC 211)制定的《地理信息元数据》国际标准 ISO19115:2003。该标准由元数据包 UML 图、元数据字典和代码表构成，定义了描述地理信息及其服务所需的模式。它提供有关数字地理数据标识、覆盖范围、质量、空间和时间模式、空间参照和分发等信息。

该标准适用于数据集编目录，提供对数据集进行完整描述和数据交换网站的数据服务。地理数据集、数据集系列以及单个地理要素和要素属性描述，服务于地理信息共享。

3. 空间数据元数据的应用

1) 帮助用户获取数据

通过元数据，用户可对空间数据库进行浏览、检索和研究等。一个完整的地理学数据库除应提供空间数据和属性数据外，还应提供丰富的引导信息，以及由数据得到的分析、综述和索引等。通过这些信息用户可以明白一系列问题，如"这些数据是什么数据""这个数据库是否有用"等。

2) 空间数据质量控制

无论是统计数据还是空间数据都存在数据精度问题，影响空间数据精度的原因主要有两个方面：一是元数据的精度；二是数据加工处理过程中精度质量的控制情况。空间数据质量控制内容包括：①有准确定义的数据字典，以说明数据的组成、各部分的名称、表征的内容等；②保证数据逻辑科学地集成，如植被数据库中不同亚类的区域组合成大类区域，这要求数据按一定逻辑关系有效的组合；③有足够的说明数据来源、数据的加工处理过程、数据解译的信息。这些要求可通过元数据来实现，这类元数据的获取往往由地理学和计算机领域的工作者来完成。数据逻辑关系在数据中的表达要由地理学工作者来设计，空间数据库的编码要求一定的地理学基础，数据质量的控制和提高要由数据输入、数据查错、数据处理专业背景知识的工作人员实现，而数据再生产则要由计算机基础较好的人员来实现。所有这方面的元数据，按一定的组织结构集成到数据库中构成数据库的元数据信息系统来实现上述功能。

3) 在数据集成中的应用

数据集层次的元数据记录了数据格式、空间坐标体系、数据的表达形式、数据类型等信息；系统层次和应用层次的元数据则记录了数据使用软硬件环境、数据使用规范、数据标准等信息。这些信息在数据集成的一系列处理中，如数据空间匹配、属性一致化处理、数据在各平台之间的转换使用等是必要的。这些信息能够使系统有效地控制系统中的数据流。

4. 空间数据元数据的获取与管理

1) 空间数据元数据的获取

空间数据元数据的获取是个较复杂的过程，相对于基础数据的形成时间，它的获取可分为三个阶段：数据收集前、数据收集中和数据收集后。对于模型元数据，这三个阶段分别是模型形成前、模型形成中和模型形成后。

第一阶段的元数据是根据要建设的数据库的内容而设计的，内容包括普通元数据、专指性元数据；第二阶段的元数据随着数据的形成同步产生；第三阶段的元数据是在上述数据收集后，根据需要产生的，包括数据处理过程描述、数据利用情况、数据质量评估、浏览文件的形成、拓扑关系、影像数据的指标体及指标、数据集大小、数据存放路径等。

空间数据元数据的获取方法主要有 5 种：键盘输入法、关联表法、测量法、计算法和推理法。键盘输入法一般工作量大且易出错；关联表法是通过公共项(字段)从已存在的元数据或数据中获取有关的；测量法容易使用且出错较少，如用全球定位系统测量数据空间点的位置等；计算法指由其他元数据或数据计算得到的元数据，如水平位置可由仪器设置及时间计算得到；推理法指根据数据的特征获取元数据。在元数据获取的不同阶段，使用的方法也有差异。在第一阶段主要是键盘输入法和关联表法；第二阶段主要是测量法；第三阶段主要是计算法和推理法。

2) 空间数据元数据的管理

空间数据元数据的理论和方法涉及数据库和元数据两方面。由于元数据内容、形式的差异，因此其管理与数据涉及的领域有关，它是通过建立在不同数据领域基础上的元数据信息系统实现的。在元数据管理信息系统中，物理层存放数据与元数据，该层由一些软件通过一定的逻辑关系与逻辑层关联起来。在概念层中用描述语言及模型定义了许多概念，如实体名称、别名等。通过这些概念及其限制特征，经过与逻辑层关联可获取、更新物理层的元数据及数据。

5. 元数据的存储和功能实现

元数据系统用于数据库的管理，可以避免数据重复存储，通过元数据建立的逻辑数据索引可以高效地查询检索分布式数据库中任何物理存储的数据，减少数据用户查询数据库及获取数据的时间，从而减低数据库的费用。数据库的建设和管理费用是数据库整体性能的反映，通过元数据可以实现数据库的设计和系统资源利用方面开支的合理分配。数据库许多功能(如数据库检索、数据转换、数据分析等)的实现是靠系统资源的开发来实现的，因而这类元数据的开发和利用将大大地增强数据库的功能并降低数据库的建设费用。

伴随着人类对数字地理信息重要性认识的加深，元数据标准化这一问题便逐渐成为共享地学信息的热点，而要研究元数据体系，首先要对元数据的理论基础有一个正确的分析。事实上元数据标准依赖于信息共享标准的理论，它与自然科学中的许多学科都有交叉，几乎涉及数学、物理、化学、天文、地理、生物中的所有方面，并依赖于现代科技的发展。计算机是元数据的基础平台，网络是元数据的通信基础，没有数学模型和对各学科的综合认识，也就谈不上用遥感等技术研究地球机理。因此，从宏观角度来看，地理信息标准化涉及许多领域，似乎其理论也不胜枚举；但从微观角度来考虑，数字地理信息所研究的共享体系理论主要包括地理信息的模型建立表示理论、空间参照系理论、质量体系理论以及计算机通信技术等方面的理论，它们是数据共享体系的基础。当然，其他能够促使地理信息共享的理论也将成为基于数字地球的元数据体系的有力支柱。

4.1.3 空间数据来源

GIS 数据源是指建立地理数据库所需的各种数据来源，可分为电子数据和非电子数据，也可归纳为原始采集数据和再生数据(表 4-2)。具体来源包括：地图数据、遥感数据、文本资料、统计资料、实测数据、多媒体数据和已有系统数据。从数据采集方法上分类，数据主要来源于野外数据采集、数字化设备采集和已有数据的空间交换。

表 4-2　空间数据主要来源

数据	第一手数据	第二手数据
非电子数据	平板测量数据 工程测量数据 航空、遥感像片 人口普查 社会经济调查 各种统计资料	地图 专题地图 统计图表
电子数据	全站仪、GPS 数据 遥感数据	已建各种数据库 GIS 数据

(1) 地图数据。地图是 GIS 的主要数据源，因为地图包含着丰富的内容，不仅含有实体的类别和属性，而且含有实体间的空间关系。数字化地图数据主要通过对纸质地图的跟踪数字化和扫描数字化获取。地图数据通常用点、线、面及注记来表示地理实体及实体间的关系。例如，点包括居民点、采样点、高程点、控制点等；线包括河流、道路、构造线等；面包括湖泊、海洋、植被等；注记包括地名注记、高程注记等。

(2) 遥感数据。遥感数据是 GIS 的重要数据源。遥感数据有丰富的资源与环境信息，在 GIS 支持下，可以与地质、军事应用等方面的信息进行信息复合和综合分析。遥感数据是一种大面积的、动态的、近实时的数据源，遥感技术是 GIS 数据更新的重要手段。

(3) 文本资料。文本资料是指各行业和各部门的有关法律文档、行业规范、技术标准、条文条例(如边界条约)等。

(4) 统计资料。国家的许多部门与机构都拥有不同领域(如人口、基础设施建设等)的大量统计资料，这些都是 GIS 的数据源，尤其是 GIS 属性数据的重要来源。

(5) 实测数据。野外试验、实地测量等获取的数据可以通过转换直接进入 GIS 的地理数据库，以便于实时地分析和进一步地应用，如 GPS 所获取的数据是 GIS 的重要数据源。

(6) 多媒体数据。多媒体数据(包括音频、视频等)通常可通过通信技术传入 GIS 的地理数据库中。

(7) 已有系统数据。GIS 还可以从其他已建成的信息系统和数据库中获取相应的数据。由于规范化、标准化的推广，不同系统间的数据共享和可交换性越来越强，这样就拓展了数据的可用性，增加了数据的潜在价值。

4.2　全野外数据采集

野外直接测量是获取空间数据的重要途径之一。20 世纪 80 年代以来，用于野外直接测量的仪器有了比较迅速的发展。以全站仪为代表的电子速测仪器已取代传统的光学经纬仪、水准仪和平板仪，使得基于电子平板测量的野外直接采集方法成为空间数据获取的重要方法之一。该方法采用全站仪、GPS RTK 进行实地测量，将野外采集的数据自动传输到电子手簿、磁卡或便携机内，并在现场绘制地形(草)图，在室内将数据自动传输到计算机，人机交互编辑后，由计算机自动生成数字地图。

4.2.1　全野外数据采集特点

全野外数据采集设备是全站仪加电子手簿或电子平板配以相应的采集和编辑软件，作业分为编码和无码方法，如图 4-2 所示。数字化测绘记录设备以电子手簿为主；还有采用电子平板内外业一体化的作业方法，即利用电子平板(便携)在野外进行碎部点展绘成图。

全野外数据采集测量工作包括图根控制测量、测站点的增补和地形碎部点

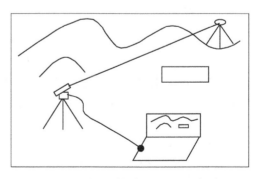

图 4-2　电子平板仪的测量示意图

的测量。采用全站仪进行观测，用电子手簿记录观测数据或经计算后的测点坐标。每一个碎部点的记录，通常有点号、观测值或坐标，除此以外还有与地图符号有关的编

码以及点之间的连接关系码。这些信息码以规定的数字代码表示，信息码的输入可在地形碎部点测量的同时进行，即观测每一碎部点后按草图输入碎部点的信息码。

地图上的地理名称及其他各种注记，除一部分根据信息码由计算机自动处理外，不能自动注记的需要在草图上注明，在内业通过人机交互编辑进行注记。与传统平板仪测量工作相比，全野外数字测图具有以下一些特点：

(1) 全野外数字测量在野外完成观测，记录观测值或者是坐标和输入的信息码，不需要手工绘制地形图，这种地形测量的自动化程度大大提高。

(2) 地面数字测图工作的地形测图和图根加密可同时进行，即使在记录观测点坐标情况下也可以在未知坐标的测站点上设站，利用电子手簿测站点的坐标计算功能，观测计算测站点的坐标后，即可进行碎部测量。

(3) 全野外数字测图在测区内部不受图幅的限制，作业小组的任务可按照河流、道路的自然分界来划分，以便于地形测图的施测，减少了很多常规测图的接边问题。

(4) 数字测图按点的坐标绘制地图符号，要绘制地物轮廓就必须有轮廓特征点的全部坐标。虽然一部分规则轮廓点的坐标可以用简单的距离测量间接计算出来，但地面数字测图直接测量地形点的数目仍然比平板仪测图有所增加。地面数字测图中地物位置的绘制直接通过测量计算的坐标点，因此数字测图的立尺位置选择更为重要。

全野外数据采集精度高，没有展点等误差，碎部点平面与高程精度均比传统平板仪成图高数倍，测量、数据传输和计算自动进行，避免了人为错误。实际上碎部点基本已达到图根点的精度，其测量误差对于成图可忽略不计，因而成果质量取决于立镜位置是否恰当和有无编辑错误等因素。

4.2.2　作业过程

全野外地理信息数据采集与成图分为三个阶段：数据采集、数据处理和地图数据输出。数据采集是在野外利用全站仪等仪器测量特征点，并计算其坐标，赋予代码、明确点的连接关系和符号化信息；再经编辑、符号化、整饰等成图，通过绘图仪输出或直接存储成电子数据。数据采集和编码是计算机成图的基础，这一工作主要在外业完成。内业进行数据的图形处理，在人机交互方式下进行图形编辑，生成绘图文件，由绘图仪绘制地图。

通常工作步骤为：先布设控制导线网，然后进行平差处理得出导线坐标，再采用极坐标法、支距法或后方交会法等，获得碎部点三维坐标。也可采用边控制边进行碎部测量的方法，最后平差获得控制成果，再对碎部坐标进行统一转换计算。地面数字测图流程如图 4-3 所示。

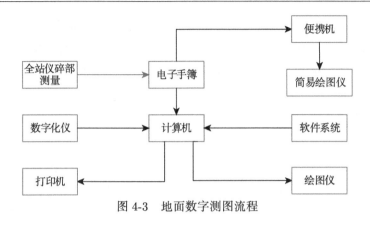

图 4-3　地面数字测图流程

4.2.3　GPS 测量

现在已经普遍采用全球定位系统(GPS)直接测量地面点的大地经纬度和大地高度。全球定位系统是全球导航卫星系统(GNSS)中的一种，其他的卫星定位导航系统有俄罗斯的 GLONASS、欧洲的伽利略系统、中国的北斗导航系统等。

GPS 全称是 NAVSTAR(navigation system timing and ranging)GPS，由美国军方组织研制建立，从 1973 年开始筹划，到 20 世纪 90 年代初完成。GPS 由 3 个部分组成：空间部分为 GPS 卫星星座；地面控制部分为地面监控系统；用户设备部分为 GPS 信号接收机。GPS 由 21 颗工作卫星和 3 颗备用卫星组成，在距离地面大约 20 183km 轨道高度上以每日绕地两周的速度运行着，它们均匀分布在 6 个相互夹角为 60°的轨道平面内，即每个轨道上有 4 颗卫星。每颗卫星通过两种频率的无线电波向用户发射导航定位信号，同时接收地面发送的导航电文以及调度命令。第一频率 L1，位于 1575.42MHz；第二频率 L2，位于 1227.6MHz，而载波频率由 2 种伪码和 1 条导航消息调制而成，载波频率及其调制由卫星上的原子钟控制。

GPS 控制系统由设在印度洋的 Digeo Carcia、大西洋的 Ascencion、太平洋的 Kwajalein 和夏威夷以及美国本土的 Colorado Springs 5 个监测站组成。Colorado Springs 站为监测总站，卫星监测站的功能是监测卫星运行状况，确定其轨道和卫星上原子钟的工作状态，传输需要传送的信息到各卫星上。

GPS 定位基本原理是利用电磁波测距交会确定点位。如图 4-4 所示，1 颗卫星信号传播到接收机的时间只能决定该卫星到接收机的距离，但并不能确定接收机相对于卫星的方向。在三维空间中，GPS 接收机的可能位置构成一个球面，当测到 2 颗卫星的距离时，接收机的可能位置被确定于两个球面相交构成的圆上；当得到第

3 颗卫星的距离后，球面与圆相交得到 2 个可能的点；第 4 颗卫星用于确定接收机的准确位置。因此，如果接收机能够得到 4 颗 GPS 卫星的信号，就可以进行定位，当接收到信号的卫星数目多于 4 个时，可以优选 4 颗卫星计算位置。

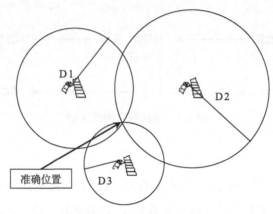

图 4-4   GPS 定位原理

造成 GPS 测量定位误差的因素有很多。例如，在计算距离时把信号传输速度视为恒定的光速，事实上信号穿过距离地面 130~190km 的电离层和地表对流层时会减慢速度，导致距离不准，卫星原子钟和卫星轨道可能会出现很小误差，但是这种误差可由美国国防部通过监测站进行修正。此外，由其他目标反射的卫星信号也会引起干扰导致误差。不过 GPS 定位中最为严重的误差则是由于美国军方人为降低信号质量造成的，这种误差可高达 100m。

美国为了防止未经许可的用户把 GPS 用于军事目的，实施了各种技术。首先，GPS 卫星发射的无线电信号包括两种不同的测距码，即 P 码(精码)和 C/A 码(粗码)，对应两种测距码，GPS 提供两种定位服务方式，即精密定位服务(PPS)和标准定位服务(SPS)，前者的服务对象主要是美国军事部门和其他特许部门，后者则服务于广大民间用户。此外，通过使用选择可用性(selective availability，SA)技术，C/A 码的定位精度从 20m 降低至 100m(美国已于 2000 年 5 月取消了 SA 政策，使得单点定位精度可以达到 20~30m)，而反电子欺骗(anti-spoofing，AS)技术用于对 P 码进行加密，当实施 AS 时，非特许用户不能得到 P 码。

上述的人为误差给 GPS 的民用造成了障碍，但是可以通过差分纠正来消除。差分纠正是通过两个或者更多的 GPS 接收机完成的，其方法是在某一已知位置，安置一台接收机作为基准站接收卫星信号，然后在其他位置用另一台接收机接收信号，由前者可以确定卫星信号中包含的人为干扰信号，而在后者接收到的信号中减去这些干扰，即可以大大降低 GPS 的定位误差。

差分纠正一般可以通过两种方法实现：实时法和后处理法。实时法是通过在基站播送各卫星的误差改正数到其他 GPS 接收机，其他 GPS 接收机在计算位置时将误差剔除，这需要一套专门无线电收发装置；后处理法要求基站接收机和其他接收机同时测量，并且同时存储卫星信号，待完成野外测量后再进行差分改正。如果要将 GPS 用于 GIS 的空间数据采集，实时差分的 GPS 是必需的。GIS 中的空间目标的坐标精度要求达分米和厘米级，而且测量一个目标点的时间不可能像大地测量一样持续几分钟或几个小时，并且通常要求数据能够适时处理，所以需要采用适时差分的 GPS 系统。这种系统已经问世，测量精度可达厘米级，并且一台基站接收机可以配备多台测量用接收机。

GPS 用于 GIS 空间目标测量的另一个障碍是信号失锁的问题。在高层建筑的城区往往接收不到 4 个或 4 个以上 GPS 卫星的信号，尤其是测量建筑物的角落，失锁的现象相当普遍。所以，另一种方案是将实时差分的 GPS 接收机与全站仪联合起来进行城区空间目标的测量。GPS 用于测站的快速定位，角落则使用全站仪测量，GPS 全站仪可能是一种新的测量手段。

4.3　数字化设备采集

目前，地图数字化获取空间数据主要有两种方式，即手扶跟踪数字化和扫描数字化。

4.3.1　手扶跟踪数字化

1. 手扶跟踪数字化仪简介

手扶跟踪数字化仪是根据其采集数据的方式分为机械式、超声波式和全电子式 3 种，其中全电子式数字化仪精度最高，应用最广。按照其数字化版面的大小可分为 A0、A1、A2、A3、A4 等。

数字化仪由电磁感应板、游标和相应的电子电路组成，如图 4-5 所示。这种设备利用电磁感应原理，在电磁感应板的 x, y 方向上有许多平行的印刷线，每隔 $200\mu m$ 一条。游标中装有一个线圈，当使用者在电磁感应板上移动游标到图件的指定位置，并将十字叉丝的交点对准数字化的点位，按动相应的按钮时，线圈中就会产生交流信号，十字叉丝的中心也便产生了一个电磁场，当游标在电磁感应板上运动时，板下的印制线上就会产生感应电流。印制板周围的多路开关线路可以检测出最大信号的位置，即十字叉线中心所在的位置，从而得到该点的坐标值。

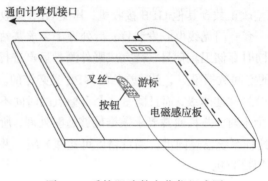

图 4-5   手扶跟踪数字化仪组成图

2. 手扶跟踪数字化过程

在进行数字化之前，首先要确定哪些信息需要数字化，由于目前大多数 GIS 软件对空间数据采用分层管理，所以要确定输入哪些图层，以及每个图层包含的具体内容。另外，由于数字化过程不可能一次完成，两次输入地图的位置可能相对于数字化板会发生错动，这样前后两次录入的坐标就会偏移或旋转。解决该问题的办法是，在每次录入之前，先输入至少 3 个定位点，这些点相对于地图的位置是固定的，这样两次输入的内容就可以根据定位点坐标之间的关系进行匹配。

通常数字化仪采用两种数字化方式，即点方式和流方式。点方式是当录入人员按下游标的按键时，向计算机发送一个点的坐标。输入点状地物要素时必须使用点输入方式，而线和多边形地物的录入可以使用点方式，在输入时，输入者可以有选择地输入曲线上的采样点，而采样点必须能够反映曲线的特征；流方式录入能够加快线或多边形地物的录入速度，在录入过程中，当录入人员沿着曲线移动游标时，能够自动记录经过点的坐标。采用流方式录入曲线时，往往采集点的数目要多于点方式，造成数据量过大，一个解决的方案是对记录的点进行实时采样，即尽管系统接收到点的坐标，但是可以根据采样原则确定是否记录该点。

目前大多数系统采取两种采样原则，即距离流方式和时间流方式(图 4-6)。

(1) 距离流方式是当前接收的点与上一点距离超过一定阈值，才记录该点；

(2) 采用时间流方式时，按照一定时间间隔对接收的点进行采样。

采用时间流方式录入时，一个优点是当录入曲线比较平滑时，录入人员往往移动游标比较快，这样记录点的数目少；而曲线比较弯曲时，游标移动较慢，记录点的数目就多。而采用距离流方式时，容易遗漏曲线拐点，从而使曲线形状失真。所以在保证曲线的形状方面，时间流方式要优于距离流方式。

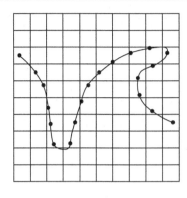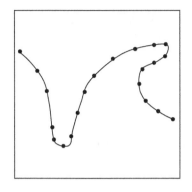

(a) 距离流　　　　　　　　　　　　　　　　(b) 时间流

图 4-6　距离流方式和时间流方式

　　在实际的录入过程中,可以根据不同的录入对象来选择不同的录入方式。例如,当录入地块图时,由于其边界多为直线,并且点的数据较少,可以采用点方式录入;录入交通线时,因为要保证某些特征点位置的准确性,也可以使用点方式;而等高线的录入由于数据量大,使用流方式可以加快录入速度。

　　通过数字化仪采集数据时数据量小,数据处理的软件也比较完备,但由于数字化的速度比较慢,工作量大,自动化程度低,数字化的精度与作业员的操作有很大关系。所以,目前很多单位在大批量数字化时,已不再采用该方法。

4.3.2　扫描数字化

1. 扫描数字化原理

　　随着计算机软件和硬件成本更加便宜,并且提供了更多的功能,空间数据获取成本成为 GIS 项目中主要的成分。由于手扶跟踪数字化需要大量的人工操作,使得它成为以数字为主体的应用项目的瓶颈。扫描技术的出现无疑为空间数据录入提供了有力的工具。

　　地图扫描数字化的基本思想是:首先通过扫描将地图转换为栅格数据,然后采用栅格数据矢量化的技术追踪出线和面,采用模式识别技术识别出点和注记,并根据地图内容和地图符号的关系,自动给矢量数据赋属性值。常见的地图扫描数字化处理的过程如图 4-7 所示。

　　在对地图扫描处理后,需要进行栅格转矢量的运算,一般称为扫描矢量化过程。扫描矢量化可以自动进行,但是扫描地图中包含多种信息,系统难以自动识别分辨(如在一幅地形图中有等高线、道路、河流等多种线状地物,尽管不同地物有不同的线型、颜色,但是对于计算机系统而言,仍然难以对它们进行自动区分),这使得完全自动矢量化的结果不那么"可靠"。所以，在实际应用中，常常采用交互跟踪矢量化，或者称为半自动矢量化。

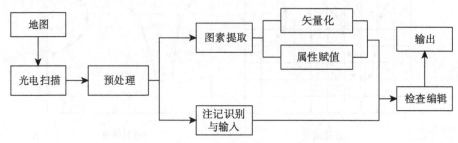

图 4-7　地图扫描数字化处理流程

将栅格图像转换为矢量地图一般需要下列步骤：

(1) 图像二值化(threshold)。图像二值化用于从原始扫描图像计算得到黑白二值图像。通常将图像上的白色区域的栅格点赋值为 0，而黑色区域为 1，黑色区域对应要矢量化提取的地物，又称为前景。

(2) 平滑(smooth)。图像平滑用于去除图像中的随机噪声，通常表现为斑点。

(3) 细化(thinning)。将一条线细化为只有一个像素宽。细化是矢量化过程中的重要步骤，也是矢量化的基础。

(4) 链式编码(chain coding)。链式编码将细化后的图像转换成为点链的集合，其中每个点链对应于一条弧段。

(5) 矢量线提取(feature extraction)。将每个点链转化成为一条矢量线。每条线由一系列点组成，点的数目取决于线的弯曲程度和要求的精度。

除了上述 5 个步骤以外，还需要一些处理以方便图像矢量化过程，如图像拼接和剪裁等。

2. 扫描数字化的质量控制

扫描数字化的质量可以从两方面来考察：一是数字地图中几何数据的精度，用误差的大小来度量；二是数字地图中几何数据和属性数据的可靠性，用正确率来度量。

地图数字化几何数据的精度主要与数字化方法有关，在扫描数字化中，可通过改善扫描分辨率、图廓点的对点精度来提高整幅图的定向精度。影响成果精度的主要因素有两个：扫描分辨率和定向点的坐标量算方法。

一般认为在地图扫描图像上点的量测小误差为 $m_x = m_y = \pm 1$ 个像元，若对 1：5 万地形图按 250dpi 的分辨率扫描，在最不利的情况下($x = 0$ 或 $x = 1$，或者 $y = 0$ 或

$y=1$），图廓线上点的中误差 $m_x = m_y = 5.1\text{m}$ ，在最有利的情况下 $(x=y=\dfrac{1}{2})$ ，图幅中心点的中误差仍可达到 $m_x = m_y = 2.5\text{m}$ 。可见定向点的精度对最后采样点大地坐标的精度有比较大的影响。同样的道理，采样点的量测误差也对大地坐标的精度有较大影响，提高采样点的量测精度可以提高相应大地坐标的精度。

　　综合考虑定向点和采样点的量测误差的影响，提高点的量测精度和扫描分辨率是提高数字化精度的主要手段。提高扫描分辨率虽然可以提高精度，但图像数据存储量也会大大增加。在保证地图图像具有一定分辨率的前提下，提高点的量测精度应该成为提高数字化结果精度的主要手段，点的量测精度可采用量测过程中的自动对中算法。

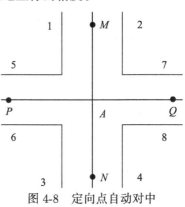

图 4-8　定向点自动对中

　　地图的 4 个内图廓点可作为定向点，在地图扫描图像上图廓点的图形如图 4-8 所示。若某图廓点的直接量测为 $A(x, y)$ ，则可将其作为初值，计算出自动对中后的坐标。然后从 $(x-10, y-10)$ 点起向右查询至某点的图像值为 1 时为止，可求得 1 点的坐标；从 $(x+10, y-10)$ 点起逐点向左查询至某点的图像值为 1 时为止，可求得 2 点的坐标。同理可求出 3、4、5、6、7、8 点的坐标。则 1 和 2 点连线中点 M，3 和 4 点连线中点 N，5 和 6 点连线中点 P，7 和 8 点连线中点 Q 的坐标可求出。从而可求出直线 MN 和 PQ 的交点坐标，即自动对中后 A 点坐标，便可以达到子像元级的精度。

3. 扫描数字化过程

　　下面以 ArcMap 为例说明屏幕跟踪扫描数字化的过程。在 ArcMap 中需应用两个模块完成扫描数字化，分别是 Georeferencing 和 ArcScan，如图 4-9 所示。Georeferencing 的作用在于扫描地图的配准，其目标在于将地图扫描后图像的计算机屏幕坐标转化为地图的真实大地坐标。ArcScan 是 ArcGIS 中的扩展模块，通过 ArcScan 可完成对栅格地图的数字化，从而实现栅格地图的数字化。总体上，整个过程可分为配准和栅格矢量化两个阶段。

　　(1) 配准。扫描图像的坐标是基于扫描仪的一种屏幕坐标，没有地理意义，数字化前需配准转化为与其对应的地理坐标系。ArcMap 中 Georeferencing 工具条的功能正是如此。配准过程是根据确定的控制点来完成，在栅格图像中选取一定数据

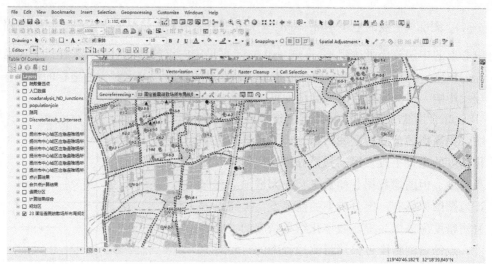

图 4-9　Georeference 和 ArcScan 示意图

量的控制点，这些控制点在实际地理坐标中的坐标需要事先已知，选择的控制点需
是明显地物点、地图格网点等易于标定且其准确地理坐标易于获取的点。

　　控制点的数目取决于使用的坐标转换方法，过多的控制点并非一定能够保证配
准的精度。控制点的分布也非常重要，要尽可能使控制点均匀分布于整个栅格图像，
而不是只在图像的某个较小区域内选择控制点。常用的坐标转换方法为仿射变换，
最少需要 4 个控制点。可在图像 4 个角选择 4 个控制点，然后根据配准效果在中间
位置有规律地增加一些控制点。地图配准过程可能一次未能达到满意效果，此时可
多次重复配准，直到达到满意效果。完成了扫描栅格图像数据的配准后，输出的栅
格数据文件就有真实的地理坐标，此时便可以进入下一个阶段。

　　(2) 栅格矢量化。矢量化时需先创建一个新的要素类，用于"装载"矢量化后
的要素。要素类的几何类型取决于想要矢量化目标数据的类型，例如，对简单道路
的矢量化，可新建一个 Polyline 要素。新建要素类的坐标系需与配准后的栅格数据
的坐标系一致。新建要素类的属性数据，取决于扫描数字化过程中需要采集的属性
数据类型，如道路类型、道路等级等。

　　将配准后的栅格数据与新建的要素类在 ArcMap 中打开，通过 Editor 工具条
中的编辑工具进行跟踪编辑，直到完成整个栅格数据的矢量化。

　　除了 ArcGIS 软件，还有 MapInfo、SuperMap 等 GIS 软件均提供了类似的功
能。还有一些专门用于地图数据扫描数字化的软件，如 Geoway、R2V、VPMax
等。相比较手扶跟踪数字化方法，地图数据的扫描数字化因其输入速度快、操作简
单而受到用户的欢迎，目前已成为已有纸质地图数据数字化输入的一种主要方法。

4.3.3　摄影测量方法

　　这种方法以航空摄影获得的航空影像为数据源，利用立体相对的方法，在数字测图仪或解析测图仪上采集地形特征点，获得三维坐标数据。摄影测量在我国基本比例尺测量生产中起到了关键作用，我国绝大部分 1∶1 万和 1∶5 万基本比例尺地形图使用摄影测量方法。同样，随着数字摄影测量技术的普及，它在 GIS 空间数据采集的过程中也将有越来越重要的作用。摄影测量包括航空摄影测量和地面摄影测量。地面摄影测量一般采用倾斜摄影或交向摄影，航空摄影一般采用垂直摄影。航空摄影测量的原理如图 4-10 所示。

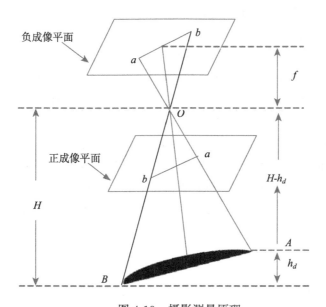

图 4-10　摄影测量原理

　　点 A 的比例 $S_A = \dfrac{1}{(H-h_d)/f}$；　AB 两点的平均比例 $S_A = \dfrac{1}{\overline{AB}/\overline{ab}}$

　　摄影测量有效的方式是立体摄影测量，它对同一地区同时摄取两张或多张重叠的像片，在室内的计算机中恢复它们的摄影方位，重构地形表面，即把野外的地形表面搬到室内进行观测。航测上对立体覆盖的要求是当飞机沿一条航线飞行时，相机拍摄的任意相邻两张像片的重叠度(航向重叠)不少于 55% ~ 65%，在相邻航线上两张邻近像片的旁向重叠应达到 30%。

　　摄影测量工作者为立体像对，或者说立体模型的观测研究出一系列航测仪器。随着数字测绘技术的发展，数字摄影测量工作站正代替解析测图仪，已成为重要的 GIS 空间数据采集方法之一。

数字摄影测量一般是指全数字摄影测量。在解析摄影测量中，操作仪器也是由计算机控制，输出的结果也是数字线图或数字高程模型，但其像片是模拟的，观测系统是机械和光学的。全数字摄影测量则不同，影像是数字的，而且不再用光学机械，所有的数据处理过程全部在计算机内进行。

数字摄影测量继承立体摄影测量和解析摄影测量的原理，同样需要内定向、相对定向和绝对定向，在计算机内建立立体模型。内定向是确定像框和像主点与像片盘之间的关系；相对定向是恢复两张相邻像片摄影时的关系，使各观测点消除上下视差，便于立体模型的观测；绝对定向是将立体模型纳入到地面坐标系统中。绝对定向的原理与图板定向类似，不过摄影测量的绝对定向是三维空间的绝对定向，需要计算 X、Y、Z 三维坐标的定向参数。

由于像片进行了数字化，数据处理是由计算机完成，因而可以加入许多人工智能算法，使其进行自动内定向、自动相对定向、半自动绝对定向。不仅如此，还可以进行自动相关、识别左右像片的同名点、自动获取数字高程模型，进而生产数字正射影像。甚至可以加入某些模式识别的功能，自动识别和提取数字影像上的地物目标。

相比其他空间数据获取方法，摄影测量的特点是能在影像上进行量测和解译，主要工作在室内进行，无需接触地物本身，很少受气候、地理等条件的限制。因此，摄影像是客观物体或目标的真实反映，信息丰富、形象直观，人们可以从中获取研究物体的大量几何信息和物理信息。摄影测量可以拍摄动态物体的瞬间影像，完成常规方法难以实现的测量工作，适用于大范围地形测绘，成图快、效率高，产品形式多样，并可以生产 4D 数据。

4.3.4　遥感方法

遥感是通过人造地球卫星上的遥测仪器把对地球表面实施感应遥测和资源管理的监视(如树木、草地、土壤、水等的资源管理)结合起来的一种新技术。它是使用空间运载工具和现代化的电子、光学仪器，探测和识别远距离研究对象的技术。遥感通过遥感器这类对电磁波敏感的仪器，在远离目标和非接触目标物体条件下探测目标地物，获取其反射、辐射或散射的电磁波信息(如电场、磁场、电磁波、地震波等信息)，并进行提取、判定、加工处理、分析与应用。目前，遥感数据已成为 GIS 的重要数据来源之一，如可用于线和其他地物要素的提取、生成 DEM 数据、获取土地利用变化数据等。下面就对几种常用的遥感数据源作简单介绍。

由美国国家航空与航天局(NASA)和美国地质调查局(USGS)共同发射的美国陆地卫星(Landsat)系列，从 1972 年第一颗卫星发射成功以来，该系列卫星获取的图像已成为全球应用最为广泛的遥感图像之一。陆地卫星 1~3 号(Landsat-1、Landsat-2、Landsat-3)通过多光谱扫描仪(MSS)获取图像，空间分辨率约 79m。陆地卫星 4 号(Landsat-4)发射于 1982 年，搭载了专题制图仪(TM)，共 7 个波段(蓝色、绿色、红色、近红外、中红外 I、热红外和中红外 II)，空间分辨率为 30m。1984 年，装载着第二个 TM 的陆地卫星 5 号(Landsat-5)发射成功。然而，陆地卫星 6 号(Landsat-6)在 1993 年发射后未进入预定轨道。直至 1999 年 4 月，Landsat 系列才再次发射卫星——陆地卫星 7 号(Landsat-7)，并发射成功，搭载了增强专题制图仪(ETM+)传感器。此传感器被设计用于监控全球范围的小尺度变化过程，如植被生产周期、森林砍伐等。Landsat-7 的空间分辨率在全色波段为 15m，在可见光、近红外和短波红外灯等 6 个波段的空间分辨率为 30m，红外波段为 60m。

　　1999 年 12 月，NASA 为其地球观测系统发射了地神(Terra)航天器，用于研究地球的大地圈、陆地、海洋、生物和辐射能之间的相互作用。Terra 携带了许多设备，ASTER(高级星载热发射与反射辐射仪)是其中唯一的高分辨率设备，用于对土地覆被分类和变化监测。ASTER 的空间分辨率在可见光和近红外波段达到 15m，在短波红外波段为 30m，在热红外波段为 90m。ASTER 不连续采集数据，其传感器仅在有特定采集需求时才被激活。MODIS(中分辨率成像光谱仪)是搭载在 Terra 平台上的另一个传感器。MODIS 每隔 1 天或 2 天采集数据，提供连续的全球覆被信息，MODIS 有 36 个光谱波段，空间分辨率为 250~1000m。

　　美国国家海洋大气局(NOAA)用气象卫星作为天气预报与监测的辅助手段。NOAA 极轨环境卫星(POES)带有高分辨率辐射计(AVHRR)扫描仪，这为大面积土地覆盖与植被制图提供了有用数据。AVHRR 数据的空间分辨率为 1.1km，这对有些 GIS 项目可能过于粗糙，但其可以每日覆盖，且数据量较小。

　　法国地球观测卫星(SPOT)系列也是重要的遥感数据源，该系列始于 1986 年，每颗 SPOT 卫星都带有两种类型的传感器，分别获取全色图像(单波段图像)和多光谱图像。SPOT-1~SPOT-4 搭载的传感器可获取 10m 空间分辨率的单波段图像和 20m 分辨率的多光谱图像。SPOT-5 的分辨率更高，单波段为 5m 和 2.5m，多波段为 10m。

　　1985 年后，美国陆地卫星项目进入私有化阶段，这为私人公司收集和销售由不同平台和传感器获取的高分辨率卫星图像打开了大门。GeoEye 公司通过 IKONOS 和 GeoEye-1 卫星采集图像，Digital Global 公司通过 QuickBird 和 WorldView-2 卫星采集图像。这两个平台的卫星影像空间分辨率比较如表 4-3 所示。

表 4-3   GeoEye 和 Digtial Global 卫星图像及相应空间分辨率

公司名	卫星平台	全色/cm	多波段/m
GeoEye	IKONOS	82	4
	GeoEye-1	41	1.65
Digital Globe	QuickBird	65	2.62
	WorldView-2	46	1.85

4.4   空间数据格式转换与互操作

GIS 软件多种多样，不同 GIS 软件对空间数据定义和存储结构存在差别，使得 GIS 数据库中的数据格式之间存在不兼容的问题，即不同 GIS 软件支持的数据存储格式不能直接相互被对方使用，需经过一定的格式转换。而通过空间数据转换，将已有的空间数据转换成需要的空间数据格式也成为一种重要的空间数据获取方法。

4.4.1   空间数据格式转换的内容及要求

空间数据格式转换主要包括 3 个方面的内容。

(1) 空间定位信息的转换，即几何信息，主要是实体的坐标，如坐标系的转换等。

(2) 空间关系信息，几何实体之间的拓扑或几何关系数据。

(3) 属性信息，几何实体的属性说明数据。

由于每个 GIS 系统的数据结构和数据模型不完全相同，在空间数据转换过程中可能会造成部分信息的丢失。一般情况下，空间目标的定位信息能够完整的转换。但有些信息，比如图形显示的样式信息、拓扑信息或数据精度可能会造成损失。例如，基于 CAD 的系统可能包含数学曲线，如圆、圆弧等，而有的 GIS 系统中可能没有这些图形元素，所以在转换时，一般将其插值成折线，这样就难免会损失精度。转换过程中拓扑信息也容易丢失，如 MapInfo 软件本身不带有拓扑信息。

空间数据转换的要求包括以下几点。

(1) 图形要素没有丢失坐标，形状不发生改变。

(2) 数据分层有一一对应的转换关系。

(3) 拓扑结构不发生变化。

(4) 空间数据转换为其他平台数据时，图形要素和对应的属性数据无错漏。

4.4.2　空间数据格式转换的方式

1. 外部数据转换方式

大部分 GIS 软件都定义了外部交换文件格式，如 ArcGIS 的外部交换格式为.E00，MapInfo 的外部交换文件格式为.MID 和.MIF，AutoCAD 的外部交换格式为.DXF 等。使用商业 GIS 软件提供的格式转换软件，可以很方便地实现系统之间的数据格式转换。因为外部交换格式都是文本格式，用户也可通过自行编程进行一些特殊要求的格式转换，或将测量的文本记录表格数据写成这些外部交换格式，然后由相应的 GIS 软件读入系统。这种数据文件格式需经过 2 次或 3 次转换才能完成(图 4-11)，这是当前 GIS 软件之间，以及其他图形系统、数据采集系统向 GIS 进行数据转换的主要方式。这种转换方式的最大问题是关于数据分类、定义的不一致，数据结构定义的差别造成数据转换时信息丢失。

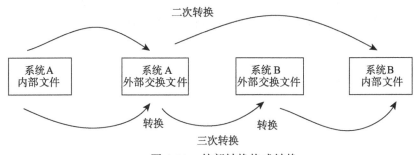

图 4-11　外部转换格式转换

2. 基于空间数据标准的转换方式

为了更方便地进行空间数据转换并减少空间数据转换损失的信息，使之更加科学化和标准化，许多国家和国际组织制定了空间数据转换标准，如美国国家空间数据协会制定的空间数据格式规范 SDTS。空间数据转换标准在一定程度上解决了不同数据格式之间缺乏统一的空间数据描述基础的问题。每个系统都提供读写这一标准格式文件的程序，从系统 A 的内部格式到标准空间数据转换格式，再从标准空间数据交换格式到系统 B 的内部文件仅需两次转换，而且省去为每种 GIS 软件都编写一个数据转换程序的步骤。因此，基于标准空间数据转换格式的数据转换方法在多个 GIS 软件间也具有较好的转换性，如图 4-12 所示。

由于标准化的规范不同，对 GIS 标准格式数据的接口和转换的实现仍然无法达到同步，而且各种各样标准的出现，使数据标准化失去了原来的意义，不同国家和地区制定的标准之间互不兼容的情况普遍存在，标准间仍然存在地理模型和数据结构差异性问题。现在的空间数据标准化只能做到在某个特定的行业或国家中实现空间数据的转化，而无法实现基于地理空间概念上的数据转换与互操作。

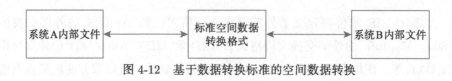

图 4-12   基于数据转换标准的空间数据转换

3. 通过标准的 API 函数进行转换

前面的转换方法都是经过文件实现的数据转换方式，如果 GIS 软件都提供直接读取对方存储格式的 API 函数，那么系统之间的转换只需一次转换即可完成(图 4-13)。空间数据的转换在网络应用环境中是费时的，它直接影响了数据库之间的互操作效率。为此，OpenGIS 协会要求每个 GIS 软件应该提供一套标准的 API 函数，使其他软件可以利用这些函数直接读取对方系统的内部数据。

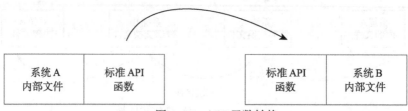

图 4-13   API 函数转换

4.4.3   空间数据互操作

空间数据的互操作是空间数据格式转换的深入与扩展，是比其更广泛的概念。数据转换方法仅仅是从数据角度考虑互操作，而数据的集成没有考虑数据处理方面，因此还不算达到真正的互操作。空间数据的互操作目标不仅在于现有空间数据的转换应用，更重要的是空间数据资源的共享。地理信息共享，是关注不同 GIS 应用、不同空间数据资源的融合，致力于解决地理信息共享的诸多问题。

在 IT 领域，互操作性描述了这样的一个开放的系统：通过信息网络，在计算机和使用者之间共享数据和操作。而对于空间数据，由于表达和处理方式上的复杂性，人们对于 GIS 互操作有不同的理解。

OGC 的定义认为，GIS 互操作性是指不同的 GIS 软件部件或软件系统能够根据异构数据和异构处理环境所带来的分布式地球资源存取障碍而进行相互操作。ISO/TC211 也给出了互操作的定义，认为若两个实体 X 和 Y 能相互操作，则 X 和

Y 对处理请求 R 具有共同理解，并且如果 X 向 Y 提出处理请求 R，Y 能对 R 作出正确反应，并将结果 S 返回给 X。ESRI 作为 GIS 领域的引领者，认为 GIS 互操作是指在开放式计算环境中定位和获取地理数据和服务的能力。

简而言之，GIS 互操作是指空间信息的交换和理解，以及在不同 GIS 之间直接交互的能力。由于互操作的应用，对系统而言，不同系统之间能彼此更安全地获取和处理对方的信息；对用户而言，用户能方便地查询到所需的信息，并能方便地使用各种不同类型和格式的数据；对信息管理者来说，能很好地管理信息，并将资源充分地提供给用户。

前一小节列举的空间数据格式转换方法是空间数据互操作基本的实现方法，除此之外，OGC Web 服务是目前空间数据互操作的主流实现方法。Web 服务是新一代的 Web 应用，是可以通过 Web 发布，查找和调用自包含、自描述的模块化应用。OGC Web 服务是一个以服务为中心的互操作框架，它对空间信息处理相关的各种服务以及服务之间的交互操作进行了定义，并制定了相应的 OpenGIS 实现规范。OGC Web 服务中最有代表性的互操作规范包括 WMS、WFS 和 WCS 三个服务。

Web 地图服务(Web map service, WMS)能够根据用户的请求返回相应的地图。这里地图不仅指空间数据本身，而且是指空间数据的可视化形式，包括 PNG、GIF、JPEG 等栅格形式或可缩放矢量图形(scalable vector graphics, SVG)和 Web 计算机图形元文件(Web computer graphics metafile, WebCGM)等矢量形式。一个基本 WMS 中应至少支持 GetCapabilities，GetMap，GetFeatureInfo 等函数。其中，GetCapabilities 用于获取服务的元数据，此元数据是对服务器的信息内容和可接收的请求参数的一种描述；GetMap 返回一个地图影像，其地理空间和大小的参数是明确定义的；GetFeatureInfo 返回显示在地图上的某些特殊要素的信息。

Web 要素服务(Web feature service，WFS)支持对地理要素的插入、更新、删除、检查和发现服务。WFS 接口支持的操作包括：GetCapabilities, DescribeFeatureType, GetFeature, GetGmlObject, Transaction, LockFeature。其中，DescribeFeatureType 操作主要用来产生此 WFS 服务中要素类型的描述，便于客户端根据要素结构进行相关的查询和其他操作；GetFeature 是 WFS 中最重要的一个结构，客户端可构建空间和非空间的查询以获取相应的要素；GetGmlObject 使 WFS 能通过 ID 返回客户端所检索的要素或元素；Transaction 为事务请求提供服务；LockFeature 操作使 WFS 在事物处理过程中能对一个要素类型的一个或多个实例进行加锁。

Web 地理覆盖服务(Web coverage service，WCS)提供的是包含了地理位置的值或属性的栅格图层，而不是静态地图的访问服务。它由 3 种操作组成：

GetCapabilities，DescribeCoverage，GetCoverage。GetCapabilities 操作返回一个描述 WCS 服务的.XML 文档，客户端能从这些文档中获取此 WCS 服务的能力和所能覆盖的数据集合；DescribeCoverage 用于获取指定覆盖数据的元数据；GetCoverage 操作使客户端能获取指定时空位置和范围的覆盖数据。

4.5　空间数据获取技术发展

4.5.1　三维激光扫描

数字化快速发展的时代，人们对各种应用需求不断深入，三维数据的采集已成为一种新的需求和趋势。传统的三维数据采集方法表现为两个方面。

(1) 离散单点采集三维坐标的方法，如三维坐标测量机、三维坐标跟踪仪、全站仪、高精度 GPS 等手段。

(2) 基于二维的摄影原理获取图像数据，然后用软件对图像数据进行推理来获取实体三维模型的方法，这种方法包括近景摄影测量、航空摄影测量等。

然而，当有时需要采集海量点云为 GIS 提供数据源，描述复杂结构的表面时，单点定位测量方法和摄影测量方法都有不足，如采集效率低、三维建模过程复杂、景深不足等。三维激光扫描技术的出现为此问题的解决提供了很好的方法，它能够快速获取物体表面每个采样点的空间位置坐标，得到一个表示实体的点集合，即点云数据。

借助于计算机软件处理，用点、线、多边形、曲线、曲面等形式将立体模型描述出来，便可以实现三维实体在计算中的快速重建。三维激光扫描技术可实现直接从实物进行快速逆向三维数据采集及模型重构，即从二维到三维的全景三维实测数据重构。无需做任何实物表面处理，就可以获得长的景深，避免了光学变形带来的误差影响实体表面位置数据。激光点云中的每个点的三维坐标数据都是直接采集的目标真实位置数据，使得后处理的数据真实可靠。利用地面三维激光扫描技术进行高效率、低成本、高质量的空间数据采集，处理并协同 GPS 定位技术，可以实现大范围三维空间信息的获取。

地面三维激光扫描系统由三维激光扫描仪、数码相机、扫描仪旋转平台、软件控制平台、数据处理平台及电源和其他附件设备共同构成，是一种集成了多种高新技术的新型空间信息数据获取手段。地面三维激光扫描系统的工作原理如图 4-14所示，首先由激光脉冲二极管发射出激光脉冲信号，经过旋转棱镜，射向目标，然后通过探测器，接收反射回来的激光脉冲信号，并由记录器记录，最后转换成能够直接识别处理的数据信息，经过软件处理实现实体建模输出。

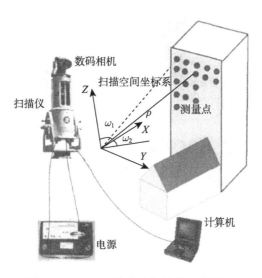

图 4-14　地面三维激光扫描仪工作原理

　　三维激光扫描系统在统一的软件平台支持下，与多种不同的传感器集成，运行在不同的硬件平台上，服务于各个应用领域。从激光扫描的空间位置和扫描系统运行的平台角度考虑，三维激光扫描系统有若干类型。

　　许多厂家提供的不同类型的三维激光扫描仪，其功能、性能指标和应用领域也不尽相同。根据搭载扫描系统运行平台不同，可以将激光三维扫描系统划分为机载测量系统、地面车载测量系统和测量型扫描系统以及便携式测量系统。其中，机载测量系统、地面车载测量系统和便携式测量系统属于移动式扫描系统，系统的必备构成是扫描仪的姿态测量装置；而一些地面三维激光扫描系统属于相对固定式扫描系统，按照大地测量的方法或摄影测量的共线理论即可恢复被扫描目标的位置，因此扫描时仪器的姿态可以不必求出。

1. 机载(或星载)类型激光扫描系统

　　空中机载扫描系统，也常称为机载 LIDAR(激光探测测距仪)系统，是激光扫描技术、惯性测量与 GPS 复合姿态测量技术、高精度飞行器导航技术、通信技术和图像处理技术等技术的集成。其硬件部分主要由三维激光扫描仪、系统控制器、惯性测量单元(inertial measurement unit，IMU)/GPS、成像装置和计算机组成，如图 4-15 所示。而软件部分主要包括航测规划、航测控制、数据处理等配套模块。机载激光扫描系统一般采用直升机或固定翼飞机做平台，利用实时动态 GPS 和激光扫描仪对地面目标进行扫描。飞机的飞行高度一般在 500m 左右，通过激光束俯视地面，以 20°~ 40°的扫描视场角左右来回扫描地面目标，利用反射镜接收回波，从而获取数据。

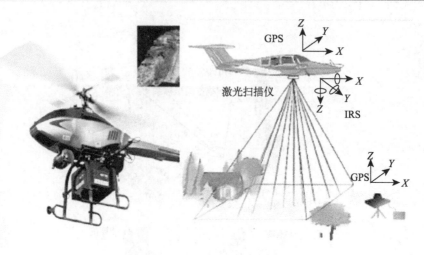

图 4-15　机载激光扫描系统

目前，国外有许多厂家可以提供多款比较成熟的机载激光扫描系统，如徕卡、OPTECH、德国 IGI、奥地利 RIGEL 等公司先后推出了各自的机载三维激光扫描设备。扫描定位的绝对精度已经可以达到 10cm，扫描的高度可高达到 1000m。对于大面积的高精度测量，需要获取有关植被、路面、建筑物边沿、斜坡等表面的详细信息，使用的是安全等级为一级的激光器；中等精度的大面积测量，当飞行高度低于 800m 时，必须对输出的激光信号进行衰减；低精度中小项目测量，一般采用功率较小的激光器。机载激光扫描不仅用在传统的地形图测绘、更新、GIS 基础空间信息采集方面，而且在城市规划、资源调查、动态检测、灾难控制和大型工程的进展监测等方面提供高时效、高精度、全方位的地理数据。

2. 车载激光扫描系统

车载激光扫描测量系统是由激光感应、GPS 定位、惯性基准系统(inertial reference system，IRS)内部指令、数码摄像等多个相互关联的子系统组成，如图 4-16 所示。激光扫描系统一般由位于车顶的三个不同方向(汽车两侧和前方)的激光扫描头构成，采用运动的汽车作为平台。汽车在行驶的过程中，车载扫描系统通过自动控制系统对三维激光感应系统进行控制和监测，其中，GPS 进行 RTK 精度的实时定位，车辆姿态由惯性导航系统(inertial navigation system，INS)测定，所有的工作由位于车内的电脑控制。激光感应系统的扫描范围、扫描速度、快速定位、自动改正的能力直接决定着数据采集的效率和准确性。例如，在进行建筑物测量时，由于建筑物比较高，激光感应子系统对视场角的要求比较大，否则就不能获得建筑的全貌；在道路测量中，由于测量区比较平坦，而且地物相对简单，比较适于快速作业，这就要求激光感应系统的扫描速度要比较快。

图 4-16　车载激光扫描系统示例

车载三维激光扫描系统经常用于城区的测量，一般能够扫描到路面和路面两侧各50m 左右的范围，广泛应用在类似铁路公路网的带状地形图测绘和特殊现场的机动扫描中。目前，世界上激光雷达的移动速度一般都在 20km/h 左右，但是城区密集的地物会降低 GPS 接收机获取卫星信号的机会，同时，许多建筑物的表面会产生多路径效应，影响到 GPS 的定位精度。因此，车载激光扫描系统采用一些特殊的定位技术来确保在没有搜索到卫星信号的情况下，仍然能够获得空间信息数据。

3. 地面三维激光扫描系统

地面三维激光扫描仪(terrestrial laser scanner，TLS)属于工程型扫描测量系统，核心装置是激光扫描仪、角姿态测量装置和高分辨率相机，如图 4-17 所示。地面三维激光扫描系统中的激光扫描仪内部有一套测角装置作为角姿态测量装置，这个测角部分类似电子经纬仪，在扫描目标的每一瞬间，测量并记录激光束中心相对于测角水平与竖直零方向的夹角。地面激光三维扫描系统在每个测站的扫描是相对静止的，通过每次选定一个固定的位置，按照用户设置的分辨率扫描视场内或对选定的目标物体扫描，然后进行数据配准，因此，分站式扫描是地面三维激光扫描系统的一个特点。扫描数据可通过 TCP/IP 协议自动传输到计算机，外置数码相机拍摄的场景图像可通过 USB 数据线同时传输到电脑中。点云数据经过计算机处理后，结合 CAD 可快速重构出被测物体的三维模型及线、面、体、空间等各种制图数据。此类别可划分为两类，一类是移动式扫描系统，另一类是固定式扫描系统。

图 4-17　地面激光扫描系统示例

4. 手持式三维激光扫描系统

手持式三维扫描仪(图4-18)是一种可以用手持扫描来获取物体表面三维数据的便携式三维扫描仪，是三维扫描仪中最常见的扫描仪。它用来侦测并分析现实世界中物体或环境的形状(几何构造)与外观数据(如颜色、表面反照率等性质)，搜集到的数据常被用来进行三维重建计算，在虚拟世界中创建实际物体的数字模型。此类扫描仪可以对目标物体进行精确的面积、长度和体积测量，因此可以帮助用户在极短时间内快速地得到精确、可靠的结果。由于携带方便、测量精确，它经常被应用在洞穴测量、液面测量和古建筑重建等相关空间数据的采集中。

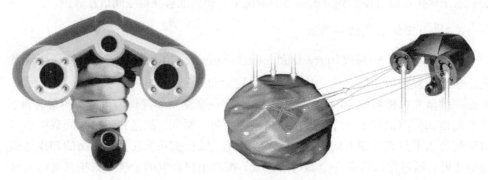

图 4-18　手持三维激光扫描系统示例

4.5.2　合成孔径雷达(SAR)

自第二次世界大战英国人发明雷达以来，雷达技术无论在理论上还是在实践上都得到了飞速发展。新理论、新系统纷纷出现，合成孔径雷达(synthetic aperture radar, SAR)便是其中一个典型的代表。合成孔径雷达是一种利用微波进行感知的主动传感器，也是微波遥感设备中发展最迅速和最有成效的传感器之一。和光学传感器、红外传感器等传感器相比，合成孔径雷达成像不受天气、光照条件的限制，可对目标进行全天候的侦察。此外，不同波段、不同极化、不同体制的 SAR 系统的出现，使得人们不仅可以灵活地、全方位地实现对地观测，而且可以实现干涉测量(InSAR)、地面运动目标指示(GMTI)、隐藏目标探测等多种功能，图 4-19 展示了一幅 SAR 影像。随着空间技术的发展，多基 SAR 系统、由多颗卫星组成的星座 SAR 系统、极化干涉 SAR(Pd-In-SAR)等新系统的出现，也极大地丰富了对地观测的手段，丰富了空间数据源。

图 4-19　河南郑州"环境一号"C 星 SAR 遥感影像图

　　合成孔径雷达概念的产生可以追溯到 20 世纪 50 年代初期。1978 年 6 月 27 日，美国国家航空航天局发射了海洋卫星 1 号(SEASAT-A)，首次将合成孔径雷达送入宇宙空间。该卫星对地球表面 1 亿 km^2 的面积进行了观测，并用无线电传输方式把 SAR 数据送回地面。通过对该卫星图像解译，人们获得了大量过去未曾得到过的海洋信息，这引起了地球科学家们的极大兴趣和重视。海洋卫星的成功发射标志着 SAR 已进入了空间遥感领域。

　　20 世纪 90 年代，SAR 系统进入了蓬勃发展阶段，先后有 5 颗 SAR 卫星被发射升空，并进行了多次的航天飞机成像试验。前苏联于 1951 年 3 月发射了"钻石 1

号"(ALMAZ-1)星载 SAR；欧洲太空局(ESA)于 1991 年和 1995 年分别发射了"欧洲遥感卫星 1 号"(ERS-1)和"欧洲遥感卫星 2 号"(ERS-2)；日本于 1992 年发射了"日本地球资源卫星 1 号"(JERS-1)；加拿大于 1995 年发射了"雷达卫星 1 号"(RADARSAT-1)。以上这些雷达都工作在单一频段、单一极化态，而 ALMAZ-1 与 RADARSAT-1 可以工作在不同的入射角，并且 RADARSAT-1 还增加了 SCANSAR 模式，使其一次观测区域增大到 500km。

美国国家航空航天局与德国航天航空中心、意大利航空局联合研制成功的 SIR-C/X-SAR 是最重要的 SAR 系统之一。该系统于 1994 年被成功送入太空，可以同时工作在三个频段(L、C、X 波段)，获取多种极化的地物信息。美国于 2000 年和 2002 年利用"奋进号"航天飞机，搭载 SIR-C 雷达，利用双天线 C 波段和 X 波段，对地球陆地表面执行了航天飞机雷达地形测绘任务(SRTM)，获取了迄今为止最完整的地球数字地形图。在这以后发展的 SAR 系统，主要集中于增强其功能，如增加工作模式等。欧洲太空局于 2002 年发射的"环境卫星"(ENVIST)是继 ESR-1、ESR-2 后针对全球环境监测的卫星。表 4-4 列出了一些主要的星载 SAR 系统及其主要特征。

在星载 SAR 取得不断发展的同时，由于机载 SAR 系统具有灵活、低成本等优势，同样受到了各国广泛的重视。例如，ERIM 公司研制的 P3/SAR，装配在海军 P3 飞机上，其空间分辨率可达 0.33m，测绘带宽达 4.9~9.8km；Sandia 国家实验室研制的 Lynx SAR 有条带、聚束和 GMTI 等多种系统模式，其空间分辨率可达 0.1m，测绘带宽达 951m。目前发达国家的机载 SAR 空向分辨率已达 0.1~1m，具有获取地物目标的多极化，高程、速度信息和进行宽测绘带大面积观测以及目标自动检测的能力。表 4-5 列出了目前典型的机载 SAR 系统。

合成孔径雷达作为一种先进的对地观测工具，具有全天候、全天时工作的特点，并对地表植被具有一定的穿透性，日益成为最具代表性的对地观测手段之一。除了在空间采集中的应用，在国民经济和国防军事的各个领城，合成孔径雷达也有广泛的应用，如表 4-6 所示。

表 4-4　星载 SAR 系统及其主要特征

卫星型号	国家或机构	年份	波段	频率/GHz	波长/cm	入射角/(°)	极化	距离分辨率/m	方位分辨率*
SWASAT	美国	1978	L	1.275	23.5	23	HH	7.9	6(1)
SIR-A	美国	1981	L	1.275	23.5	50	HH	24.9	6.5(1)
SIR-B	美国	1984	L	1.275	23.5	16~65	HH	12.5	6(1)

续表

卫星型号	国家或机构	年份	波段	频率/GHz	波长/cm	入射角/(°)	极化	距离分辨率/m	方位分辨率*
ERSI/2	欧洲太空局	1991/1995	C	5.25	5.7	23	VV	9.7	25(3)
ALMAZ	苏联	1991	S	3.0	10	30~60	HH	15	15(2)
JERS-1	日本	1992	L	1.275	23.5	39	HH	15	30(4)
RADARSAT-1	加拿大	1995	C	5.3	5.7	20~50	HH	12.9, 8.6, 5	28(4) 50(2-4) 100(2-8)
SRTM	美国、德国	2000	C	5.25	5.7	54	HH、VV	7.5	15(1)
			X	9.6	3	54	VV	18.7	8-12(1)
ENVISAT	欧洲太空局	2002	C	5.25	5.7	15~45	HHVVV、HHV	16.6	6(1) 150(12)
ALOS-1	日本	2006	L	1.275	23.5	8~60	HH、VV	4.7	3.2
TerraSAR-X	德国	2007	X	9.6	3.2	31.4	HH、VV、HV、VH	1.2	1
RADARSAT-2	加拿大	2007	C	5.25	5.7	20~49	HH、VV	25	28
TanDEM-X	德国	2010	X	9.6	3.2			1.2	1
ALOS-2	日本	2014	L	1.275	23.5	8~70	HH、VV、HV、VH	3	1(1)

*( )的数字表示视数

表 4-5　典型机载 SAR 系统

名称	机构	载机	工作波段	条带宽度	空间分辨率	工作模式
P3/SAR	美国 ERIM 公司	P3 飞机	X、L、C、UHF	4.9/9.8km	0.33m、1.5m、3m	条带、聚束、DPCA、扫描
AN/ZPQ-1 TESAR	美国 Northrop Crummam 公司	Predator Tier Ⅱ	Ku	800m	1.0m(条带) 0.3m(聚束)	条带、聚束、GMTI
Lynx SAR	美国 Sandia 国家实验室	Predator I-GANT	Ku	935m (条带 0.3m)	0.1~0.3m(聚束) 0.3~1m(条带)	条带、聚束、GMTI
STAC SAR™	美国洛克希德马丁公司		Ku	500m 5000m	0.5m 5m	条带、聚束、GMTI
HISAR	美国 Raytheon 公司	全球鹰 Tier Ⅱ	X	2km 10km	0.3m 1m	条带、聚束、GMTI

续表

名称	机构	载机	工作波段	条带宽度	空间分辨率	工作模式
AIRSAR	美国 JPL	Douglas DC-8	P、L、C	10~15km	7.5m×1m 3.75m×1m	条带
MSAR	美国 Lural 公司		I、D、UHF	700/1400m 120m(UHF)	1.5~3m	条带
ADTS	美国林肯实验室	Gulfstream GI	Ka	375m	0.3m	条带、聚束
AWARD	德国 DaimleBenz 宇航公司		Ku		1.4m	条带、GMTI
AER-Ⅱ	德国 FCAN	Transa Ⅱ C-160	X	3.5km	1m	条带、DPCA、GMTI
E-SAR	德国 DLR	Domier DO 228	P、L、S、C、X	3km 5km 15km	2m、4m、8m	
RAMSES	法国 ONERA	Transa Ⅱ C16	P、L、S、C、X、Ku、Ka、W		0.3~3m	
C/X-SAR	加拿大遥感中心	Convair 580	C、X	22km 63km	6m×6m 20m×10m	条带、聚束
EMISAR	丹麦遥感中心	Gulfstream G3	C、L	12km 24km 48km	2m×2m 4m×4m 8m×8m	
PHARUS	荷兰 TNO	Cessna Citation Ⅱ	C	20km	3m(距离向) 1~3m(方位向)	
EL/M2055	以色列 ELTA 公司		Ku	1.5km 12km	1m(聚束) 3m(条带)	条带、聚束、GMTI
SASAR	南非 Gape Town 大学	DC3 飞机	VHF	90km	26m	
Ingara	澳大利亚 DSTO	Beechcraft Kingair350	X	5~24km 24~48km	1m(1 视) 3m(4 视) 6m(8 视)	
L-SAR	中国科学院电子学研究所		L	16km	3m(2 视)	条带、聚束
SAR/GMTI	中国电子第 38 所		P、L、X、S、Ku		0.5m、1m、3m	
JZ-8 SAR	中国航天607 所		X		1~3m	

表 4-6　合成孔径雷达应用

分类		具体应用
民用	地形测绘和制图学	测绘大面积地形图；测绘山脉、河流、城市、乡村、道路等地面目标的形状和位置；研究城市变迁、道路变迁、湖泊分布及变迁，了解道路运输情况
	水资源环境和洪涝监测	大面积测定土壤湿度及其分布，估定大面积降水量，监测洪水淹没情况，研究湖泊覆盖情况，研究地面雪覆盖情况等，研究水源大面积污染情况，测定污染区域，判定污染严重程度
	农业和林业	用于农作物鉴别，研究农作物生长状态并估计农作产量，研究田地分界，研究自然植被分布；鉴别森林种类，研究其生长状态，发现森林火灾等；研究灌溉系统分布和状况等
	地质和矿物资源勘探	普查地形结构；研究地质分布、岩石分布和矿物分布等
	海洋应用	研究大面积海浪特性、海洋冰及冰山分布、测绘海洋图等；研究海洋变迁、海洋污染情况、海藻生长监视等
军用	军事侦察	全天候进行战场侦察，情报生成；检测伪装下的军事目标；在高分辨率的情况下，对可疑目标进行识别
	打击效果评估	观察和估计我方火力对敌方目标的摧毁情况，获得导弹的落点位置以及目标被毁情况
	武器制导	高分辨率 SAR 系统可以对武器进行精确制导，具有全天时、全天候、可穿透云雾的优势
	导航	通过 SAR 图像与地形图的匹配，可进行精确地导航，精度可达到 SAR 图像分辨单元量级

4.5.3　从 GPS 到 GNSS

GNSS 是全球导航卫星系统(global navigation satellite system)的缩写，GNSS 是以人造地球卫星作为导航台的星基无线电导航系统，可为全球陆地、海洋、天空的各类军用载体提供全天候、高精度的位置、速度和时间信息。GNSS 是对美国的全球定位系统(GPS)、俄罗斯的格洛纳斯系统(GLONASS)、欧洲的伽利略(Galileo)和中国的北斗卫星导航系统(BDS)等单个卫星导航定位系统的统一称谓，也可指代它们的增强型系统。现有增强系统主要分为以下两类：一类是利用地球静止或同步卫星建立的星基增强系统(SBAS)，如美国的广域增强系统(WAAS)、欧洲的静地星导航重叠服务(EGNOS)等；另一类是陆地增强系统(GBAS)，如美国的海事差分 GPS(MDGPS)、澳大利亚的陆基区域增强系统(GRAS)。

1. GNSS 的系统构成

GNSS 由空间星座部分、地面监控部分和用户设备部分组成。

空间星座部分的主体是运行在轨道上的一定数量的卫星，卫星的硬件设备主要包括无线电收发装置、原子钟、计算机、太阳能板和推进系统等。每一颗卫星一般配置有多台高稳定的原子钟，其中的一台被选中作为时钟和频率标准的发生器，它是卫星的核心设备，卫星上各个信号层次的产生和播发都直接或间接地由该频率标准源驱动，从而使得所有这些信号层次在时间上保持同步。在地面监控部分的监控下，不同卫星之间的时钟相互保持同步。卫星所发射的导航信号除了蕴含着信号发射时间信息以外，它还向外界传送卫星轨道参数用来帮助接收机获得定位的数据信息。

地面监控部分负责整个系统的平稳运行，它通常至少包括若干个组成卫星跟踪网的监测站、将导航电文和控制命令播发给卫星的注入站和一个协调各方面运作的主控站，其中主控站是整个 GNSS 的核心。

地面监控部分主要执行如下一些功能：跟踪整个星座卫星，测量它们发射的信号；计算各颗卫星的时钟误差，以确保卫星时钟与系统时间同步；计算各颗卫星的轨道运行参数；计算大气层延时等导航电文中所包含的各项参数；更新卫星导航电文数据，并将其上传给卫星；监视卫星发生故障与否，发送调整卫星轨道的控制命令；启动备用卫星，安排发射新卫星等。

用户设备部分通常指 GNSS 接收机，主要由接收机硬件、数据处理软件、微处理机及其终端设备组成，其基本功能是接收、跟踪 GNSS 卫星导航信号，通过对卫星信号进行频率变换、功率放大和数字化处理，以便从中测量出从卫星至接收机天线的信号传播时间，并解译出卫星所发送的导航电文，进而求解出接收机本身的位置、速度和时间。

2. GNSS 的信号结构

尽管 GPS、GLONASS、Galileo 和 BDS 四个系统的信号参数不尽相同，但总体上信号结构可以分成如下几种类型：载波、伪码和数据码。

载波是无线电中 L 波段不同频率的电磁波，其主要作用是传送伪码和数据码，即首先把伪码和数据码调制在载波上，然后再将调制波播发出去，此外载波还可以作为一种测距信号来使用。目前，GPS 卫星所用的载波有 3 个，分别称为 L1、L2、L5，其频率分别为 1575.42MHz、1227.60MHz、1176.45MHz。与 GPS 卫星不同，GLONASS 不同卫星在各自不同的载波频率上发射信号，并以此来区分不同卫星所发射的信号，并且又避免了各自之间的相互干扰。

伪码是一种二进制编码，由 "0" 和 "1" 组成，对电压为 ±1 的矩形波，正波形代表"0"，负波形代表"1"，一位二进制数为一比特(bit)或一个码元。伪码的主要作用是测定从卫星到接收机间的距离，因此也称为测距码。不同系统的伪码具有不同的码元宽度、码率和周期等特征参数。

数据码就是导航电文，它由 GNSS 卫星向用户播发一组包含卫星星历、卫星工作状态、时间系统、卫星时钟运行状态、轨道摄动改正、大气折射改正等重要数据的二进制码，也称为 D 码。数据码是利用 GNSS 进行导航定位时一组必不可少的数据。

3. GNSS 定位方法

GNSS 定位的基本原理本质上都是相同的，定位精度主要取决于定位模式和观测值类型，根据这一差别，常见的定位方法有如下几种。

1) 单点定位

单点定位也称为绝对定位，其本质是空间测距交会。当用户接收机在某一时刻同时测定接收机天线至四颗卫星的距离ρ_1、ρ_2、ρ_3、ρ_4 时，只需以四颗卫星为球心，所测距离为半径，即可交会出用户接收机天线的空间位置，其数学模型为

$$\rho_i = \left[\left(X_i - X\right)^2 + \left(Y_i - Y\right)^2 + \left(Z_i - Z\right)^2 \right]^{1/2}, \quad i = 1,2,3,4 \tag{4-1}$$

式中，X，Y，Z 为卫星的三维坐标；X_i，Y_i，Z_i 为待测点的三维坐标。因此只要利用数据码计算出当前时刻卫星的空间位置，并同时测定该时刻的卫星到接收机天线的距离，即可计算出位置。

GNSS 信号中伪码和载波都能够实现测定卫星到接收机天线距离的功能，因此相应有伪码单点定位和载波单点定位。

伪码单点定位利用伪码观测值、广播星历所提供的卫星星历以及卫星钟改正数建立观测方程，伪码观测值不存在整周模糊度问题，数据处理简单，用户在任一时刻只需用一台接收机就能获得在地球坐标系中的三维坐标。由于伪码观测值的精度一般为数分米至数米，并且卫星星历误差、卫星信号传播过程中大气延迟误差等误差的影响较为显著，定位精度一般较差，所以这种定位方法在车辆、船舶的导航以及资源调查、环境监测、防灾减灾等领域中应用较为广泛。

载波单点定位也称精密单点定位，该方法使用载波观测值，同时还需要高精度卫星星历和卫星钟差及各种精确的误差改正(如地球固体潮改正、海潮负荷改正、引力延迟改正等)，可以达到很高的定位精度。实践表明，静态观测 24h 的平面坐标精度可优于 1cm，高程精度可优于 2cm。随着对精密单点定位研究的深入，在未

来用户只需用一台接收机即可在全球范围内直接获得高精度的三维坐标。

2) 相对定位

确定同步观测相同的 GNSS 卫星信号的若干台接收机之间的相对位置的定位方法称为相对定位。同步观测的接收机所受到的许多误差是相同或大体相同的，如卫星钟差、卫星星历误差、大气延迟误差等，在相对定位的过程中这些误差可以消除或大幅度减弱，故可以获得很高精度的相对位置，从而使这种方法成为精密定位的主要作业方式。同样地，根据所用观测值的不同，相对定位也可以分成伪码相对定位和载波相对定位。

伪码相对定位在处理过程中通过差分处理，大大地削弱了误差的影响，精度较伪码单点定位有明显提高。根据相对定位距离长短和观测质量好坏，伪码相对定位可达到分米到米级的定位精度。

载波相对定位在动态测量的情况下通常称为 RTK(real-time kinematic)测量，这是 GNSS 用于 GIS 数据采集时使用的最为广泛的方法。RTK 是一种采用载波观测值的实时动态相对定位技术，通过与数据通信技术相结合，能够实时地提供测站点在指定坐标系中的三维定位结果，并达到厘米级精度。

RTK 定位系统由基准站、移动站和无线电数据链三部分组成，基准站接收 GPS 卫星信号并通过无线电数据链实时向移动站提供载波相位观测值和测站坐标信息，移动站接收 GPS 卫星信号和基准站发送的数据，通过数据处理模块使用动态差分定位的方式确定出移动站相对于基准站的坐标增量，然后根据基准站的坐标求得用户的瞬时绝对位置。RTK 技术极大地方便了需要高精度动态定位服务的用户，因此在工程放样、数字化测图、地籍测量等工作中应用广泛。

网络 RTK，又称为多基准站 RTK，是指在一定区域内建立多个(一般为 3 个或 3 个以上)基准站，所建立的基准站对该区域构成网状覆盖，并以这些基准站中的一个或多个为基准，计算和播发改正信息，进而对该区域内的卫星定位用户进行实时误差改正的一种测量方式。它是在常规 RTK、计算机技术、通信网络技术的基础上发展起来的一种实时动态定位新技术。与常规 RTK 技术相比，网络 RTK 技术最大的优点是有效作用范围广、定位精度高，可实时提供厘米级的定位，另外其可靠性、可用性等也较常规 RTK 有较大的提高。

思考题

1. 什么是 4D 数据？并说明其用途。

2. 解释空间元数据，说明空间元数据的作用。

3. 阐述全野外数据测量的流程。

4. 阐述地图数据扫描数字化过程。

5. 解释空间数据互操作，并说明空间数据互操作与空间数据格式转换之间的关系。

6. 谈谈三维激光扫描技术的应用前景。

第5章 空间数据处理与质量评价

随着信息技术的发展，地理信息系统的应用日益广泛，空间数据处理与质量评价显得越来越重要。在我国 GIS 发展初期，李德仁院士于 1991 年指出：如何建立 GIS 的质量模型、用什么尺度来衡量 GIS 中的精度数据和非确定数据、定量数据与定型数据等是 GIS 发展必须解决的问题。本章主要介绍空间数据处理与质量评价两部分内容，具体包括：几何变换、投影变换、空间数据的编辑、空间数据结构转换、空间数据压缩与综合、空间数据质量及空间数据标准等内容。

5.1 几 何 变 换

5.1.1 几何纠正

地图在数字化时可能产生整体的变形，归纳起来主要有仿射变形、相似变形等。还有一种情况是，新创建的数字化地图，数字化设备的度量单位与地图的真实世界坐标(测量坐标)单位一般不会一致，需要进行从设备坐标到真实世界坐标的转换。当纠正这些变形或把数字化仪坐标、扫描影像坐标变换到投影坐标系，或两种不同的投影坐标系之间互相变换时，需要进行相应的坐标系统变换。几何纠正便是要对这些过程中的坐标系变换和图纸变形引起的误差进行改正，即寻求原有数据和纠正后地图数据之间的变换关系式，具体表示为

$$X = f_1(x,y)\,;\quad Y = f_2(x,y) \tag{5-1}$$

通过式(5-1)可将地图上各点的原坐标(x, y)转换成新的坐标(X, Y)。几何纠正常用的方法有仿射变换、相似变换、高次变换和二次变换等，其实质是建立两个平面点之间的一一对应关系。

1. 仿射变换

仿射变换是使用最多的一种几何纠正方式，此变换认为两个坐标系之间存在夹角，两坐标轴(x轴和 y轴)具有不同的比例因子，坐标原点需要平移，如图 5-1 所示。仿射变换的特性是：直线变换后仍为直线；平行线变换后仍为平行线；不同方向上的长度比发生变化。变换公式见式(5-2)。

$$\begin{cases} X = a_1x + a_2x + a_3x \\ Y = b_1x + b_2x + b_3y \end{cases} \tag{5-2}$$

对于仿射变换，只需知道不在同一直线上的 3 对控制点的坐标及理论值，就可以求出待定系数。但在实际使用时，往往利用 4 个以上的控制点进行纠正，利用最小二乘法处理，以提高变换的精度。

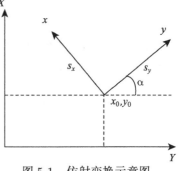

图 5-1 仿射变换示意图

2. 相似变换

相似变换是仿射变换的特殊情况，即也认为不同坐标系间发生了旋转，坐标原点的平移，但认为两坐标轴之间具有相同的比例因子(即 x 轴和 y 轴有相同的缩放比)。这种变换，至少需要对应坐标系的 2 个对应控制点，4 个变换参数，变换公式见式(5-3)。

$$\begin{cases} X = A_0 + A_1x + B_1y \\ Y = B_0 + B_1x + A_1y \end{cases} \tag{5-3}$$

3. 高次变换

高次变换的公式见式(5-4)。

$$\begin{cases} x' = a_0 + a_1x + a_2y + a_{11}x^2 + a_{12}xy + a_{22}y^2 + A \\ y' = b_0 + b_1x + b_2y + b_{11}x^2 + b_{12}xy + b_{22}y^2 + B \end{cases} \tag{5-4}$$

式中，A、B 代表二次以上高次项之和。符合高次变换方程的变换称为高次变换。在进行高次变换时，需要有 6 对以上控制点的坐标和理论值才能求出待定系数。

4. 二次变换

当不考虑高次变换方程中的 A 和 B 时，高次变换方程则变成二次方程，符合二次方程的变换称为二次变换。二次变换适用于原图有非线性变形的情况，至少需要 5 对控制点的坐标及理论值才能求出待定系数。

5.1.2 均方根误差

几何变换中，常用控制点的均方根误差度量几何变换的质量。它表示控制点从真实位置到估算位置之间的位移。如果均方根误差在可接受的范围内，则基于控制点的数学模型可用于对整幅地图或图像进行变换。测量学科中对均方根误差的定义为：在有限测量次数中，均方根误差常用表达式为 RMSE $= \sqrt{\sum d_i^2 / n}$，其中，n 为测量次数；d_i 为一组测量值与真实值的偏差。

如何从数字地图几何变换中推导均方根误差呢？以某控制点为例说明计算过程，假定某控制点 A 在数字化仪中的坐标为 (x, y)，其对应的地图坐标为 (X_{act}, Y_{act})。以仿射变换为例，在估算完 6 个变换系数后，可将 A 点的数字化仪坐标(变换前的 x 值、y 值)，代入到式(5-2)中，计算出变换后坐标 (X_{est}, Y_{est})，理论上 (X_{est}, Y_{est}) 与 (X_{act}, Y_{act}) 应该完全相等，但实际上两者总存在一定的偏差。多个控制点偏差的平均值，便是地图几何变换中的均方根误差，具体计算公式见式(5-5)。

$$\text{RMSE} = \sqrt{\left[\sum_{i=1}^{n}\left(x_{\text{act},i} - x_{\text{est},i}\right)^2 + \sum_{i=1}^{n}\left(y_{\text{act},i} - y_{\text{est},i}\right)^2\right]\Big/ n} \tag{5-5}$$

式中，n 为控制点数目；$x_{\text{act},i}$，$y_{\text{act},i}$ 分别为 i 控制点的实际地图坐标；$x_{\text{est},i}$，$y_{\text{est},i}$ 分别为 i 控制点估算的地图坐标。

为保证几何变换的精度，控制点的均方根误差必须控制在一定的容差值内。根据需要，生成数据者规定所能接受的容差值，而这个值可以随输入数据的精度、比例尺地面分辨率的不同而不同。例如，一幅地面分辨率是 30m 的 TM 影像，均方根小于 1 个像元是可接受的。如果均方根误差在可接受范围内，就可以假设这个基于控制点的精度水平也适用于整幅地图或图像(当然某些情况下也可能产生错误)。

如果 RMSE 误差超过了设定的容差值，那么就需要调整控制点，需要删除对均方根误差影响最大的控制点，重新选择新的控制点。因此几何变换是选取控制点、估算变换系数和计算均方根误差的迭代过程，该过程持续直到获得满意的变换结果为止。

5.2 投 影 变 换

将一种地图投影转换为另一种投影的过程与方法，称为地图投影变换。地图投影变换是 GIS 数据处理中常会遇到的重要环节之一。由于 GIS 空间数据来源的多样性，不同来源的地图上具有不同的投影坐标，对其处理时，往往需要统一地图坐标系，以便各种地图都处于同一参考框架下。

利用计算机进行地图投影变换，首先必须提供地图投影变换的数学模型，然后进行编程实现，所以投影变换的数学模型与方法是地图投影变换中的主要研究内容。地图投影变换的实质是进行两平面场之间点的坐标变换。设原始地图上的点值坐标为 (x, y)，称为旧坐标，新地图投影中点的坐标为 (X, Y)，称为新坐标，则由旧坐标交换为新坐标的基本公式见式(5-6)。

$$\begin{cases} X = F_1(x, y) \\ Y = F_2(x, y) \end{cases} \tag{5-6}$$

一般情况下，新地图投影已知，而源资料的地图投影可能知道也可能不知道，这就需要采用不同的坐标转换方法，目前，主要有解析变换法、数值变换法和数值-解析变换法。第一种方法是严密和精确的，但对各类投影需要推求其解析变换式，而求这种变换式在某些复杂的投影中有一定的困难；第二种方法具有普遍性，适用任何两个平面场之间的点位变换，但在计算时如果使用不当也会比较费事，精度也不如前者；第三种方法是前两种方法的综合运用。

1. 解析交换法

解析交换法就是建立新旧两种投影之间解析式的方法。一般地，把由地理坐标求出地图平面直角坐标的模式称为正算式，而把由地图直角坐标求出地理坐标的模式称为反算式。由于采用的计算方法不同，解析变换法又可分为反解变换法、正解变换法和综合变换法。

1) 反解变换法

也称间接变换法。它是通过中间过渡的方法，由原始地图上点的直角坐标(x,y)反解出地理坐标(φ, λ)，然后代入新地图投影公式中求得其新的坐标，即$(x, y) \to (\varphi, \lambda) \to (X, Y)$。

2) 正解变换法

也称直接变换法。该方法不要求反解出原投影点的地理坐标，而是直接推导两种投影之间直角坐标关系式，即$(x, y) \to (X, Y)$。

3) 综合变换法

综合变换法是将反解变换与正解变换相结合的一种变换方法。通常是根据原始图上获得的直角坐标之一，如 x，反解出它的地理坐标φ，然后根据φ和 y 求得新投影点的坐标。

2. 数值变换法

在原始地图投影的解析式不知道，或者不容易求出新旧投影之间的解析式的情况下，可以来用多项式逼近的方法建立新、旧地图之间的转换关系式，这种方法称为地图投影的数值变换。这是一种重要的变换方法，在地图误差校正、遥感图像几何纠正等方面也有广泛的应用。新、旧两个地图投影之间的转换关系可用多项式表示，见式(5-7)。

$$\begin{cases} X = \sum_{i=0}^{n} \sum_{j=0}^{n-i} a_{ij} x^i y^j \\ Y = \sum_{i=0}^{n} \sum_{j=0}^{n-i} b_{ij} x^i y^j \end{cases} \tag{5-7}$$

式中，(x, y)和(X, Y)分别为旧投影和新投影中点位的直角坐标；a_{ij}和 b_{ij}为待定系数。求解式(5-7)主要有两个问题：一是确定多项式的最高次数 n，二是求解投影变换系数 a_{ij} 和 b_{ij}。研究证明，当从二次多项式变为三次多项式时，能比较显著地提高近似精度，但是进一步增加多项式的次数却对逼近精度提高不大，并且会使得计算量大大增加，因此一般情况下多采用三次多项式，见式(5-8)。

$$\begin{cases} X = a_{00} + a_{10}x + a_{01}y + a_{20}x^2 + a_{11}xy + a_{02}y^2 + a_{30}x^3 + a_{21}x^2y + a_{12}xy^2 + a_{03}x^3 \\ Y = b_{00} + b_{10}x + b_{01}y + b_{20}x^2 + b_{11}xy + b_{02}y^2 + b_{30}x^3 + b_{21}x^2y + b_{12}xy^2 + b_{03}x^3 \end{cases} \quad (5-8)$$

对于二元三次多项式，要求出待定系数 a_{ij} 和 b_{ij}，至少需要在新、旧两个投影的地图上分别选定 10 个共同点(同名点)，组成线性方程组。其特点是在所选定的 10 个点上精度最高，离选定点越远误差越大。如果这些点的误差在精度允许范围内，则认为整个变换区域的精度达到要求。如果超出精度允许范围，一种方法是缩小变换图幅的范围。将原图幅分为若干块，并且每块图为了不降低多项式的次数，必须在原选定点的基础上加密选定点，提高变换精度，直到满足要求为止。另一种方法是选择 10 个以上的同名点，采用最小二乘法求解 a_{ij} 和 b_{ij} 系数，使两投影在变换点上有最佳逼近，减小变换区域内相应点之间的偏差。

3. 数值-解析变换法

已知新投影公式，但原始地图的投影公式未知，可采用多项式逼近的方法建立两投影之间的变换关系式，仅需将式(5-7)中的 X、Y 置换为 φ、λ，按照数值变换法求得原投影点的地理坐标 φ、λ，然后代入新投影公式中，可实现两投影间的变换，见图 5-2。

图 5-2　数值-解析转换过程

5.3　空间数据的编辑

由于各种空间数据源本身的误差，以及数据采集过程中的错误，使得获取的空间数据中不可避免地存在各种错误。为此在数据采集完成后，必须对数据进行必要地检查。空间数据编辑是数据处理的主要环节，贯穿于整个空间数据的采集与处理过程。

5.3.1　空间数据的错误检查方法

空间数据采集过程中，人为因素是造成图形数据错误的主要原因。例如，数字化过程中手的抖动、两次录入之间图纸的移动，都会导致位置的不准确，并且在数字化过程中，难以实现完全精确的定位。常见的空间数据错误可归结为以下几类：空间数据不完整、空间实体遗漏或重复、空间数据位置不正确、空间数据比例尺不准确、空间数据变形、几何数据与属性数据连接有误、属性数据不完整。

由于空间数据可能存在以上误差，因此必须对空间数据进行编辑，修正数据错误，维护数据的完整性和一致性。常用的空间错误检查方法有如下几种。

(1) 叠合比较法。叠合比较法是空间数据数字化正确与否的最佳检核方法之一。该方法把数字化的内容绘制在透明材料上，然后与原图叠合在一起，在透光桌上仔细观察和比较，可以观察出来空间数据的比例尺不准确和空间的变形。如果数字化的范围比较大，分块数字化时，除检核一幅图内的差错外，还应该检核已存入计算机的其他图幅的接边情况。

(2) 目视检查法。指在屏幕上用目视检查的方法，检查一些明显的数字化误差与错误。

(3) 逻辑检查法。根据数据拓扑一致性进行检核，如采用欧拉定理进行检查。欧拉定理是拓扑学的一个定理，它描述了一幅数字图中多边形、弧段和结点之间数目的关系。例如，a(arc)表示弧段数目，n(node)表示结点数目，p(polygon)表示多边形数(包含外边界区域的图斑)。

欧拉定理认为 a、n、p 之间存在如下关系：$C=n-a+p$。其中，C 为常数，是多边形图的一个特征，该值恒为 2。欧拉定理用于矢量数据正确性的逻辑检查，主要检查点、线、面中是否存在多余或漏掉的图形元素。

5.3.2 几何数据的编辑

如图 5-3 所示，矢量数据几何图形错误具体表现为以下方面：

(1) 伪结点(pseudo node)。当一条线没有一次录入完毕时，就会产生伪结点。伪结点使一条完整的线变成两段。

(2) 悬挂结点(dangling node)。当一个结点只与一条线相连接，那么该结点称为悬挂结点。悬挂结点有过头和不及、多边形不封闭、结点不重合等多种情形。

(3) 碎屑多边形(sliver polygon)。碎屑多边形也称条带多边形。因为前后两次录入同一条线的位置不可能完全一致，就会产生碎屑多边形，即由于重复录入而引起的。另外，当用不同比例尺的地形图进行数据更新时也可能产生碎屑多边形。

(4) 不正规多边形(weird polygon)。在输入线的过程中，点的次序倒置或者位置不准确会产生不正规的多边形。在进行拓扑生成时，会产生碎屑多边形。

矢量数据几何图形错误的纠正很大程度上依赖于 GIS 的图形编辑功能，具体而言，编辑检查的主要内容包括以下方面：

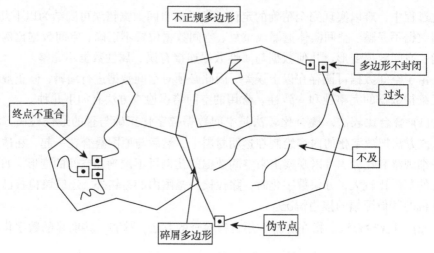

图 5-3　矢量数据几何图形错误

1. 结点编辑

1) 结点吻合

又称结点匹配、结点咬合，是把一定范围内若干链的端点作为一个结点，其坐标值可以取多个端点的平均值。

2) 结点与线的吻合

在数字化过程中，常遇到一个结点与一个线状目标的中间相交，这时由于测量或数字化误差，它不可能完全交于线目标上，因而需要进行编辑，称为结点与线的吻合。

3) 清除假结点(伪结点)

由仅有两个线目标相关联的结点称为假结点。有些系统要将这种假结点去除，即将目标 A 和目标 B 合并为一条，使它们之间不存在结点。

2. 线段编辑

线段编辑包括：曲线光滑(smooth)；改变方向(direction)；增加、删除、移动曲线上的坐标点(结点或顶点)；将两条线合并成一条(combine)或将一条线分割成两段(split)；对线上的顶点位置进行调整，如房屋拐点直角化；曲线自动综合等。

3. 多边形编辑

多边形编辑包括多边形边线自动闭合、多边形合并、自动添加遗漏的标识点等。

5.3.3　空间数据拼接

由于测图区域、比例尺大小、成图纸张大小、图纸的形变、绘图误差、数字化误差和分幅数字化等因素的影响，位于接边处的数据通常不太可能结合在一起，在 GIS 建库的过程中需要对一幅幅地图进行拼接处理，主要包括空间数据的接边以及空间要素与对应的属性的合并等，空间数据的拼接过程如图 5-4 所示。

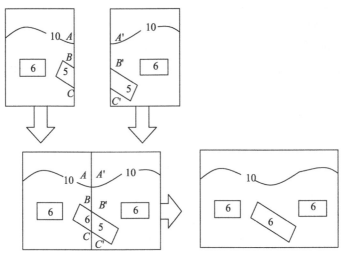

图 5-4　空间数据的拼接过程

1. 空间数据的拼接

接边处理可以分为人工处理和软件自动处理两种，其本质是把具有相同要素类型的两个或多个要素合并成一个要素，得到的结果将包含所有的属性内容。空间数据接边时要分等高线与地物要素类别两部分来匹配。

1) 地物要素匹配

在拼接时必须满足以下条件：相邻图幅的要素编码一致；相邻图幅要素的同名边界点坐标差在某一允许范围内(距离为 0.5mm)。在具体接边时，修改边界上同名点的坐标到两同名点的中间点坐标上，重新生成要素即可。

2) 等高线匹配

理论上，在接边处附近的某一条等高线，应与相邻图幅上对应的等高线咬合在一起，即这两点对应的等高线至少有一个结点的坐标是相同的，可在实际中，由于误差的影响，对应等高线在接边处常常发生偏移和断裂，需要人工或自动修改坐标使它们合并在一起。

在拼接时必须满足以下条件：相邻图幅的等高线要素的属性编码必须为等高线且属性高程值一致；相邻图幅的等高线要素，其同名边界点坐标差在某一允许值范围内。在具体接边时，修改等高线边界上的同名点坐标到两同名点的中间点坐标上，利用等高线结点坐标重新光滑生成等高线。

2. 要素合并

虽然相邻图幅的同一空间要素在经过接边后解决了相邻图幅要素间位置一致性的问题，但实质上还是两个要素，因此需要进行要素的合并。

1) 逻辑一致性处理

相邻图幅的同名要素有可能在属性上存在逻辑错误：如有一条道路要素在一幅图中的名称是中山北路，在另一相邻图幅中是中山南路；有一房屋要素在一幅图中楼层是5层，另一相邻图幅中却是6层。可由程序自动找出逻辑不一致的地方，并进行人工交互编辑检查。

2) 要素合并处理

经过空间要素接边与逻辑检查后，就可将相邻图幅中的同名要素合并成一个要素，包括相同属性值的删除和相同属性公共边界线的删除，采用的方法与分类类似，如采用 ArcGIS 的融合命令。

另外，在同一图幅中，等高线要素也存在分段问题。表面上看似为一条完全闭合的等高线，实质上确是多条等高线，这同样需要合并处理。

5.3.4 拓扑关系的建立与编辑

图形数据修改完毕后，就为建立正确的拓扑关系奠定基础，一般建立拓扑关系有人工建立和自动建立两种方法：人工建立是以人机交互操作的方式，用户通过操作输入设备(鼠标或键盘)，在屏幕上依次指出构成一个区域的各个弧段、一个区域包含哪几个子区域、组成一条线路的各个线段等；自动建立则是利用系统提供的拓扑关系自动建立功能，对获取的矢量数据进行分析判断，从而可以建立多边形、弧段、结点之间的拓扑关系。

自动建立网结构元素的拓扑关系多采用弧段跟踪法。首先，由原始线段数据建立弧段的邻接关系，同时也确定了弧段与结点的关联关系；其次，按一定规则(顺时针或逆时针)沿弧段跟踪形成闭合环(区域)，同时记下每个区域的编号；最后，根据点是否在多边形内的判断法则，依次找出区域与区域之间的嵌套关系。

人工建立与自动建立拓扑关系的方法各有其优势和缺点。人工建立拓扑关系的方法操作复杂，工作量大；但对原始数据要求不严，修改时不必重复计算。自动建立拓扑关系的方法生成速度快；但对原始数据要求严，要求弧段结点匹配好。目前，大多数 GIS 软件都提供了完善的拓扑关系建立功能，但在某些情况下，需要对计算机创建的拓扑关系进行手动修改。

5.3.5　栅格数据的重采样

栅格数据编辑用于处理以栅格结构表示的数据，如 DEM、遥感影像等。栅格数据的编辑方式包括：图像剪切、复制、粘贴、旋转、移动、区域填充、增加几何图形、去除噪声等。栅格数据的重采样是这些编辑的基础，下面对此进行介绍。

重采样是指以原始图像的像元值或导出值填充新图像的每个像元值。常用的重采样方法包括：邻近点插值法、双线性插值法和三次卷积插值法等。邻近点插值法是将原始图像的最邻近像元值填充到新图像的每个像元。例如，图 5-5 中新图像像元 A 将会以原始图像像元 a 的值填充，因为 a 是离 A 最近的像元。邻近点插值法不需要进行太多数据计算；同时还具有保留原像元值的特征，这对于有些类别的数据非常重要(如土地覆盖类型)。

双线性插值法和三次卷积插值法都是把原始图像像元值的距离加权平均值填充到新图像。双线性插值法把基于三次线性插值得到的 4 个最邻近像元值的平均值赋予新图像的相应像元；而三次卷积插值法则用 5 次多项式插值求解出 16 个相邻像元值的平均值。后一种插值方法比前一种插值法得出的图像更加平滑，但需要较长的处理时间。双线性插值方法的示例如图 5-6 所示。

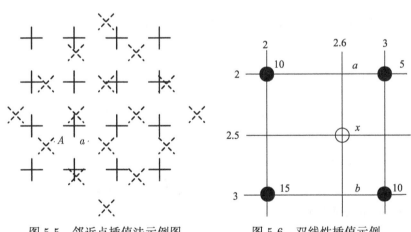

图 5-5　邻近点插值法示例图　　　　　图 5-6　双线性插值示例

双线性插值的计算：双线性插值使用原始图像 4 个最邻近像元值计算出新图像的像元值。图 5-6 中的像元 x 代表新图像上的像元，其像元值需由原始图像推导出。像元 x 在原始图像的相应位置为(2.6，2.5)，其 4 个相邻像元的图像坐标为(2，2)，(3，2)，(2，3)，(3，3)，对应的像元值分别是 10，5，15 和 10。

双线性插值计算分为两个步骤，首先沿着扫描线 2，3 进行二次插值，推导出 a

和 b 的值：

$$a = 0.6 \times 5 + 0.4 \times 10 = 7$$
$$b = 0.6 \times 10 + 0.4 \times 15 = 12$$

接着进行 a 和 b 的第三次插值，推导出 x 的值。

$$x = 0.5 \times 7 + 0.5 \times 12 = 9.5$$

5.3.6　属性数据编辑

属性数据常见的错误包括：属性项目名称、类型、宽度、格式定义存在问题；属性与图形连接对应关系不正确；属性值的类型、值域与定义不一致、属性赋值错误等。

属性数据一般采用数据库表结构存储管理。对属性数据的编辑包括在关系数据库中增加、删除、修改数据文件或记录；检查属性项存在的问题；建立属性与空间数据的连接与关联。在关系数据库和图形显示环境中，都可以使用逻辑表达式选择属性，并可以显示所选结果，修改所选属性。

5.4　空间数据结构转换

由于矢量数据和栅格数据各自的优点和互补性，矢量到栅格、栅格到矢量的转换的情况在 GIS 中经常发生。

5.4.1　矢量-栅格转换

由于矢量数据的点到栅格数据的点只是简单的坐标转换。所以，这里主要介绍线和面(多边形)的矢量数据向栅格数据的转换。

1. 线的栅格化方法

线是由多个直线段组成的，因此，线的栅格化的核心就是直线段如何由矢量数据转换为栅格数据(图 5-7)。

设直线段的两端点坐标转换到栅格数据的坐标系后为 (x_a, y_a)，(x_b, y_b)。栅格化的两种常用方法为数字微分分析法(DDA 法)和 Bresenham 法。

1) 数字微分分析法

如图 5-7 所示，设 (x_a, y_a)，(x_b, y_b) 与栅格网的交点为 (x_i, y_i)，则

$$\begin{cases} x_{i+1} = x_i + \dfrac{x_b - x_a}{n} = x_i + \Delta x \\ y_{i+1} = y_i + \dfrac{y_b - y_a}{n} = y_i + \Delta y \end{cases} \tag{5-9}$$

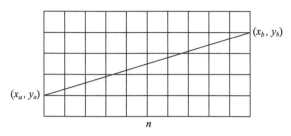

图 5-7　线的栅格化

式 中 ，　$n = \max\left(|x_b - x_a|, |y_b - y_a|\right)$；$\Delta x = \dfrac{x_b - x_a}{n}$，$\Delta y = \dfrac{y_b - y_a}{n}$；$x_0 = x_a$，$y_0 = y_a$；$x_n = x_b$，$y_n = y_b$。这样从 $i=0$ 计算到 $i=n-1$，即可得到直线与网格的 n 个交点坐标，对其取整就是该点的栅格数据。

该方法的基本依据是直线的微分方程，即 $dy/dx=$常数，其本质是用数值方法解微分方程。通过同时对 x 和 y 各增加一个小增量来计算下一步的 x、y 值，即这是一种增量算法。在该算法中，必须以浮点数表示坐标，且每次都要舍入取整。因此，尽管算法正确，但速度不够快。

2) Bresenham 算法

在 DDA 算法中，假设以 (x, y) 为绘制起点，先求 $m=dy/dx$（即 x 每增加 1，y 的增量），然后逐步递增 x，设新的点为 $x_1 = x+j$，则 $y_1 = \text{round}(y+j \times m)$。这个过程涉及大量的浮点运算，效率比较低。而在 Bresenham 算法中，$(x, y+\varepsilon)$ 的下一个点为 $(x, y+\varepsilon+m)$，如图 5-8（a）所示，这里 ε 为累加误差。可以看出，当 $\varepsilon+m<0.5$ 时，绘制 $(x+1, y)$ 点，否则绘制 $(x+1, y+1)$ 点。每次绘制后，ε 将更新为新值：

如果 $(\varepsilon+m)<0.5$（或表示为 $2 \times (\varepsilon+m)<1$），$\varepsilon=\varepsilon+m$；其他情况，$\varepsilon=\varepsilon+m-1$。

将上述公式都乘以 dx，并将 $\varepsilon \times dx$ 用新符号 ξ 表示，如果 $2 \times (\xi+dy)<dx$，$\xi=\xi+dy$；其他情况，$\xi=\xi+dy-dx$。

可以看到，此时运算已经全变为整数了。

在实际应用中会发现，当 $dy>dx$ 或 x, y 的增量不都为正时，便得不到正确的结果，这是由于只考虑 $dx>dy$，且 x, y 的增量为正的情况所致。经过分析，需根据直线的斜率，把直线分为 8 个卦限（图 5-8（b））。下面以斜率在第一卦限的情况为例进一步说明 Bresenham 算法，其余卦限的情况类似。

如图 5-8 所示，该算法的基本思路可描述为：若直线的斜率为 $1/2 \leqslant \Delta y / \Delta x \leqslant 1$，则下一点取 $(1, 1)$ 点；若 $0 \leqslant \Delta y / \Delta x < 1/2$，则下一点取 $(1, 0)$ 点。在算法实现时，令起始的误差项为 $e=-1/2$，推断出下一点后，令 $e=e+\Delta y / \Delta x$；若 $e \geqslant 0$，则 $e=e-1$。这样只要根据 e 的符号就可确定下一点的增量，即：若 $e \geqslant 0$，取 $(1,1)$ 点；若 $e<0$，

取(1,0)点。

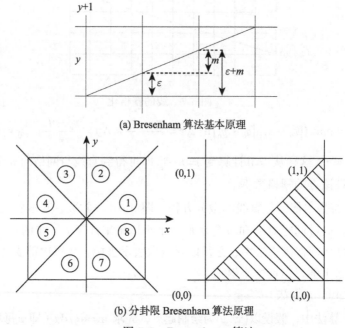

(a) Bresenham 算法基本原理

(b) 分卦限 Bresenham 算法原理

图 5-8   Bresenham 算法

为避免浮点运算，可令切值 $e' = e \times 2 \times \Delta x = 2 \times \Delta y - \Delta x$（$\Delta x \geq 0$ 时，与 e 同号）。当 $e' > 0$ 时，y 方向获增量 1，即令 $e' = e' - 2\Delta x$；一般情况 $e' = e' + 2\Delta y$。

例如，一直线的斜率为 $1/3$(图 5-9)，则

起始点：$e = -1/2$，即 $e' = -3$，取点①；

第 2 点：$e = -1/2 + 1/3 = -1/6$，即 $e' = -3 + 2\Delta y = -1$，取点②；

第 3 点：$e = -1/6 + 1/3 = 1/6$，即 $e' = -1 + 2 = 1$，取点③且 $e = -5/6$，$e' = -3$；

第 4 点：$e = 1/6 + 1/3 = 1/2 > 0$，即 $e' = -5 + 2 = -3$，取点④；

因 $e \geq 1/2$，所以 $e = 1/2 - 1 = -1/2$；

依次进行，直到到达直线的另一端点。

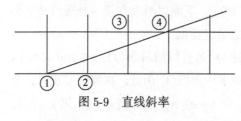

图 5-9   直线斜率

这种算法不仅速度快、效果好，而且已从理论上证明它是目前同类各种算法中最优化的。

2. 面(多边形)的栅格化方法

多边形的栅格化方法主要有 3 种算法：内部点扩散法、射线算法和扫描法、边填充算法。

1) 内部点扩散法

由一个内部的种子点，向其 8 个方向的邻点扩散。判断新加入的点是否在多边形边界上，如果是边界上，则新加入点不作为种子点，把非边界点的邻点当作新的种子点，与原有种子点一起进行新的扩散运算，并将该种子点赋以该多边形编号，重复上述过程，直到所有种子点填满该多边形并达到边界停止位置。该算法比较复杂，而且可能造成阻塞，造成扩散不能完成(图 5-10)，此外若多边形不完全闭合，会扩散出去。

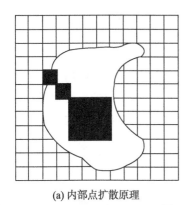

(a) 内部点扩散原理　　　　　　　　　　　　　(b) 多边形不连通实例

图 5-10　内部点扩散法示意图

2) 射线算法和扫描法

射线算法也是基于多边形的，其实质是逐个栅格判断其是否位于某个多边形之内。由待定点向任意方向引射线，判断该射线与某多边形所有边界的相交总次数。如果相交偶数次，则待判断点在该多边形外部，如果为奇数次，则待判断点在该多边形内部(图 5-11)。利用射线算法要注意的是，射线与多边形边界相交时，有一些特殊情况会影响焦点的个数，必须予以排除(图 5-12)。

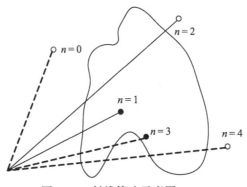

图 5-11　射线算法示意图

○为外部点　　●为内部点

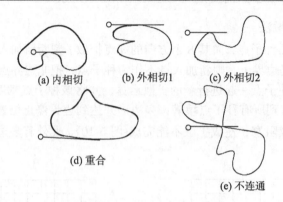

(a) 内相切　　(b) 外相切1　　(c) 外相切2

(d) 重合

(e) 不连通

图 5-12　射线法的特殊情况

　　扫描算法是射线算法的改进，将射线改为沿栅格阵列行或列的方向扫描线，按扫描线的顺序，计算多边形与扫描线的相交区间，再用相应的属性值填充这些区间，即完成了多边形的栅格化。扫描算法省去了计算射线与多边形边界交点的大量运算，大大提高了效率。

　　3) 边填充算法

　　其基本思想是，对于每一条扫描线和每条多边形边上的交点，将该扫描线上交点右方的所有像素取原属性值来补充。对多边形的每条边作此处理，多边形的方向任意，图 5-13 是一个简单的例子。该算法的优点是算法简单，缺点是对于复杂图形，每一像素可能被访问多次，增加了运算量。为了减少边填充算法访问像素的次数，可引入栅栏。

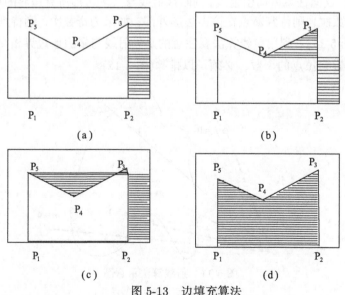

图 5-13　边填充算法

　　所谓栅栏指的是一条与扫描线垂直的直线，栅栏位置通常取多边形的顶点，且把多边形分为左右两半。栅栏填充算法的基本思路是：对于每条扫描线与多边形的交点，将交点与栅栏之间的像素用多边形的属性值取补。若交点位于栅栏左边，则将栅栏左边、交点右边的所有像素取补；若交点位于栅栏的右边，则将栅栏右边、交点左边的像素取补，如图 5-14 所示。

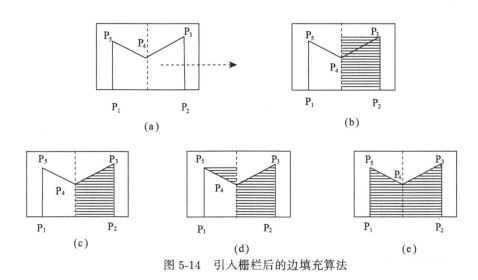

图 5-14　引入栅栏后的边填充算法

5.4.2　栅格-矢量转换

　　栅格数据到矢量数据转换的一般过程，如图 5-15 所示，具体可描述为

图 5-15　栅格数据矢量化一般过程

1. 图像二值化

　　由于扫描后的图像是以不同灰度级存储的，为了进行栅格数据矢量化的转换，需将图像压缩为两级(0 和 1)，称为二值化。二值图像也就是只有两个灰度的图像，它是数字图像的一个重要子集。二值化的关键是在灰度级的最大值和最小值之间选取一个阈值。当灰度级小于阈值时，取值为 0；当灰度级大于阈值时，取值为 1。阈值可根据经验进行人工设定，虽然人工设定的值往往不是最佳阈值，但在扫描图比较清晰时，是行之有效的。当扫描图不清晰时，需由灰度级直方图来确定阈值，其方法如下。

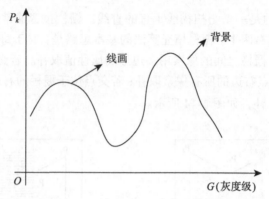

图 5-16　地图扫描灰度影像直方图

设 M 为灰度级数，P_k 为第 k 级的灰度的概率，n_k 为某一灰度级的出现次数，n 为像元总数，则有：$P_k=n_k/n(k=1,2,3,\cdots,M)$。对于地图，通常在灰度级直方图上出现两个峰值(图 5-16)，这时取波谷处的灰度级为阈值，二值化的效果较好。

2. 图像平滑与去噪

在实际应用中栅格图像往往会存在很多噪声。噪声的出现将影响后续处理的精度，因为细化算法对噪声很敏感，噪声的出现将导致细化线条的骨架偏离正确的图形骨架位置，从而影响到后续的矢量化跟踪等操作，因此必须在图像预处理阶段将图像中的噪声消除。噪声包括毛刺、空洞、凹陷等(图 5-17)，消除这些噪声的操作被称为平滑或滤波操作。

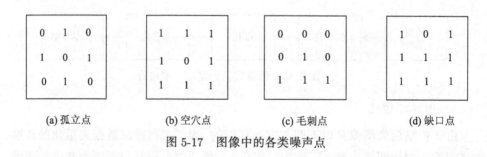

(a) 孤立点　　　　　(b) 空穴点　　　　　(c) 毛刺点　　　　　(d) 缺口点
图 5-17　图像中的各类噪声点

模板是数字化图像处理中的一种基本运算方法，图像平滑、锐化以及后面要进行的细化都要用到模板操作。模板运算实质上就是一种领域运算，近似于矩阵运算。模板操作中心的像素即需要对其进行操作的像素。因此，某个像素点的灰度值经过模板运算后，其灰度值不仅与其原始灰度值相关，而且与其邻近点像素灰度值相关。模板运算在数学中的描述是卷积(或互相关)运算。

平滑模板就是构造一个计算因子，通过一点与周围几点的运算(通常为平均计算)来去除图像中一些突出变化的点，从而滤除一定的噪声。但是经过平滑后图像的边缘变得模糊，图像质量有所下降。图 5-18 列举了部分常见的图像平滑模板，其中图 5-18(b)为平均模板，图 5-18(e)是高斯模板。

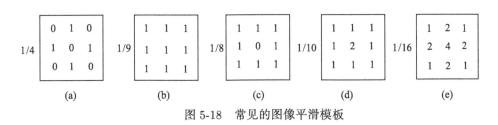

图 5-18　常见的图像平滑模板

3. 细化

所谓细化就是将二值图像像元阵列逐步剥除轮廓边缘的点，使之成为线划宽度只有一个像元的骨架图形。细化后的骨架图形既保留了原图形的绝大部分特征，又便于下一步的跟踪处理。

细化的基本过程如下：

(1) 确定需细化的像元集合；

(2) 移去不是骨架的像元；

(3) 重复，直到仅剩骨架像元。

细化的算法很多，但各有优缺点。经典的细化算法是通过3×3的像元组来确定的。其基本原理是，在3×3的像元组中，凡是去掉后不会影响原栅格影像拓扑连通性的像元都应该去掉，反之则应保留。3×3 的像元共有 $2^8=256$ 种情况，但经过旋转，去除相同情况后，只剩 51 种情况。其中，只有一部分是可以将中心点剥去的，如图 5-19(a)、(b)是可剥去的，而图 5-19(c)、(d)的中心点是不可剥去的。对每个像元点经过如此反复处理，最后可得到应保留的骨架像元。

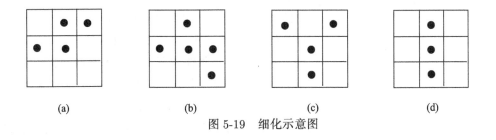

图 5-19　细化示意图

如果是对扫描后的地图图像进行细化处理，应符合下列基本要求：

(1) 保持原线划的连续性；

(2) 线宽只为一个像元；

(3) 细化后的骨架应是原线划的中心线；

(4) 保持图形的原有特征。

4. 矢量化

矢量化的经典方法是轮廓跟踪法，即把骨架图像上的线状目标视作连通道路，进行连通道路的遍历把每个连通道路上的所有像素串接在一起，形成链串或坐标串。其基本思想为：以前面一个边缘点方向信息作为指导，立足当前边缘点，搜索前进，找出一条完整轮廓曲线。每接收一个边缘点，便赋予其方向标志，使各个边缘点串连起来。目前，线划图像的轮廓跟踪算法主要有两类。

1) 扫描线轮廓跟踪

具体算法实现过程如下：

步骤 1：对细化图像进行按列为主的逐行光栅扫描，寻找任一未被跟踪的目标点 a_0（即像素值为 1）。若图像中有这样的点，记下该点的坐标，并以 a_0 为起点，开始一个线划的遍历或追踪；否则算法结束。

步骤 2：在 a_0 的八邻域像素中，从左边邻接的 0 像素开始，按逆时针顺序搜索，判断邻域像素的值，若：

(1) 当 a_0 的八邻域都是 0 像素，则 a_0 为孤立点，一条线划跟踪结束，并从图像中去除该点（即将该点标记为"0"），然后返回步骤 1，继续图像上的光栅扫描，以处理下一连通道路。

(2) 当 a_0 的八邻域中不都是 0 像素，则把按逆时针方向搜索最先遇到的 1 像素（设为 a_1）作为下一个起点，而抹去 a_0 像素（即把 a_0 像素的值设为"0"），记录 a_1 点的坐标。

步骤 3：在 a_1 的八邻域中，重复步骤 2，找到线划的下一个连接像素，设为 a_2，记录 a_2 的坐标。如此，以同样的方法可对连通道路上的每一像素依次跟踪，得到 $a_3, a_4, \cdots, a_m$，并得到这些点的 (x, y) 坐标对，这些坐标对就是所需的矢量数据。显然，当一条线划跟踪到端点或图像边界时，跟踪结束。在图像上已抹去了整个跟踪过的线划。

3	2	1
4	P	0
5	6	7

图 5-20 *P* 像素八领域编码

2) Freeman 链码表达轮廓跟踪矢量化

Freeman 链码即方向链码，是一种用来描述图像上某一目标的边界、轮廓或骨架的有效矢量编码。

像素的八邻域的方向码如图 5-20 所示。

当对图像中任一线目标的骨架线以 Freeman 方向码描述其矢量数据时,其形式为

$$L_i = (s, X_i, Y_i, d_{i0}, d_{i1}, \ldots, d_{ij}, \ldots, d_{in}, e) \tag{5-10}$$

式中,L_i 为第 i 条骨架线的矢量数据链码串;s、e 分别为骨架的开始符和结束符;X_i,Y_i 为该骨架线起始点坐标;d_{ij} 为骨架线上相连通道路上的第 j 个像素至第$(j+1)$个像素的方向码,且满足 $d_{ij} \in \{0, 1, 2, 3, \ldots, 7\}$。

这种方法的实现步骤与扫描线轮廓跟踪矢量化方法类似,只是它仅记录骨架端点的坐标,而连通道路上的其他像素仅记录链码值。

以上两种方法各有特点:扫描线轮廓跟踪矢量化方法简单,可以直接获得骨架线的矢量坐标数据串;Freeman 矢量链码表达轮廓跟踪矢量化方法仅记录骨架线起点坐标,而中间点则用链码或差分链码表示,有效地减少了需存储的数据量。但对于 Freeman 矢量链码必须对链码数据进行解码才能获得矢量化图形坐标。

5.5 空间数据压缩与综合

5.5.1 矢量数据压缩

矢量数据压缩是地理信息系统、计算机自动制图、计算机图形学等学科中的一个常见问题。矢量数据的压缩可以使移动设备存储更多的空间数据,压缩后的矢量数据也加快了其在无线网络上的传输速度。GIS 中的矢量数据可分为点状图形要素、线状图形要素、面状图形要素。但从压缩的角度来看,矢量数据的压缩主要是线状图形要素的压缩,因为点状图形要素可看成是特殊的线状图形要素,面状图形要素的基础也是线状图形要素,需要由一条或多条线状图形要素围成。因此,线状图形要素的压缩成为矢量数据压缩中最重要的问题。

目前,矢量数据压缩常用算法主要有垂距限值法、角度限值法、道格拉斯-普克算法和光栏法。

1. 垂距限值法与角度限值法

这两种方法的大概思路为计算某个点到它前后相邻两点所成直线的距离或角度,如果大于某个阈值就保留,如果小于阈值则舍弃。将这个过程应用于曲线除端点外的所有点,最后的结果就是压缩后的曲线,如图5-21所示。

这两种方法确定点的保留取决于与它相邻的两点,不利于整体的表现。角度限值算法效率低,不常用。垂距法可能因为线的反向而导致结果不一样。也有人研究

讨论将两种方法综合，即垂距与角度都满足条件时才保留点的压缩方法。

2. 道格拉斯-普克(Douglas-Peucker)算法

道格拉斯-普克算法由D. Douglas和T. Peucker于1973年提出，简称DP算法，是目前公认的线状要素化简的经典算法。现有的线状要素化简算法中，有相当一部分都是在该算法基础上进行改进产生的。它的优点是具有平移和旋转不变性，给定曲线与阈值后，抽样结果是一定的。DP算法的基本思路是对每一条曲线的首末点连一条直线，求所有点与直线的距离，并找出最大距离值d_{max}，用d_{max}与限差D相比。

(1) 若$d_{max}<D$，这条曲线上的中间点全部舍去；

(2) 若$d_{max}\geqslant D$，保留d_{max}对应的坐标点，并以该点为界，把曲线分为两部分，对这两部分再重复使用该方法。

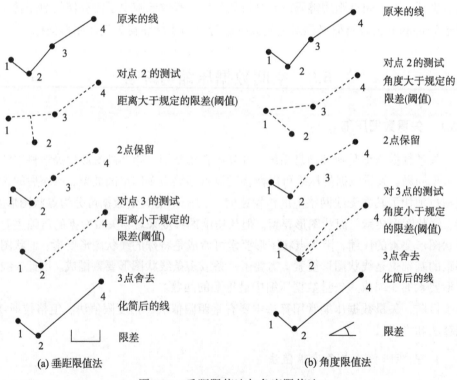

图5-21　垂距限值法与角度限值法

以图5-22为例，DP算法的具体步骤如下：

(1) 连接首末点为直线，如图5-22中连接点1、9，构成一条线段(19)。

(2) 分别将点2至点9对直线(19)作垂线。

(3) 求各点到垂足的垂距，取垂距最大且大于给定先插的点，如图5-22中取点6。

(4) 连接首点与所取点为直线(16)，连接末点到所取定为直线(69)。对两线分别递归进行步骤2~步骤4，直至再取不到点为止。在进行操作前需先确定临界值。

3. 光栏法

光栏法的基本思想为：定义一个扇形区域，通过判断曲线上点在扇形外还是在扇形区域内，确定保留还是舍去。设曲线上的点列$\{p_i\}$，$i=1, 2, \cdots, n$，光栏口径为d，d可根据压缩比的大小自行定义，光栏的实施步骤可描述如下(图5-23)。

(1) 连接p_1点和p_2点，过p_2点作一条垂直于p_1p_2的直线，在该垂线上取两点a_1和a_2，使$a_1p_1=a_2p_2=d/2$，此时，a_1和a_2为光栏边界点，a_1与p_1、a_2与p_2的连线为以p_1为顶点的扇形的两条边，这就定义了一个扇形(这个扇形的口朝向曲面的前进方向，

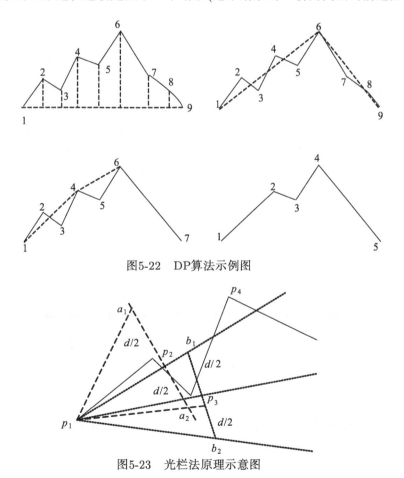

图5-22　DP算法示例图

图5-23　光栏法原理示意图

边长是任意的)。通过p_1并在扇形内的所有直线都具有这种性质，即p_1p_2上各点到这些直线的垂距都不大于$d/2$。

(2) 若p_3点在扇形内，则舍去p_2点。然后连接p_1和p_3，过p_3作p_1p_3的垂线，该垂线与前面定义的扇形边交于c_1和c_2。在垂线上b_1和b_2点，使$p_3b_1=p_3b_2=d/2$，若b_1或b_2落在原扇形外面，则用c_1或c_2取代。此时用$p_1b_1=p_1c_2$定义一个新的扇形，这当然是口径(b_1c_2)缩小了光栏。

(3) 检查下一个结点，若该点在新扇形内，则重复步骤(2)，直到发现有一个结点在最小顶替的扇形外为止。

(4) 当发现在扇形外的结点时，如图中的p_4点，此时保留p_3点，以p_3作为新起点，重复步骤(1)~(3)。如此继续下去，直到整个点列检测完为止。所有被保留的结点顺序地构成了简化后的新点列。

5.5.2　栅格数据压缩

栅格数据一般需要相当多的存储空间，平均文件大小：30m 的 DEM 为 1.1Mb；10m 的 DEM 为 9.9Mb；7.5 分的数字栅格图(DRG)需要 5~15Mb；一幅未压缩的标准七波段 TM 影像需要大约 200Mb 的存储空间，高分辨率卫星影像需要的存储空间更多。数据压缩指数据量的减少，这对数据传递和网络制图尤其重要。目前，有多种技术可以用于图像压缩。压缩技术又可以分为无损压缩和有损压缩。

无损压缩保留像元或者像素值，允许原始数据或者图像被精确重构。因此，无损压缩是可取的栅格数据，它用来分析或产生新的数据。常见的无损压缩方法有游程编码、霍夫曼编码。

1. 游程编码

游程编码的具体编码方法已在第 3 章中介绍过，一般该方法不直接应用于多灰度图像，但比较适用于二值图像的编码。为了获得较好的压缩效果，有时将游程编码与其他一些编码方法混合使用。例如，在 JEPG 中，游程编码和离散余弦变换(DCT)及霍夫曼编码一起使用，先对图像分块处理，然后对分块进行 DCT，量化后的频域图像作 Z 形扫描，再作游程编码，对游程编码的结果再进行霍夫曼编码。

2. 霍夫曼编码

从前面介绍的游程编码可知，游程编码只有在经过图像变换后使用才有意义，否则，特别是对于拍摄的图像，其编码效率是不高的。一种极限情况是，当相邻像素的值都不相同时，编码后的数据量比原始数据量更大。但是因为游程编码的每个码字的长度是相同的，所以编、解码都比较简单。为了提高效率，一种有效的方法是采用非定长编码方式，即每个码字的长度是可变的，这样可以提高编码效率，霍夫曼编码就属于这类编码方式。

假定已知某信源符号的概率如表 5-1 所示，其霍夫曼编码步骤如下：

(1) 将概率最小的 x_5、x_6 合并，合并后概率为 0.17，设为 A 点；

(2) 将 0.17 作为新的概率放入新组合中，比较后发现 x_3、x_4 概率最小，将之合并为 0.28，设为 B 点；

表 5-1   某信源符号概率

信源符号	x_1	x_2	x_3	x_4	x_5	x_6
概率	0.35	0.2	0.15	0.13	0.09	0.08

(3) 在新的概率组合中，x_2 和 A 概率最小，合并后为 0.37，设为 C 点；

(4) 在新的概率组合中，C 和 B 概率最小，合并后为 0.65，设为 D 点；

(5) 最后，D 点与 x_1 合并，总概率为 1。

编码后的二叉树如图 5-24 所示，最后得到的各符号的编号见表 5-2。

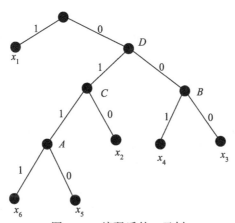

图 5-24   编码后的二叉树

表 5-2   霍夫曼编码表

符号集	x_1	x_2	x_3	x_4	x_5	x_6
概率	0.35	0.2	0.15	0.13	0.09	0.08
编码	1	010	000	001	0110	0111

　　有损压缩利用了人类对图像某些频率成分不敏感的特性，允许压缩过程中损失一定的信息，其虽然不能完全恢复原始数据，但是所损失的部分对理解原始图像的影响缩小，却换来了大得多的压缩比。常见的有损压缩有预测编码和变换编码。

　　预测编码是根据某一种模型，利用以前的一个或几个样值，对当前的样本值进行预测，将样本实际值和预测值之差进行编码，如果模型足够好，图像样本时间上相关性很强，就可以获得较高的压缩比。从相邻像素之间有很强的相关性考虑，比如当前像素的灰度和颜色信号在数值上与其相邻像素总是比较接近，那么，当前像素的灰度或颜色信号的数值，可用前面已出现像素的值进行预测，得到一个预测值，将实际值与预测值求差，对这个差值信号进行编码、传输，这种编码方法称为预测编码方法。预测编码通过建立一个数学模型，利用以往的样本数据，对新样本值进行预测，再将预测值与实际值相减，对其差值进行编码，这时差值很小，可以减少编码码位。

　　变换编码不是直接对空余图像信号进行编码，而是首先将时域图像信号映射变换到另一正交矢量空间，产生一批变换系数，然后对这些变换系数进行编码处理。变换编码是一种间接编码方法，其关键问题是在用时域或空域描述时，数据之间相关性大、冗余度大，经过变换在变换域中描述，数据相关性大大减少、冗余量减少、参数独立、数据量少，这样再进行量化，编码就能得到较大的压缩比。目前常用的正交变换有傅里叶变换、沃尔什变换、KL 变换等。

　　变换编码的编码器原理如图 5-25 所示，对于输入的信号先进行子图像的分割，分割成小的子块，这是因为小块便于处理，而且小块内的像素相关性较大，存在的冗余度大。然后对每一子块进行正交变换，经过量化器之后再编码输出。

图 5-25　变换编码的编码器原理图

　　而接收端解码的原理如图 5-26 所示，因为量化器是非逆的，所以相比较编码器，解码器缺少反量化器。

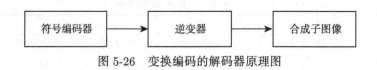

图 5-26　变换编码的解码器原理图

5.6　空间数据质量

5.6.1　空间数据质量的概念

GIS 空间数据质量是指 GIS 中空间数据(几何数据和属性数据)在表达空间位置、属性和时间特征时所能达到的准确性、一致性、完整性以及三者统一的程度。空间性、专题性和时间性是空间数据的三个基本要素。而空间数据质量则是空间数据在表达这三个基本要素时，所能够表达到的准确性、一致性和完整性。空间数据是对现实世界中空间特征和过程的抽象表达。由于现实的复杂性和模糊性以及人类认识和表达能力的局限性，这种抽象表达总是不可能完全达到真值，只能在一定程度上接近真值。从这种意义上讲，数据质量发生问题是不可避免的。此外，对空间数据的处理也会导致某些质量问题。因此，空间数据质量的好坏是一个相对概念，并具有一定程度的针对性。这里不考虑具体的应用，主要从空间数据的客观规律性出发，说明空间数据的质量评价和控制。

下面介绍几个与空间数据质量相关的概念。

1. 误差

误差反映了数据与真实值或者大家公认的真值之间的差异，它是一种常用的数据准确性的表达方式。误差研究包括：位置误差，即点的位置的误差、线的位置的误差和多边形的位置的误差；属性误差，位置和属性误差之间的关系等。

2. 数据的准确度

数据的准确度被定义为，结果、计算值或估计值与真实值或者大家公认的真值的接近程度。空间数据的准确度经常是根据所处的位置、拓扑属性或非空间属性来分类的，它可用误差来衡量。

3. 数据的精密度

数据的精密度指数据表示的精密程度，即数据表示的有效位数。它表现了测量值本身的离散程度。由于精密度的实质在于它对数据准确度的影响，同时在很多情况下，它可以通过准确度得到体现，故常把两者结合在一起称为精确度，简称精度。

4. 不确定性

不确定性是关于空间过程和特征不能被准确确定的程度，是自然界各种空间现象自身固有的属性。地理信息系统的不确定性包括空间位置的不确定性、属性不确定性、时域不确定性、逻辑上的不一致性及数据的不完整性。空间位置的不确定性指 GIS 中某一被描述物体与其地面上真实物体位置上的差别;属性不确定性是指某一物体在 GIS 中被描述的属性与其真实属性的差别;时域不确定性是指在描述地理现象时,时间描述上的差错;逻辑上的不一致性指数据结构内部的不一致性,尤其是指拓扑逻辑上的不一致性;数据的不完整性指对于给定的目标,GIS 没有尽可能完全地表达该物体。

5. 比例尺

比例尺是地图上一个记录的距离和它所表现的"真实世界"的距离之间的一个比例。地图的比例尺将决定地图上一条线的宽度所表现的地面的距离。例如,在一个 1:1 万比例尺的地图上,一条 0.5mm 宽度的线对应着 5m 的地面距离。如果这是线的最小宽度,那么就不可能表示小于 5m 的现象。

6. 空间分辨率

分辨率是两个可测量数值之间最小的可辨识的差异。那么空间分辨率可以看作记录变化的最小距离。在一张用肉眼可读的地图上,假设一条线用来记录一个边界,分辨率通常由最小线的宽度来确定。地图上的线很少小于 0.1mm 的宽度来画。在一个图形扫描仪中,最细的物理分辨率从理论上讲是由设施像元之间的距离来确定的。在一个激光打印机上的 1 英寸的 1/300,在高质量的激光扫描仪上会细化 10 倍。如果没有放大,最细的激光扫描仪的线是看不到的,尽管这依赖于背景颜色的对照。因此,在人的视觉分辨率和设备物理分辨率之间存在着一个差异。

5.6.2 空间数据误差来源

空间数据从数据的采集、存储、处理、输出和使用等各个过程中都有可能产生误差,从而带来数据质量的问题。空间数据主要的质量问题来源如表 5-3 所示。

表 5-3　空间数据主要误差来源

数据处理过程	误差来源
数据采集	野外测量误差:仪器误差、记录误差
	遥感数据误差:辐射和几何纠正误差、信息提取误差
	地图数据误差:原始数据误差、坐标转换、制图综合及印刷
数据输入	数字化误差:仪器误差、操作误差
	不同系统格式转换误差:栅格-矢量转换、三角网-等值线转换
数据存储	数值精度不够
	空间精度不够:每个格网点太大、地图最小制图单元太大

数据处理过程	误差来源
数据处理	分类间隔不合理； 多层数据叠合引起的误差传播：插值误差、多源数据综合分析误差； 比例尺太小引起的误差
数据输出	输出设备不精确引起的误差； 输出的媒介不稳定引起的误差
数据使用	对数据所包含的信息的误解； 对数据信息使用不当

5.6.3　数据质量评价

对空间数据质量的评估往往要借助于相关部门颁布的空间数据质量标准来进行。空间数据质量的具体内容主要有以下几个方面，表 5-4 给出了空间数据质量评价矩阵。

(1) 数据说明。要求对地理数据的来源、数据内容及其处理过程等做出准确、全面和详尽的说明。

(2) 几何数据精度。为空间实体的坐标数据与实体真实位置的接近程度，常表现为空间三维坐标数据精度。它包括数学基础精度、平面精度、高程精度、接边精度、形状再现精度(形状保真度)、像元定位精度等。

(3) 属性精度。指空间实体的属性值与其真值相符的程度。通常取决于地理数据的类型，且常常与位置精度有关，包括要素分类与代码的正确性、要素属性值的准确性及其名称的正确性等。

(4) 时间精度。指数据的现势性，可以通过数据更新的时间和频度来表现。

(5) 逻辑一致性。指地理数据关系上的可靠性，包括数据结构、数据内容(空间特征、专题特征和时间特征)，以及拓扑性质上的内在一致性。

表 5-4　空间数据质量评价矩阵表

空间数据要素	空间数据描述		
	空间特征	时间特征	专题特征
继承性	√	√	√
位置精度	√		√
属性精度		√	√
逻辑一致性	√	√	√
完整性	√	√	√
表现形式准确性	√	√	√

(6) 数据完整性。指地理数据在范围、内容及结构等方面满足所要求的完整程度，包括数据范围、空间实体类型、空间关系分类、属性特征分类等方面的完整性。

(7) 表达形式的合理性。主要指数据抽象、数据表达与真实地理世界的吻合性，包括空间特征、专题特征和时间特征表达的合理性等。

5.6.4　空间数据质量控制

数据质量控制是个复杂的过程，要控制数据质量应从数据质量产生和扩散的所有过程和环节入手，分别用一定的方法减少误差。空间数据质量控制常见的方法有以下一些。

1. 传统的人工方法

质量控制的人工方法主要是将数字化数据与数据源进行比较，图形部分的检查包括目视方法、绘制到透明图上与原图叠加比较，属性部分的检查采用与原属性逐个对比或其他比较方法。

2. 元数据方法

数据集元数据中包含了大量的有关数据质量的信息，通过它可以检查数据质量，同时元数据也记录了数据处理过程中质量的变化，通过跟踪元数据可以了解数据质量状况和变化。

3. 地理相关法

用空间数据的地理特征要素自身的相关性来分析数据的质量。例如，从地表自然特征的空间分布着手分析，山区河流应位于地形的最低点。因此，叠加河流和等高线两层数据时，如河流的位置不在等高线的外凸连线上，则说明两层数据中必有一层数据有质量问题，如不能确定哪层数据质量有问题时，可以将它们分别与其他质量可靠的数据层叠加来进一步分析。因此，可以建立一个有关地理特征要素相关关系的知识库，以备各空间数据层之间地理特征要素的相关分析使用。

5.6.5　空间数据生产过程中的质量控制

数据质量控制应体现在数据生产和处理的各个环节。下面以地图数字化生成空间数据的过程为例，介绍数据生产各阶段质量控制的措施。

1. 数据源的选择

选择内容和质量满足系统建设要求的数据源是选择数据源的基本要求，这一阶段的数据质量控制，应注意以下几个方面。

(1) 数据源的误差范围不能大于系统对数据误差的允许范围。因为数据处理过程中的每一步都会保留原有误差，并可能引入新的误差，那么，进入数据库或经过分析后输出的数据误差就会超出系统对误差的允许范围。

(2) 地图数据源最好采用最新的底图，即采用以变形较小的薄膜片为材料制作的分版图，以降低源图输入的复杂性和可能的变形误差。

(3) 尽可能减少数据处理的中间环节。例如，直接使用测量数据建库而不是将测量数据先制图，再在所制地图基础上数字化而建立空间数据库。

2. 数字化过程的数据质量控制

数字化过程的质量控制主要包括数据预处理、数字化设备的选用、数字化对点精度、数字化误差和数据精度检查等内容。

(1) 数据预处理：主要包括对原始地图、表格等的整理、誊清或清绘。对于质量不高的数据源，如散乱的文档和图面不清晰的地图，通过预处理工作不但可减少数字化误差，还可提高数字化工作的效率。对于扫描数字化的原始图形或图像，还可采用分版扫描的方法来减少矢量化误差。

(2) 数字化设备的选用：主要根据手扶跟踪数字化仪、扫描仪等设备的分辨率和精度等有关参数进行挑选，这些参数应不低于设计的数据精度要求。一般要求数字化仪的分辨率达到 0.025mm，精度达到 0.2mm；扫描仪的分辨率则不低于300DPI。

(3) 数字化对点精度(准确性)：数字化时数据采集点与原始点重合的程度。一般要求数字化对点误差应小于 0.1mm。

(4) 数字化限差：数字化时各种最大限差规定为，曲线采点密度 2mm、图幅接边误差 0.2mm、线划接合距离 0.2mm、线划悬挂距离 0.7mm。对于接边误差的控制，通常当相邻图幅对应要素间距小于 0.3mm 时，可移动其中一个要素以使两者接合；当这一距离在 0.3~0.6mm 时，两要素各自移动一半距离；若距离大于 0.6mm，则按一半制图原则接边，并做记录。

(5) 数据精度检查：主要检查输出图与原始图之间的点位误差。一般对直线地物和独立地物，这一误差应小于 0.2mm；对曲线地物和水系，这一误差应小于 0.3mm；对边界模糊的要素，应小于 0.5mm。

3. 空间数据处理分析中的质量控制

空间数据在计算机的处理分析过程中，会因为计算过程本身引入误差，主要包括以下几种误差。

(1) 计算误差。计算机能否按所需的精度存储和处理数据，主要取决于数据存储的有效位数。数据有效位数较少时，反复的运算处理过程会使舍入误差积累，带来较大的误差。

(2) 数据转换误差。数据类型转换和数据格式转换时，GIS 数据处理中的常用操作都是通过一定的运算而实现的，因而也都会带来一定的误差。特别是矢量数据格式与栅格数据格式之间的转换，误差会因为栅格单元尺寸而受到很大影响。

(3) 拓扑叠加分析误差。叠加分析是 GIS 特有的，也是 GIS 极为重要的应用分析功能之一。无论是矢量数据还是栅格数据，都将叠加分析作为其重要的空间分析手段。在对矢量数据的多边形进行叠加分析时，由于多边形的边界不可能完全重合，从而产生若干无意义的多边形，对这样无意义的多边形的处理，往往会因改变多边形的边界位置而引起误差，并可能由此进一步带来空间位置上地物属性的误差。

总之，空间数据的采集与处理工作是建立 GIS 的重要环节，了解 GIS 数字化数据的质量与不确定性特征，最大限度地纠正所产生的数据误差，对保证 GIS 分析应用的有效性具有重要意义。

5.7 空间数据标准

从技术角度看，空间数据标准是指空间数据的名称、代码、分类编码、数据类型、精度、单位、格式等的标准形式。每个地理信息系统都必须具有相应的空间数据标准。空间数据标准涉及复杂的科学理论和技术方法问题，如果只针对某一地理信息系统设计空间数据标准比较容易；如果所建立的空间数据标准能为大家所承认，为大多数系统所接受和使用，就比较复杂和困难。空间数据标准的制定对于地理信息系统的发展具有重要意义，但目前空间数据标准的研究仍然落后于地理信息系统的发展。本节主要对当前国内外相关的地理信息标准体系进行概要介绍。

5.7.1 ISO/TC 211 标准体系

随着国际地理信息产业的蓬勃发展，为促进全球地理信息资源的开发、利用和贡献，国际标准化组织在 1994 年 3 月召开的技术局会议上决定成立地理信息技术委员会(即 ISO/TC 211)，并将秘书处设在挪威。

ISO/TC 211 的工作范围是数字地理信息领域标准化的制定。它通过制定一系列标准(系类编号为 ISO 19100)，规范地理信息数据管理(包括定义和描述)、采集、处理、分析、查询和表示，为不同用户、不同系统、不同地方之间的数据转换提供方法和服务。该项工作与相应的信息技术及有关的数据标准相联系，并为使用地理数据进行各种开发提供标准框架。

该标准化组织对地理信息标准化的基本思路是：确定论语→建立概念模型→最终

达到可操作。ISO/TC 211 标准化的基本方法是：用现成的数字信息技术标准与地理方面的应用进行集成，建立地理信息参考模型和结构化参考模型，对地理数据集和地理信息服务从底层内容上实现标准化，并利用标准化这一手段来满足具体标准化实现的需求。ISO/TC 211 的标准化活动主要围绕两个中心点展开：一个是地理数据集的标准化；另一个是地理信息服务的标准化。为此，ISO/TC 211 已制定并发布了一系列标准和技术规范的综述性文件。这些标准可分为六组，各组中通用标准在前，相关的具体标准在后。

1. 地理信息标准化的基础框架标准

本组标准为后续的地理信息标准化工作提供了基础框架，具体包括：ISO 19101 描述开展地理信息标准化工作的标准化环境；ISO/TS 19103 为地理信息标准化确定了适合地理信息特点的概念模式语言，并说明了语言的使用方法；ISO/TS 19104 指出了定义地理信息领域术语的一套方法；ISO 19105 规定了描述地理信息产品和服务与 ISO/TC 211 标准符合程度的一般原则；ISO 19106 规定了如何构造 ISO/TC 211 标准的专用标准。

2. 地理信息数据模型标准

该组标准是以 ISO 19101 的域参考模型为基础建立的。这些标准提供了一系列抽象的概念模式，用于描述作为地理信息元素的基本要素组成，包括 ISO 19109、ISO 19107、ISO 19108、ISO 19123、ISO 19141、ISO 19137 等。

3. 地理信息管理标准

地理信息管理标准也建立在 ISO 19101 域参考模型的基础上，但与数据模型标准相比，本组标准注重于描述含有一个或多个要素实例的数据集，数据模型标准则是针对单一要素及其特征的。信息管理标准包括 ISO 19110、ISO 19111、ISO 19112、ISO 19113、ISO 19114、ISO 19115、ISO 19131、ISO 19135、ISO/TS 19127、ISO/TS 19138 等。

4. 地理信息服务标准

本组标准是建立在 ISO 19101 的架构参考模型上，用于规范地理信息服务，包括 ISO 19119、ISO 19116、ISO 19117、ISO 19125、ISO 19128、ISO 19132、ISO 19133、ISO 19134 等。

5. 地理信息编码标准

地理信息编码标准对支持系统间地理信息的交换是必不可少的，其组成包括

ISO 19118、ISO 6709、ISO 19136、ISO/TS 19139。

6. 特定专题领域标准

ISO/TC 211 早期的工作重点是制定标准，以支持所有地理信息应用需要的一系列能力，目前这项工作已完成，开始转向研发支持特定的专题应用领域的标准，首先制定和发布的是地理信息影像领域的标准，包括 ISO/TS 19101、ISO/TS 19115。

5.7.2　OGC 标准体系

OGC 是一个从事开放地理数据处理的非盈利组织，成立于 1994 年。它的成员包括与地理数据处理有关的政府部门、学术团体、开发和营销公司等组织和个人，其目标旨在共同参与制定软件规范和新的商业策略以解决地理数据互用性问题。OGC 期望地理空间数据和地理处理资源完全集成于主流计算，通过信息基础设施，使互操作地理处理软件和地理数据产品能广泛使用。

OGC 主要研究和制定开放地理数据互操作规范 OpenGIS(open geodata interoperability specification)，以便达到地理数据之间的互操作、可扩展性、技术公开性、可移植性、兼容性、可实现性和协同性的要求。OpenGIS 规范是一个全面的关于对地理数据和地理处理资源进行分布式访问的软件框架。OpenGIS 规范包括抽象规范和实现规范，它为所有的软件开发者提供了一个详细的公共接口模板，以便开发出来的软件能与其他软件开发者开发出的软件互用。OpenGIS 框架包括三个部分：开放地理数据模型、OpenGIS 服务和信息团体。

1. 抽象规范

1) 抽象规范的目的

抽象规范建立了一个概念模型，对地理信息领域的空间对象模型、地物要素及其特征与关系、参考系统、数据操纵与分发服务等进行规范化描述，从而建立了统一的空间数据的规范化描述标准。抽象规范包含两类模型：第一类模型是基本模型，它的目的是确定软件或对真实世界的系统设计的概念化连接，基本模型是一个关于世界怎样工作(或者应该怎样工作)的描述；第二类模型是抽象模型，抽象模型是一个软件应该怎样工作的描述。

2) 抽象规范的主题

OGC 有两个中心技术问题：贡献地理空间信息和提供地理空间服务。基于此 OGC 抽象规范被分成了若干主题，以便 OGC 的不同工作小组有针对性的研究，使各主题能够并行发展。当前抽象规范有 20 个主题，其中前 16 个主题及其关系如图 5-27 所示。

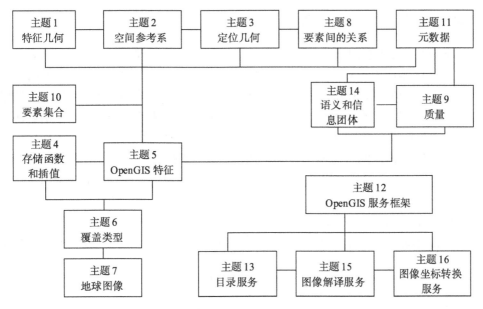

图 5-27　OGC 抽象规范主题之间的关系

图 5-27 中这些主题相互依赖，其中，主题 5、6、7 是以共享地理空间信息为中心，这 3 个主题都与处理和展示地理空间信息有关。主题 1、2、3、8 和主题 11直接支持主题 5、6、7。主题 12、13、15 和主题 16 与地理空间服务的提供有关。主题 9、10 和主题 14 虽然与地理空间联系不紧密，但这些主题对于地理空间信息的理解和存储是必要的。

除以上主题外，当前抽象规范还包括：主题 17 为基于位置服务，主题 18 为地理空间信息数字权限管理参考模型，主题 19 为地理空间信息线性参考，主题 20 为观测与测量以及一个领域，即主题-电信领域。

2. 实现规范

实现规范是基于抽象规范，为了实现软件工业标准应用编程接口的技术平台规范。当前 OGC 发布了超过 50 个实现规范，主要包括：网络服务通用实现规范、Web 地图服务(web map contents，WMC)、Web 地理要素服务(web feature services)、Web 地理覆盖服务(web coverage services，WCS)、样式层描述(styled layer descriptor，SLD)、面向 SQL 的简单要素实现规范、面向 CORBA 的简单要素实现规范、面向 OLE/COM 的简单要素实现规范、地理标记语言(GML)、Web地图瓦片服务(web map tile service，WTS)、Web 处理服务等。

5.7.3 我国国家地理信息标准体系

我国也十分重视国家地理信息的标准化工作。全国地理信息标准化技术委员会是在地理信息领域内从事全国性标准化工作的技术组织，负责地理信息领域的标准化技术工作。2006 年国家测绘局和国家标准化管理委员会印发了《国家地理信息标准化"十一五"规划》，2007 年全国地理信息标准化技术委员会印发了《国家地理信息标准化体系框架》，在这两个文件的基础上，国家测绘局、全国地理信息标准化技术委员会于 2008 年发布了"国家地理信息标准体系"。

"国家地理信息标准体系"是为了实现地理信息标准化的目标而制定的一整套具有内在联系的、科学的、由标准组成的有机整体。"国家地理信息标准体系"由通用类、数据资源类、应用服务类、环境与工具类、管理类、专业类和专项类共 7 大类、44 小类和其他相关标准组成，其体系框架如图 5-28 所示。从标准性质分为

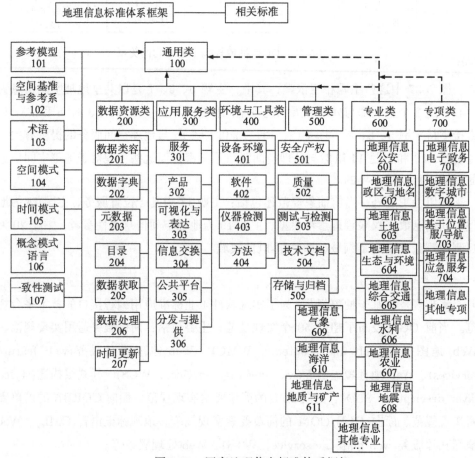

图 5-28　国家地理信息标准体系框架

三个层次，前五类标准为地理信息基础类(第一层)标准，支持专业类(第二层)和专项类(第三层)标准。与地理信息相关的专业类标准，是面向各专业领域对地理信息的需求，对地理信息基础类标准进行扩展和裁剪而形成的专项标准。地理信息专项类标准是面向各类与地理信息相关专项工程的需要，对基础类和专业类标准进行扩展和裁剪，形成专项用标准。

思考题

1. 什么是仿射变换？说明仿射变换的原理。

2. 简述常用的投影变换方法。

3. 说明空间数据的错误检查方法。

4. 什么是栅格数据的重采样？说明重采样的方法。

5. 举例说明道格拉斯-普克直线压缩算法的原理。

6. 举例说明空间数据误差的主要来源与质量控制方法。

7. 解释 OGC，并阐述 OpenGIS 标准框架。

第 6 章　空间数据存储与管理

空间数据储存与管理是地理信息技术的基础和核心，它贯穿于空间数据获取、处理、输出及应用整个过程。在空间数据采集后，需要通过数据库进行科学地组织与存储；在空间数据处理过程中，它既是数据资料的提供者，同时也是数据处理结果的归宿地；在空间数据检索和输出过程中，它是操作目标对象和生成绘图文件的数据源。值得注意的是，空间数据以其惊人的数据量及其空间结构的复杂性，使得其组织与管理方式与传统数据库系统具有很大不同。本章主要介绍空间数据常用组织管理方式、空间数据引擎、空间数据索引、空间数据库查询语言、基础地理数据库建立、长事务与版本管理、NoSQL 数据库等方面的技术和特点。

6.1　空间数据管理

6.1.1　矢量数据管理

1. 数据文件管理

数据文件管理是指将GIS中所有的数据都存放在自行定义的一个或者多个数据文件中，包括非结构化的空间数据和结构化的属性数据等。空间数据和属性数据两者之间通过标识码建立关联。这种数据管理方式与应用紧密相关，其解决方案仅适用于小项目，且更新范围不大，如基于AutoCAD的简单GIS系统。这种数据文件存储管理模式存在数据安全性低、难以共享等问题。

2. 文件-关系数据库混合管理

空间数据采用数据文件存储、属性数据采用关系数据库存储的GIS系统统称为混合系统(图6-1)。其中属性数据可以基于扩展的商业关系型数据库(图6-1(a))或者修改的关系数据库(图6-1(b))进行管理。图形与属性数据库之间通过唯一的标识符User-ID关联，这是传统GIS采用的管理模式。

混合数据模型早期由于属性数据库不提供高级编程语言的接口，空间数据由专门的GIS系统操作，属性数据由专门的数据库管理软件操作，空间数据和属性数据管理之间的用户界面难以统一。在GIS工作过程中，通常需要同时启动图形文件系统和关系数据库系统，甚至在两个系统间来回切换，使用起来很不方便。

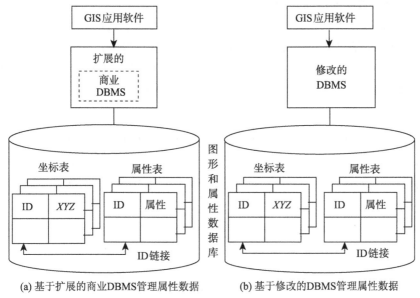

(a) 基于扩展的商业DBMS管理属性数据　　　　(b) 基于修改的DBMS管理属性数据

图 6-1　文件-数据库混合管理方式

　　随着数据库技术的发展，越来越多的数据库管理系统都提供高级编程语言接口，使得GIS可以在高级编程语言环境下直接操作属性数据。通过高级编程语言的对话框和列表框显示属性数据，或通过对话框输入SQL语言，用该语言与数据库的接口查询属性数据库，并在GIS的图形用户界面下显示查询结果。这种工作模式并不需要启动一个完整的数据库管理系统，用户甚至不知道何时调用了关系数据库管理系统，图形数据和属性数据的查询与维护完全可以在一个界面下完成。在开放性数据库连接协议(ODBC)推出之前，每个数据库厂商都提供有一套自己的与高级语言的接口程序，这样，GIS软件商就需要针对每个数据库开发一套与GIS连接的接口程序，因此往往在数据库的使用上受到限制。在ODBC推出之后，GIS软件商只需要开发GIS与ODBC的接口软件，就可以将属性数据与任何一个支持ODBC协议的关系数据库管理系统连接，无论是通过高级编程语言，还是通过ODBC与关系数据库连接，GIS用户都可以在同一个界面下处理图形和属性数据，比前面分开的界面要方便得多。

　　文件数据库混合数据方式具有代表性的产品是ESRI公司的Shape数据结构，.SHP文件进行空间数据的存储，.DBF采用FoxPro(或dBASE)数据库文件进行属性数据的存储，.SHX文件进行空间与属性数据的关联管理。还有早期的MapInfo地图，它采用多个数据文件管理，其中，.TAB文件是表头文件，进行基本的定义；.MAP文件进行空间数据的存储；.DAT文件进行属性数据的存储；.ID文件进行空间与属性数据的关联管理。

GIS混合数据管理的缺点：①图形数据和属性数据通过User-ID连接，使数据处理、查询的速度降低；②图形数据和属性分开存储，数据的安全性、一致性、完整性以及数据损坏的修复功能差；③数据分布和共享困难；④缺乏表达空间对象及其关系的能力。

3. 全关系数据库管理

在 GIS 全关系数据库管理模型下，图形数据和属性数据存储在同一个关系型数据库中，坐标和拓扑信息均存储在关系表中，属性数据存储在其他的关系表中，通过 User-ID 进行各个表之间的数据连接(图 6-2)，对于变长结构的图形数据，一般有两种方法处理(图 6-3)。

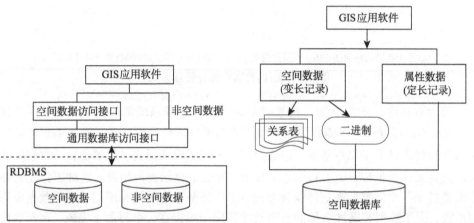

图 6-2　全关系数据管理方式　　　　图 6-3　全关系数据管理空间数据处理方式

(1) 对变长记录的空间几何数据进行关系范式分解，分解成定长数据表进行存储管理。

(2) 将空间几何数据的变长部分采用二进制的数据块 BLOB(binary large object)存储。目前，商用大型数据库基本上都提供二进制的数据块字段，以方便对声音、图形、图像、流文件等多媒体信息的数据库进行存储管理。如 Oracle 的 LongRaw、SQL Server 的 Image 数据类型等。对于图像、声音、视频、音频等多媒体信息，一般采用二进制 BLOB 方式存储，当然几何实体、文件等信息也可采用二进制方式存储。

4. 面向对象数据库管理

为了克服关系型数据库管理空间数据的局限性，提出了面向对象数据模型，并依此建立了面向对象数据库。理论上，面向对象模型非常适合空间数据的表达和管理，它不仅支持变长记录，同时还支持对象的嵌套、信息的继承与聚集。面向对象的数据库管理系统允许用户自行定义对象及其数据结构和操作，可以通过在面向对象数据库中增加处理和管理空间数据功能的数据类型以支持空间数据，包括点、线、面等几何体，并且允许定义对于这些几何体的基本操作，包括计算距离、检测空间关系，甚至稍微复杂的运算，如缓冲区分析、叠加分析等，也可以由对象数据库管理系统"无缝"地支持。也出现了面向对象的 GIS 系统，如 GDE 等，但由于面向对象的空间数据库管理系统还不够成熟，并且价格相对昂贵，目前在 GIS 领域还不太通用。相反，基于对象-关系的 GIS 数据库管理系统将是当前 GIS 空间数据管理的主流方式。

　　5. 对象-关系数据库管理

　　直接采用通用的全关系型数据库管理空间数据效率不高，而非结构化的空间数据又十分重要。另外，对于数据库应用程序来说，由于面向对象的数据库技术及数据组织模型尚未成熟，开发者无法轻易地在关系数据库和面向对象数据库之间舍此取彼，从而产生了一种折衷的方案，即对象-关系型数据库(ORDB)。该管理方式是由数据库软件商在关系数据库管理系统中进行扩展，使之能够直接存储和管理非结构化的空间数据，如 IBM 提供的 DB2 Spatial Extender 和 Informix Spatial Datablade 以及 Oracle 公司提供的 Oracle Spatial。但这些系统在技术、范围及功能方面与 GIS 系统不同，只能进行空间数据的存储、简单查询与管理，在具

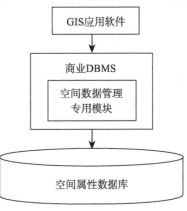

图 6-4　对象-关系数据库管理模式

体使用时还需要与 GIS 系统相结合，各自直接完成最擅长的任务(图 6-4)。

　　6. 分布式数据库管理

　　GIS 服务概念的出现以及现代网络技术的发展使分布式数据库成为可能，最为典型的是 Google 地图数据库的全球分布。

　　分布式空间数据库管理是由若干个站点集合而成，这些站点又称为结点，它们通过网络连接在一起。每个结点都是一个独立的空间数据库系统，它们都拥有各自的数据库和相应的管理系统及分析工具，整个数据库在物理上存储于不同的设备上，而在逻辑上则是一个统一的数据库。在应用时，用户可以不考虑数据存储的具体物理位置，就像使用集中式数据库一样来访问分布式数据库(图 6-5)。

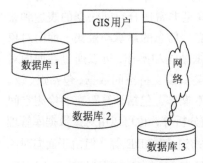

图 6-5 分布式数据库管理模式

分布式空间数据库管理具有如下特点：①在分布式数据库系统里不强调集中控制概念，它具有一个以全局数据库管理员为基础的分层控制结构，但是每个局部数据库管理员都具有高度的自主权。②数据独立性。在分布式数据库系统中，数据独立性除具有逻辑独立性和物理独立性之外，还有数据分布独立性，即分布透明性。尽管数据库可能位于不同的物理结点，但用户看到的是一个完整的统一的数据库，即逻辑数据库，可以很方便地访问逻辑数据库中的任何数据，而不需关心所需要的数据是存储在哪一个站点上。③适当的数据冗余。与集中式数据库系统不同，数据冗余在分布式系统中被看做是所需要的特性。首先，如果在需要的结点复制数据，可以提高局部的应用性；其次，当某结点发生故障时，可以操作其他结点上的复制数据，这可以增加系统的有效性。

6.1.2 栅格数据管理

遥感影像、数字高程模型、数字正射影像作为 GIS 的主要数据源，在可视化和地理分析上具有巨大优势。遥感影像数据具有获取实时、方便、经济等优点。目前，大部分 GIS 软件都支持栅格数据的分析以及栅格数据与矢量数据的叠合显示与分析。遥感影像、DEM、DOM 等栅格数据的数据结构一致。下面以遥感影像为例，说明采用数据文件管理以及全关系数据库管理的方法。

1. 数据文件管理

目前，大部分 GIS 与遥感软件均采用数据文件的方式对遥感影像进行管理。如 ERDAS 的.IMS 文件、.TIF 文件既可在遥感软件中管理，也可在 ArcGIS 等 GIS 软件中使用，遥感影像除图像数据文件外，还需要图像元数据文件的支持，如图像的类型、波段情况、拍摄日期、比例尺、分辨率、纵横像元数等(图 6-6)。

与矢量数据文件管理一样，文件管理的模式存在数据安全和数据共享等问题。为方便影像数据的管理，经常把元数据存储在关系数据库中，影像文件还是采用数据文件的方式进行管理，并把影像的路径、名称、影像扩展名等信息也存储到关系数据库中(图 6-7)，如通过这种影像管理方式，提高了影像的查询检索效率。在 ArcGIS Geodatabase 数据库中，可以将栅格数据作为要素类的属性进行存储，其中栅格采用数据文件的方式进行管理，而在要素类关系表的属性中记录栅格数据的路径、名称、影像扩展名等相关信息。

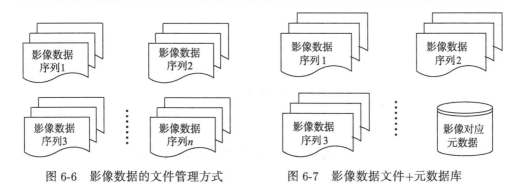

图 6-6　影像数据的文件管理方式　　　　　图 6-7　影像数据文件+元数据库

2. 数据库管理方式

由于采用数据库管理数据具有数据安全、共享以及数据恢复机制良好等优点，并在矢量数据的管理中获得成功，因此，越来越多的 GIS 用户采用关系型数据库来对栅格数据进行管理。

影像数据的数据库存储管理方式与矢量数据一致，采用 BLOB 二进制数据块对影像数据进行存储。常规的数据表管理元数据是通过开发应用程序接口来访问数据库中的影像数据，从而解决影像数据的存储和管理问题。在 ArcGIS Geodatabase 数据库中，可以通过 Access 关系表将栅格数据作为栅格目录表(raster catalog)或栅格数据集(raster dataset)来存储。栅格数据集表现为连续的单幅数据；而栅格目录表则是多个栅格的集合。

6.1.3　地图切片与影像金字塔管理

地图切片与影像金字塔的思想来源于层次细节(level of details，LOD)模型。地图切片是指将大幅影像切片分为大量相同分辨率的切片图，用户每次查看影像时，实际只对少量的切片图进行操作了，这样就大大提高了计算机的性能。在网络应用中，则降低了服务器的压力。而影像金字塔是在同一空间参照下，根据用户需要以不同的分辨率进行存储和显示，形成分辨率由粗到细、数据量由小到大的金字塔结构。这种结构有利于图像在移动和缩放过程中的快速显示，在很多软件中普遍应用。例如，使用 ArcMAP 打开栅格数据时，系统默认会建立影像金字塔结构。

通常情况下，会将地图切片与影像金字塔结合在一起使用，形成地图切片与影像金字塔结构(图 6-8)。当然，这种结构并不仅仅针对影像，而是所有的栅格图都适用，也同样适用于栅格化后的矢量图。

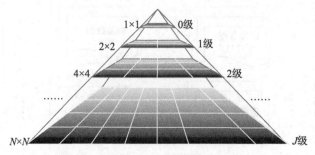

图 6-8　地图切片与影像金字塔结构

　　使用地图切片与影像金字塔结构，通常也被称为使用地图缓存，它能够合理地调整地图的可视化效果。例如，用户在查看大范围视图的时候，显示等级较低的数据，即显示分辨率较低的数据；查看细节的时候，则直接显示等级较高的数据，即显示分辨率较高的数据，并尽量保持数据的完整状态。这就使数据在快速显示的同时，保持地图的清晰可见。该方法能够大大减少数据访问量，用户在查看地图时无需重新渲染，减少了客户端完成每帧地图显示的时间，提高了系统的输入输出效率，从而能够提升系统的整体性能。

　　通常情况下，地图切片与影像金字塔的组织被认为是四叉树的组织结构，即金字塔级别每提高一个级别，就要用较高分辨率的 4 张地图切片来替代原来较低分辨率的 1 张地图切片，如图 6-9 所示。但实际上，只有在金字塔各个相邻级别的比例尺关系都为 1:2 且每个级别的切割范围都一致的情况下，即这种四叉树结构。而在实际应用中，比例尺会从 1:5 万过渡到 1:2 万的情况，该相邻级别的比例尺关系为 2:5，此时的四叉树结构不成立。所以在大多数的地图切片与金字塔结构组织中，不是使用四叉树的组织结构，而是使用 X-Y-Z 的立体坐标系组织结构。

　　X-Y-Z 的立体坐标系组织结构是将影像金字塔级别定义为 Z，把地图切片按照 X-Y 方向进行排序(图 6-10)，这种组织方式更容易满足实际的应用，而且结构简单

图 6-9　地图四叉树结构

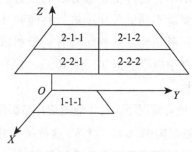

图 6-10　地图 X-Y-Z 组织结构

易懂。目前，ArcGIS Server 中的地图缓存机制以及 Google Map、Bing Map 等网络地图系统，均使用该方式进行数据组织。

6.2 空间数据引擎

6.2.1 空间数据引擎的概念

由于关系数据库软件无法直接存储和管理复杂的地理空间数据，并且不支持空间关系运算和空间分析等 GIS 功能，因此，GIS 软件厂商在纯关系数据库管理系统的基础上开发了空间数据管理的引擎。空间数据引擎(spatial database engine, SDE)是用来解决如何在关系数据库中存储空间数据，使空间数据实现真正的数据库方式管理，建立空间数据服务器的方法。空间数据引擎是用户和异种空间数据库之间一个开放的接口，它是一种处于应用程序和数据库管理系统之间的中间件技术。用户可通过空间数据引擎将不同形式的空间数据提交给数据库管理系统，由数据库管理系统进行统一管理，同样，用户也可以通过空间数据引擎从数据库管理系统中获取空间类型的数据来满足客户端操作需求。目前，GIS 软件与大型商用关系型数据库管理系统(RDBMS)的集成大多采用空间数据引擎来实现。使用不同 GIS 厂商数据的客户可以通过空间数据引擎将自身的数据提交给大型关系型 DBMS，由 DBMS 统一管理。同样，客户也可以通过空间数据引擎提供的用户和异构数据库之间的数据接口，从关系型 DBMS 中获取其他类型的 GIS 数据，并转化成客户端可以使用的方式。空间数据引擎已成为各种格式的空间数据出入大型关系型 DBMS 的转换通道。

空间数据引擎提供空间数据管理及应用程序接口，是客户-服务器的两层架构软件，它可以对空间数据进行存储、管理，以及快速地从商用数据库中，如 Oracle、Microsoft SQL Server、IBM DB2 和 Informix 等，获取空间数据。SDE 是一种伸缩性比较好的解决方案，无论是小的工作组还是大型企业，都可以很方便地对空间属性数据进行整合。在不同的 DBMS 中，空间数据引擎所起的作用也不一样。对传统关系型 DBMS(如 Oracle、MS SQL Server、Sybase)来说，由于它们不支持空间数据类型，因此空间数据引擎的作用是对空间数据进行模拟存储和分析。对此，空间数据在 RDBMS 中实际上采用基本数据类型进行存储，如数值型、二进制型。但是，随着扩展型 DBMS 的出现，在 DBMS 中可以定义抽象数据类型，用户利用这种能力可以增加空间数据类型及相关函数。因此，空间数据类型与函数就从应用服务层转移到了数据库服务层。

具体来说，空间数据引擎有以下作用：①与空间数据库联合，为任何支持的用户提供空间数据服务。②提供开放的数据访问，通过 TCP/IP 横跨任何同构或异构网络，支持分布式的 GIS 系统。③SDE 对外提供了空间几何对象模型，用户可以在此模型基础之上建立空间几何对象，并对这些几何对象进行操作。④快速的数据提取和分析。SDE 提供快速的空间数据提取和分析功能，可进行基于拓扑的查询、缓冲区分析、叠加分析、合并和切分等操作。⑤SDE 提供了连接 DBMS 数据库的接口，其他的一切涉及与 DBMS 数据库进行交互的操作都是在此基础上完成的。⑥与空间数据库联合可以管理海量空间信息，SDE 在用户与物理数据的远程存储之间构建了一个抽象层，允许用户在逻辑层面上与数据库交互，而实际的物理存储则交由数据库来管理。数据的海量是由空间数据管理系统来保障的。⑦无缝的数据管理，实现空间数据与属性数据统一存储。传统的地理信息的存储方式是将空间数据与属性数据分别存储，空间数据因其复杂的数据结构，多以文件的形式保存，而属性数据多利用关系数据库存储。SDE 涉及空间属性数据在 DBMS 中如何存储及管理，通过 SDE，可以把这两种数据同时存储到数据库中，实现空间属性数据一体化管理，保证了更高的存储效率和数据完整性。⑧并发访问，SDE 与空间数据库相结合，提供空间数据的并发响应机制。用户对数据的访问是动态、透明的。

SDE 一方面可以实现海量数据的多用户管理、数据的高速提取和空间分析，以及同开发环境良好的集成和兼容，同应用系统的无缝嵌入；另一方面，它屏蔽掉了不同数据库和不同 GIS 文件格式之间的壁垒，实现了多源数据的无缝集成，从而为最终实现 GIS 的互操作提供一种有效途径。

6.2.2　空间数据引擎工作原理

空间数据引擎的工作原理如图 6-11 所示，空间数据引擎在用户和异构空间数据库的数据之间提供了一个开放的接口。它是一种处于应用程序和数据库管理系统之间的中间件技术，SDE 客户端发出请求，由 SDE 服务器端处理这个请求，转换为 DBMS 能处理的请求事务，由 DBMS 处理完相应的请求，SDE 服务器端再将处理的结果实时反馈给 GIS 的客户端。客户可以通过空间数据引擎将自身的数据交给大型关系型 DBMS，由 DBMS 统一管理；同样，客户也可以通过空间数据引擎从关系型 DBMS 中获取其他类型的 GIS 数据，并转换成为客户端可以使用的方式。大型关系型数据 DBMS 已经成为各种格式不同的空间数据的容器，而空间数据引擎成为空间数据出入该容器的转换通道。在服务器端，由 SDE 服务器处理程序，关系数据库管理系统和应用数据。服务器在本地执行所有的空间搜索和数据提取工作，将满足搜索条件的数据在服务器端缓冲存放，然后将整个缓冲区中的数据发往客户端应用。这种在服务器端处理并缓冲的方法大大提高了效率，降低了网络负载，这在应用操作数据库中成百上千的记录时是非常重要的。SDE 采用协作处理方式，处理既可以在 SDE 客户端，也可在 SDE 服务器端，取决于具体的处理在哪端更快。客户端应用则可运行多种不同的平台和环境，去访问同一个 SDE 服务器和数据库。

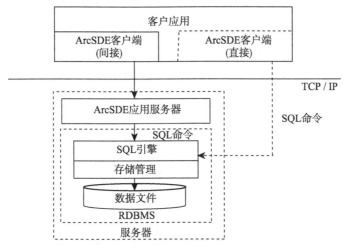

图 6-11　空间数据引擎的工作原理

　　SDE 服务器端同时可为多个 SDE 客户端提供并发服务，关键在于客户端发出请求的多样性，可以读取数据、插入数据、更新数据、删除数据。读取数据本身就包括查询、空间分析功能，而插入数据、更新数据和删除数据不仅包括从普通空间数据文件导入空间数据库的情形，还可能涉及多用户协同编辑的情形。从功能上看，SDE 最常用的功能就是提供空间数据访问和空间查询。

　　在多用户并发访问(如协同编辑)的情况下，可能会产生冲突，SDE 必须处理可能出现的所有并发访问冲突。SDE 服务器和空间数据库管理系统一起，为客户端提供完整的、透明的数据访问。

　　SDE 存储和组织数据库中的空间要素的方法是不同类型空间数据加到关系数据库中，不改变和影响现有的数据库和应用，它只是在现有的数据表中加入图形数据项，供软件管理和访问与其关联的空间数据，SDE 通过将信息存入层表来管理空间可用表。对空间可用表，可进行数据查询、数据合并，也可以进行图形到属性或属性到图形的查询。

　　SDE 管理空间数据的实现方法，通过以下要素来实现。地理要素可以是自然的(如河流、植被)，也可以是人为子集(如用地范围、行政区域)或人造设施(如道路、管线、建筑)等。SDE 中的地理要素由其属性和几何形状——点、线和面组成。SDE 也允许 "空 Shape"。"空 Shape" 没有几何形状，但有属性。点用于定义离散的、无面积或长度的地理要素，如大比例尺地图上的水井、电线杆，以及较小比例尺地图上的建筑甚至城市等。"点 Shape" 可有一个或多个点，含多个点的 Shape 称为 "多点 Shape"。"多点 Shape" 表示一组不相连的坐标点。"线 Shape" 用于表示街道、河流、等高线等地理要素。SDE 支持简单线(simple line)和线(line)两种类型的 "线 Shape"。简单线可分为几个部分以表示不连续的 Shape，用于表示带分支的河流和街道。线是像公共汽车线路那样的图形，该图形有自我交叉或重复。"面(或多边形)Shape" 是一组封闭的图形，如国家、地区、土地利用情况、土壤类型等。面可以是简单多边形或带岛的多边形。

1) 坐标

SDE 用 X、Y 坐标存放图形。点由单一 (X, Y) 坐标记录；线由有序的一组 (X, Y) 坐标记录；面由一组起始结点和终止结点相同的线段对应的 (X, Y) 坐标记录。SDE 还允许以 Z 值来表示 X、Y 点处对应的高度或深度。因此，SDE 的图形可以是二维的 (X, Y)，也可以三维 (X, Y, Z)。SDE 对每种类型的图形都有一组合法性检查规则，在该图形存入 RDBMS 之前，需检查其几何正确性。

2) 度量

度量表示沿着一个地理要素上某些给定点处的距离、时间、地址或其他事件，除了空图形外，所有的图形类型都可以加上度量值。而度量值与图形坐标系无关。

3) 注记

对 SDE 数据模型而言，注记是与图上的要素或坐标相关联的文字(串)，使要素属性存于数据库中与其相关的一个或多个属性表中。与图上地理要素或坐标无关的文字、图形，如地理坐标、比例尺、指北针等，SDE 不将其存入数据库中。

6.2.3 ArcSDE 空间数据引擎

ArcSDE 是 ArcGIS 软件家族中的一员，是一个空间数据库中间件技术。ArcSDE 以数据库为后台存储中心，为前端的 GIS 应用提供快速的空间数据访问，海量数据的快速读取和数据存储的安全高效是 ArcSDE 的重要特征。ESRI 公司早年就已经开始研究空间数据库解决方案，并于 1994 年发布了 ArcSDE 的前身产品——SDE，并在过去的时间里不断更新和改进 ArcSDE 软件。2001 年，ArcSDE 被纳入 ArcGIS 软件家族系列。作为空间数据库的解决方案，ArcSDE 可以存储海量数据，并整合 Geodatabase 的功能，是存储地理数据及其行为的一个 "智能" 数据库解决方案。一直以来，ArcSDE 都是空间数据库的首选解决方案。

ArcSDE 的空间数据库连接分为两种(图 6-11)：应用服务器连接和直接连接。应用服务器(application server)连接是一种通用连接方式，可以使用 ArcGIS 的客户端应用程序 ArcCatalog 来建立连接；直接连接是跳过 ArcSDE，直接使用 ArcGIS 的客户端软件连接数据库，这种方式需借助 ArcGIS 客户端应用程序以及包含的 ArcSDE 的部分功能。同样可以使用 ArcGIS 的客户端应用程序 ArcCatalog 来建立连接。

采用 ArcSDE 管理地理数据，使 ArcGIS 的共享、安全、维护和数据处理能力大大超过老一代地理信息系统。ArcSDE 有以下五个比较明显的特点。

(1) ArcSDE 是 ArcGIS 专用的地理数据共享服务器。它采用数据库技术和 Client/Server 体系结构，地理数据以记录的形式存储，数据可以在整个网络上共享。

(2) ArcSDE 是一个高效的地理数据服务器。它利用数据库的强大的数据查询机制，可以实现在多用户条件下的高效并发访问。

(3) ArcSDE 可以管理海量的无缝地理数据。数据库强大的数据处理能力加上 ArcSDE 独特的空间索引机制，使得每个数据集的数据量不再受到限制，因此 ArcSDE 可以处理海量的无缝地理数据。

(4) ArcSDE 是一个地理数据事务处理系统。ArcSDE 使用版本管理技术，数据库中可以存储多个版本的数据，版本之间的树型继承关系仅仅记录了与其他版本的区别，各个版本可以独立地编辑和运行。

(5) ArcSDE 是一个安全的地理数据库。ArcSDE 采用了数据库技术，利用数据库的安全手段，使地理数据更安全、更有保障。通过对数据库的备份可以备份地理数据，也可以通过 ArcSDE 的数据备份功能来备份 ArcSDE 的数据。

6.3　空间数据索引

空间索引是空间数据库和 GIS 中的一项关键技术，其性能的高低决定了整个空间数据库和 GIS 项目的整体效率。空间索引就是根据空间对象的位置和形状或空间对象间的某种空间关系，按一定的顺序排列的一种空间数据结构，其中包含了空间对象的概要信息，如对象的标识、外接矩形及指向空间对象实体的指针。作为一种辅助性的空间数据结构，空间索引介于空间操作算法和空间对象之间，它通过筛选，使大量与当前或特定空间操作无关的对象被排除，从而提高了空间操作的速度和效率。

传统的数据库索引技术有 B 树、B+树、二叉树、ISAM 索引、哈希索引等，这些技术都是针对一维属性数据的主要关键字索引而设计的，并不能直接应用于空间数据库的索引技术上。因此，设计高效的针对空间目标位置信息的索引结构与检索算法，成为提高空间数据库性能的关键所在。

6.3.1　实体范围索引

在记录每个空间实体的坐标时，应同时记录包围每个空间实体的外接矩形的最大坐标和最小坐标。这样，在检索空间实体时，根据空间实体的最大范围和最小范围，预先排除那些没有落入检索窗口内的空间实体，仅对那些外接矩形落在检索窗口内的空间实体做进一步地判断，从而检索出那些真正落入窗口内的空间实体。在图 6-12 所示的查询窗口中，对索引空间实体的外接矩形最大坐标和最小坐标进行落入判别，其中空间实体 B(房屋多边形)完全落入查询窗，从空间数据库中提取 B 的相应数据。

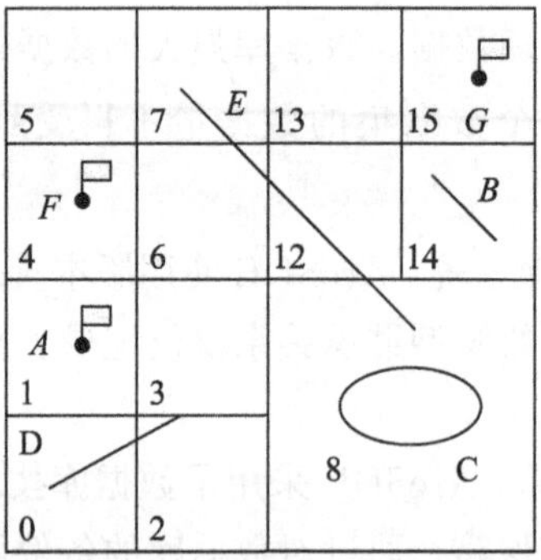

Morton 码	边长	实体
0	4	E
0	2	D
1	1	A
4	1	F
8	2	C
14	1	B
15	1	G

图 6-12　基于实体范围的空间索引

对外包络矩形进行索引的方法有多种，在 SDE 中最简单、直接的方法就是利用关系数据库的索引方法来索引外包络矩形。建立的矩形范围索引 SQL 模型如下所示(假设空间要素的外包络矩形坐标用 XMIN，XMAX，YMIN，YMAX 表示)：

CREATE INDEX id_rect ON owner. GeoObjTb1(XMIN，XMAX，YMIN，YMAX)

(1) 假设给定查询范围为矩形，其坐标为(gxmin, gxmax, gymin, gymax)，查询矩形范围相交的空间要素(包括矩形范围内的空间要素和与矩形范围边界相交的空间要素)。

利用矩形范围索引初次过滤的 SQL 模型为

SELECT id0 from owner.GeoObjTb1 WHERE((gxmin<=XMAX AND gxmin>

=XMIN) OR (gxmax<=XMAX AND gxmax>=XMIN)) AND ((gymin<=YMAX AND gymin>=YMIN) OR (gymax<=YMAX AND gymax>=YMIN))

(2) 假设给定查询范围为矩形，坐标为 (gxmin，gxmax，gymin，gymax)，查询仅在矩形范围内的空间要素(不包括与矩形范围边界相交的空间要素)。

利用矩形范围索引初次过滤的 SQL 模型为

SELECT id0 from owner.GeoObjTb1 WHERE((gxmin<XMAX AND gxmin>XMIN) OR (gxmax<XMAX AND gxmax>XMIN)) AND ((gymin<YMAX AND gymin>YMIN) OR (gymax<=YMAX AND gymax>=YMIN))

这一索引方法并没有建立真正的空间索引文件，而是在空间对象的数据文件中增加了其最大和最小窗口坐标，检索过程主要依靠空间计算来实现。在这种方法中仍然要对整个数据文件的空间实体进行检索，只是有些实体可以直接判别加以排除，而有些实体则需要进行复杂的计算才能判别，仍然要花费大量的时间进行空间检索。但是随着计算机的速度越来越快，这种方法也能满足一般的查询检索对效率的要求。

6.3.2 格网索引

格网索引的基本思想是将覆盖整个研究区的范围按照一定的规则分成大小相等的格网，然后记录每个格网内所包含的地理实体，而没有包含地理对象的格网，在索引中没有出现该编码，即没有该条记录。如果一个格网中包含多个地物，则需要记录多个对象的标识。当用户进行空间查询时，首先计算出用户查询的对象所在的格网，然后再在该格网中快速查询所选的地理实体，这样就大大加快了空间索引的查询速度。

最简单的存储多维点的方法就是利用固定格网存取结构(如经度-纬度格网)，固定格网方法将搜索空间划分为同等大小的 $m \times n$ 格网，每个格网与一个磁盘页面相对应。当与格网 c 对应的矩形框包含一个点时，称该点属于格网 c。映射到 c 的对象连续存放在 c 对应的磁盘页面中，当某个格网中存储的对象数大于其所能存储的最大数目时，将会产生溢出页面。

下面以 "矩形框中点对象的查询" 为例说明格网索引的过程(图 6-13)。

首先，为这个点图层建立格网索引；然后确定查询矩形框所覆盖的格网，将这些格网所包含的点 a、b、c、d、e、f、g 取出，并将 7 个点 a、b、c、d、e、f、g 分别与查询矩形进行包含比较；最后将符合条件的 c、e、f 3 个点作为查询结果返回。

如果不建立格网索引，要判断哪些点在这个查询矩形选择框内，就要对整个图层所有的点与查询矩形进行包含比较。相比之下，建立格网索引其效率要提高很多。固定格网索引原理简单、操作简洁、可直接访问，在涉及数据量不大、不需要进行复杂的索引操作时，具有一定的适用性。但在建立索引前需要预知空间目标所覆盖的范围，可维护性差。此外，固定格网对点对象的索引很有效，但对大一点的线、面对象，存在索引的冗余。

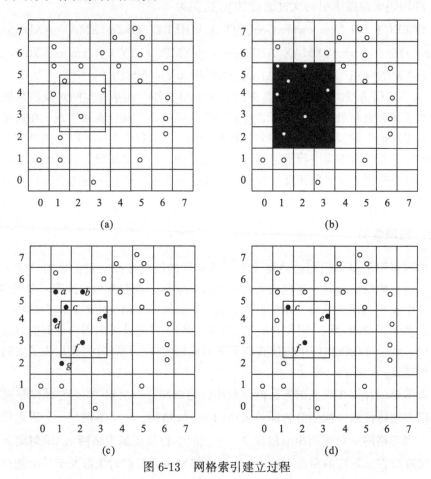

图 6-13　网格索引建立过程

格网划分的精细程度也是影响索引性能的重要因素：格网划分粗了，小对象不能精确定位，一个格网内可能包含多个地理对象，搜索精度不高；格网划分细了，虽然提高了搜索精度，但是一个对象可能存在了多个格网中，导致冗余严重。

对于空间图形复杂的系统，可采用三级格网来保证其索引性能。有实验表明，通常三级格网足以保证其空间索引的性能最优。ArcSDE 也提供了三级空间索引格网，其中第一级格网是必需的，它的格网尺寸最小；而第二级和第三级是可选的，它们的格网可以通过设置为 0，使其无效。如果有效，第二级格网大小必须至少是第一级格网的 4 倍，第三级格网的大小也必须至少是第二级格网的 4 倍。

在格网索引方式下，格网单元划分的大小是影响空间索引的重要因素。格网单元划分得越细，搜索的精度就越高，但冗余也会越大，耗费的磁盘空间和搜索时间也越长，反而不利于数据的索引和检索。

6.3.3　四叉树索引

四叉树空间索引的基本原理是将已知范围划分成 4 个相等的子空间，将每个或其中几个子空间继续按照一分为四的原则划分下去，使每个子块中包含单个实体，这样就形成了一个基于四叉树的空间划分。

1. 点四叉树

点四叉树是针对空间点的存储和索引提出的。对应于 k 维数据空间，点四叉树的每个结点都隐式地与一个索引的空间对应，其除了存储当前结点地点空间信息之外，还存储了指向 $2k$ 个(以该点为分解点，将其对应索引空间分解为两两不相交的 $2k$ 个子空间)子结点的指针，依次与相应的子空间对应，且在其上面建立索引子树。图 6-14 是二维空间的点四叉树的例子，它的生成过程如下：

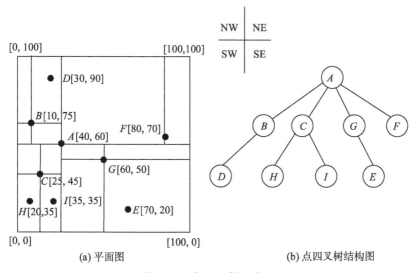

(a) 平面图　　　　　　　　　　　　　(b) 点四叉树结构图

图 6-14　点四叉树示意图

(1) 读取空间点 A，此时四叉树为空，因此 A 作为树的根结点，同时以 A 为划分点，将数据空间划分为 4 个子空间，依次为 A 的 4 个子结点对应的子空间。

(2) 读取空间点 B，B 与树根结点 A 进行比较，B 落入 A 的 NW 区域且 A 的 NW 子结点为空，因此 B 作为 A 的 NW 子结点插入树中。同理空间点 C、F 分别作为 A 的 SW、SE、NE 子结点插入四叉树中。

(3) 读取空间点 D，D 先与树根结点 A 比较，D 落入 A 的 NW 区域内，由于结点 A 的 NW 子结点非空，于是继续往下查找，此时 D 继续与空间点 B 进行比较，D 落入 B 的 NE 区域且 B 的 NE 子结点为空，因此，D 作为 B 的 NE 子结点插入四叉树中。其余点以类似方式插入树中，所构造的四叉树结构如图 6-14(b) 所示。

点四叉树插入空间点比较简单，但是删除一个空间点时，该点对应的所有结点必须重新插入，导致效率低下。对于精确匹配的点查找，查找路径唯一，查找效率高；对于区域查询，则性能较差。此外，点四叉树结构简单，但是建立的索引结构动态性差，且索引树的平衡性很难控制；同时空间利用率不高，每个结点必须存储 $2k$ 个指针，尽管里面包含大量的空指针。当 k 值较大时，空间存储的开销呈指数级增长，明显降低了空间利用率。

2. 线性四叉树与层次四叉树

线性四叉树采用十进制 Morton 码(或 Peano 码)来表示四叉树的大小和层数(图 6-15)。

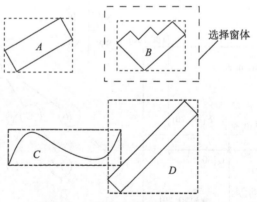

图 6-15　线性四叉树索引示意图
注：虚线为范围线，实线为选择窗体

在图 6-15 中，空间实体 E 的外接矩形范围很大，涉及由结点 0 开始的 4×4 个结点，所以在索引表的第一行，Morton 码为 0(表示涉及整个区域)，边长为 4，实体标识符为 E；空间实体 D 虽然仅涉及 Morton 码为 0 和 2 的两个格网，但对四叉树来说，它涉及 0、1、2、3 这 4 个结点不可再分割，因此它需要 2×2 的结点来表达；同理，实体 C 也需要用 2×2 的结点来表达；而点状物体 A、F、G 本身就没有大小，直接使用最低一级的结点来表示。因此，就可建立 Morton 码与空间实体的索引关系。在进行空间数据检索和提取时，根据 Morton 码和边长就可以检索出某一范围内的对象。

使用层次四叉树建立空间数据的索引的方法与线性四叉树基本相同，但是它需要记录不同层次结点间的指针，建立索引和维护都较困难。

3. 区域四叉树

针对点四叉树的动态性差、结构完全由顺序决定的缺点，有人提出采用 MX 四叉树和 PR 四叉树来索引多维空间的点。

区域四叉树的每个结点隐式地对应一个索引空间，根结点对应整个空间，然后在其上面对其进行嵌套式的四叉分解，每个结点的子结点对应分解后的子空间。值得一提的是，区域四叉树的中间结点并不存储空间点信息，而仅仅存储所有分解子空间的指针。

1) MX 四叉树

MX 四叉树根结点对应的索引空间为整体的索引区域。对于 k 维空间而言，MX 索引树从根结点开始对整个索引区域重复地进行 2^k 次四叉树等分，每个分解后的子空间，称为象限。MX 索引树重复地分解，直到所有的空间点都位于某个最小粒度的象限的最左下角。由此，空间中的每一点都属于某个特定的象限，即一个象限均和一个空间点相关联。

如图 6-16 所示，MX 四叉树的所有空间点都位于叶子结点，树形具有很强的平衡性。若采用线性的存储结构，则相对于二叉查找树，它可以避免空指针域的存储，提高空间利用率，但是它在插入和删除空间数据点时，会影响树的深度，因此需要对部分叶子结点重新定位。由于它的性质，决定了 MX 四叉树的深度较大，从而降低了查询效率。

2) PR 四叉树

PR 四叉树的原理与 MX 四叉树的原理基本一致。其区别在于 PR 四叉树中的数据点被包含于某个象限之内，而不是位于某个象限的最左下角。

图 6-17 所示是 PR 四叉树的一个例子，从图中可以看出，其叶子结点不一定在同一层次，PR 四叉树从根结点开始，嵌套式地分解整体索引空间，直到某个四分的子空间包含空间点为止。这个性质使得它的叶子结点和树的深度明显小于 MX 四叉树，同时提高了索引的效率。

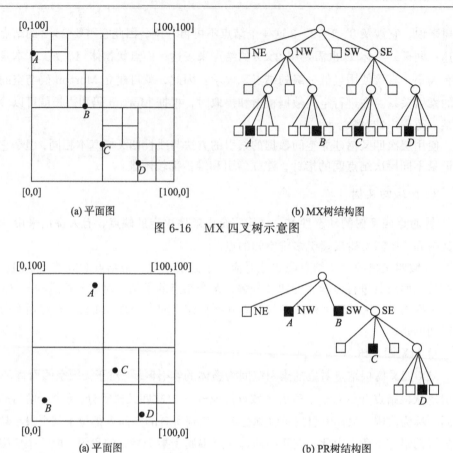

(a) 平面图   (b) MX树结构图

图 6-16   MX 四叉树示意图

图 6-17   PR 四叉树示意图

4. 基于四叉树的空间数据库索引技术分析

四叉树建立在区域循环分解的基础上，是一种结构清晰的层次型索引技术，具有聚集空间目标的能力。大区域的空间数据项在四叉树中存在着多次重复存储的问题。四叉树对索引空间进行循环四叉分解的力度，决定了四叉树的深度(即层次)。当索引大量的空间数据时，若四叉树的深度过小，将会导致查找性能的降低；若四叉树的深度过大，将会导致空间数据重复存储的现象恶化，进而降低索引的效率。

6.3.4   其他索引

1. KD 树

KD 树是 $k(k \geqslant 2)$ 维的二叉查找树(binary search tree，BST)，它主要用于索引

多属性的属性或多维点数据。与二叉查找树不同的是，KD 树的每个结点表示多维空间中的一个点，并且树的每一层都根据这层的分辨器(discriminator)作出分支决策。KD 树的第 i 层分辨器定义为：$i \bmod k$(树的根结点所在层为第 0 层，根结点的子结点所在层为第 1 层，第 2 层……以此递增)。

简而言之，KD 树或者是一个空树，或者是一个具有下列性质的二叉树。

(1) 若它的左子树不空，则左子树上所有结点的第 d 维的值均小于它的根结点的第 d 维的值(d 维根结点的分辨器值)。

(2) 若它的右子树不空，则右子树上所有结点的第 d 维的值均大于或等于它的根结点的第 d 维的值(d 为根结点的分辨器值)。

(3) 它的左右子树也分别为 KD 树。

图 6-18 是一维空间的 KD 树的例子。根结点 A 的分辨器的值为 0(x 轴)，其左子树的所有数据点(B,C,D)的 x 维的值都比 A 的 x 维值 40 小，其右子树的所有数据点(E,F)的 x 维的值都大于 40。结点 B 的分辨器的值为 1(y 轴)，则其左子树的数据点(C)的 y 维值比 B 的 y 维值 75 小，右子树的数据点 D 的 y 维值大于 75。

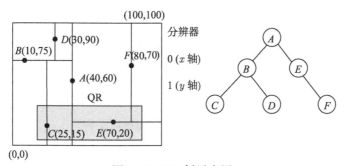

图 6-18　KD 树示意图

KD 树是为索引空间点和多属性数据而提出的，如果索引非点状空间目标，则需采用目标近似与映射的方法，即先将任意空间目标用其最小外接矩形(minimum bounding rectangle, MBR)近似表示，并将其 MBR 映射成 2^k 维空间点进行索引。例如，对于二维空间的矩形(x_1, y_1, x_2, y_2)，可以映射成四维空间的点，再用 KD 树进行索引，称为 4D 树。

显然，经过目标映射后 k 维空间目标间的空间关系(如邻近关系)不再保持，对于区域查询而言，查询效率非常低。

2. KDB 树

由于数据量较大，索引文件一般存储在外存空间(如磁盘)中，外存空间的分配、释放、调度均以页面(page)为单位，要将 KD 树存于外存空间，必须采取某种分页策略(如自底向上的方法)，这无疑会增加系统开销，因此 KDB 树的概念被提出来。

  KDB 树是 KD 树与 B 树的结合。它由两种基本的结构——区域页(region pages，非叶结点)和点页(point pages，叶结点)组成，如图 6-19 所示。点页存储点目标，区域页存储索引子空间的描述及指向下层页的指针。在非同构的 KD 树中每一结点都隐式地与索引空间相关联，每一叶结点与一个没有划分的子空间关联，而 KDB 树中，区域页则显式存储这些子空间信息。区域页的子空间(如 s_{11}、s_{12} 和 s_{13})两两不相交，且一起构成该区域页的矩形索引空间(如 s_1)，即父区域页的子空间。

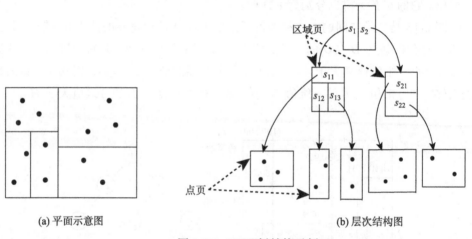

(a) 平面示意图   (b) 层次结构图

图 6-19 KDB 树结构示例

  对于点匹配查找，需要遍历树的某一分支，即访问所有索引子空间包含该查找点的区域页直至某一点页，最后提取点页中的点加以判断。对于区域查询，需要访问所有索引空间与查找区域相交的区域页及点页，通常存在多条查找路径。当插入数据点时，首先必须找到该点应该插入的点页。如果该页未满，简单地插入该点至该页；如果该页已满，则必须分裂该页。分裂的方法是将该点页一分为二，并使两点页包含几乎同样多的点。需要注意的是，点页分裂后必须在上级区域页中增加一项。因此，点页的分裂可能导致父区域页的分裂。同样地，区域页的分裂也可能向上传播直至根结点。因此，KDB 树与 B 树一样，总是保持高度平衡。

  虽然分裂的向上传播不会引起页的下溢，但是分裂的向下传播却可能会引起页的下溢(即页的存储空间利用低于某一阈值，通常为页容量的 50%)。为了避免过低的空间利用率，可以对树结构进行局部重组。例如，索引空间形成一矩形且父结点相同的两个或多个点页或区域页可以合并(如果合并后页溢出则必须重新分裂)。

综上所述，KDB 树是高度平衡的，所有的叶结点都位于同一层，但这是以低的存储效率为代价的。另外，树的建立过程也因叶分裂操作的向上向下传播而复杂化。与 KD 树相同，KDB 树也是为索引多属性数据或多维空间点而提出的，如果 KDB 树用于索引其他形体的空间目标，也需经过目标近似及映射，效率较差。

6.4　空间数据库查询语言

查询语言是与数据库交互的主要手段，是数据库管理系统的一个核心要素。结构化查询语言(structured query language)是目前关系数据库系统中最重要且应用最为广泛的数据库查询语言，具有易用、直观、通用的特点。由于关系模型适合处理简单数据类型，如字符串、日期类型等，而空间数据比较复杂，由点、线、多边形等混合而成，于是人们希望能将 SQL 扩展，用来支持空间数据。

6.4.1　标准查询语言 SQL

SQL(structured query language)是 1974 年由 Boyce 和 Chamberlin 提出的。1975~1979 年，IBM 公司在其关系数据库管理系统原型 System R 中实现了这种语言。由于它功能丰富、语言简洁而被众多计算机公司和软件公司所采用，经不断修改、扩充和完善，从最初的 SQL-86，经历 SQL-89、SQL-92(SQL-2)发展到SQL-99(SQL-3，支持空间数据)，SQL 发展成为关系数据库的标准语言。其中，SQL-86 为 SQL 的最初版本，也称为 SQL-1；SQL-92 是 SQL 成为关系数据库标准语言的版本,也称为 SQL-2;而在设计 SQL-99 时则主要考虑对通用 SQL 进行扩展，以支持空间数据，是 SQL 的第三版本，也称为 SQL-3。

SQL 是一种介于关系代数与关系演算之间的结构化查询语言,它不仅仅用于查询，也是一个通用的、综合的、功能极强同时又简洁易学的关系数据库语言。SQL语言集数据查询(data query)、数据操纵(data manipulation)、数据定义(data definition)和数据控制(data control)功能于一体。主要特点包括：综合统一，SQL集数据定义、操纵、控制功能于一体，能很好地满足数据操作要求；高度非结构化，SQL 进行数据操作时，只需要提出"做什么"，操作由系统自动完成；面向集合的操作方式；语言简洁，易学易用。

SQL 语言功能极强，但由于设计巧妙，语言十分简单，完成核心功能只需要 9 个动词，如表 6-1 所示。

表 6-1　SQL 语言功能的动词

SQL 功能	动词
数据查询	Select
数据定义	Create, Drop, Alter
数据操纵	Insert, Update, Delete
数据控制	Grant, Revoke

一般的空间信息系统基本上都支持 SQL 查询语言。标准 SQL 查询语言的语法如下：

Select，需要选取的属性项；

From，存储所要选取属性项的属性表；

Where，约束条件(可有多个，通过逻辑运算结合)。

这是最基本的语法，在实际应用中还可进行复杂的查询，如在 Where 条件中可以嵌套 Select 语句。

目前，一般的地理信息系统软件中都具有 SQL 查询功能，并且具有良好的人机交互界面，用户只需通过交互式的方式选择或输入相关的内容，就可以执行 SQL 查询功能。

6.4.2　SQL 的扩展

空间数据库是一种特殊的数据库，它与普通数据库的最大的不同在于空间数据库包含空间概念，而标准 SQL 语言不支持空间概念。目前，多数 GIS 软件是在 SQL 的基础上扩展空间概念、空间函数或空间操作来解决这一问题的。SQL 的空间扩展需要一项普遍认可的标准。OGIS(OpenGIS)是由一些主要软件供应商组成的联盟，负责制定与 GIS 互操作相关的行业标准。OGIS 的空间数据模型可以嵌入到各个编程语言中，如 C、Java、SQL 等，它提出了一套规范，把二维地理空间抽象数据类型(abstract data type，ADT)整合到 SQL 之中，并且包括了指定拓扑的操作和空间分析操作。在 OGIS 标准中，所指定的操作可分为三类(表 6-2)。

(1) 用于所有几何类型的基本操作。例如，Spatial Reference 返回所定义对象几何体采用的基础坐标系统。常见的参照系统的例子包括：人们熟悉的经纬度(latitude and longitude)系统和使用最多的通用横轴墨卡托(UTM)。

(2) 用于空间对象间拓扑关系的操作测试。例如，Overlay 判断两个对象内部是否有一个非空的交集。

(3) 用于空间分析的一般操作。例如，Distance 返回两个空间对象之间的最短距离。

表 6-2　OGIS 标准定义的一些操作

空间操作	函数名	说明
基本函数	Spatial Reference( )	返回几何体的基本坐标系统
	Envelope( )	返回包含几何体的最小外接矩形
	Export( )	返回以其他形式表示的几何体
	IsEmpty( )	如果几何体为空集，则返回真
	IsSimple( )	如果几何体是简单的(即不自交)，则返回真
	Boundary( )	返回几何体的边界
拓扑/集合运算符	Equal	如果两个几何体的内部和边界在空间上相等，则返回真
	Disjoint	如果内部和边界不相交，则返回真
	Intersect	如果几何体不相交，则返回真
	Touch	如果两个面仅仅是边界相交但是内部不相交，则返回真
	Cross	如果一条线和面的内部相交，则返回真
	Within	如果给定的几何体的内部不和另一个给定的几何体的外部相交，则返回真
	Contains	判断给定的几何体是否包含另一个给定的几何体
	Overlap	如果两个几何体的内部有非空交集，则返回真
空间分析	Distance	返回两个几何体之间的最短距离
	Buffer	返回到给定几何体的距离小于或等于指定值的几何体的点集合
	Convex Hull	返回几何体的最小闭包
	Intersection	返回由两个几何体的交集构成的几何体
	Union	返回由两个几何体的并集构成的几何体
	Difference	返回几何体与给定几何体不相交的部分
	SysmmDiff	返回两个几何体与对方互不相交的部分

SQL 的扩展，即在数据库查询语言上加入空间关系查询，为此需要增加空间数据类型(如点、线、面等)和空间操作算子(如求长度、面积、叠加等)。在给定查询条件时也需含有空间概念，如距离、邻近、叠加等。

例如，"查询长江流域人口大于 50 万的县或市"，可按如下形式表示：

Select * From 县或市 Where 县或市. 人口 >50 万 AND CROSS(河流. 名称=
"长江")

扩展的 SQL 语言保留了 SQL 的风格，便于熟悉 SQL 的用户掌握，通用性较好，易于与关系数据库连接。但若要将属性条件和空间关系整体统一起来，从底层进行查询优化则有一定的难度，若将两层分开进行查询优化，则可以实现。

当前也有一些实验性的 GIS 软件系统用自然语言作为查询接口，虽然还存在很大的困难，但这种方式还是很有应用前景的。如查询温度高的城市可按如下形式表示：

Select name From Cities Where temperature is high

这种查询方式需要模糊概念的量化，适用于某个专业领域的地理信息系统，而不能作为地理信息系统中的通用数据库查询语言。

6.5 基础地理空间数据库建立

6.5.1 基础地理空间数据库类型

基础地理空间数据库主要由数字线划地图(DLG)、数字高程模型(DEM)、数字栅格地图(DRG)、数字正射影像图(DOM)构成，通常称为 4D 产品。DLG 是现有地形图上基础地理要素分层存储的矢量数据集，包括空间信息、属性信息，可用于建设规划、资源管理、投资环境分析等各个方面，并可作为人口、资源、环境、交通、治安等各专业信息系统的空间定位基础。DEM 是以高程表达地面起伏形态的数字集合，可制作透视图、断面图，进行工程土石方计算，表面覆盖面积统计，用于与高程有关的地貌形态分析、通视条件分析、洪水淹没区分析。DRG 是纸制地形图的栅格形式的数字化产品，可作为背景与其他空间信息相关，用于数据采集、评价与更新，与 DOM、DEM 集成派生出新的可视信息。DOM 是利用航空像片、遥感影像，经像元纠正，按图幅范围裁切生成的影像数据。它的信息丰富直观，具有良好的可判读性和可量测性，从中可直接提取自然地理信息和社会经济信息。4D 产品构成了地理信息系统的基础数据框架，是其他信息的空间载体，用户可依据自身的要求，选择适合自己的基础数据产品，研制各种专题地理信息系统。

随着国家将基础测绘列入国民经济和社会发展计划，全国许多省市政府都把基础地理数据产品建设作为省级基础测绘的重点。目前，全国 1：5 万基础地理数据的更新和建库已经完成，1：1 万基础地理数据的更新和建库正在建设中。

作为城市测绘部门，在不断完善大比例尺基础地理数据产品的更新和建库，建立一个良性数据更新、维护体系的同时，也应建立基于中小比例尺数字产品的基础地理产品库，并在此基础上做深层次的开发应用，最终纳入到基础地理信息系统的管理中。目前，数字城市作为城市建设的一个热点，已得到各级政府的广泛重视，有些地区已进入前期的实施阶段，基础地理信息数据库作为数字城市的基础框架，在数字城市的建设中发挥着重要作用。

基础地理空间数据库建设原则：①对于无图区域，采用基于解析测图仪的数字测图或全数字测图测制数字地形；②对于地貌变化不大而地物变化很大的老地形图，应采用基于解析测图仪的数字测图、全数字测图或基于正射影像的地物要素采集重新测制数字地形图地物要素层；③对于地貌变化小而地物变化也不大的地形图，应采用地形图扫描矢量化或地形图更新的方法；④已有新的大比例地形图时应采用缩编方法。

6.5.2　基础地理空间数据库建库流程

1. 数据格式转换

基础地理信息系统建设的核心在于数据库的建设和基于数据的服务。基础地理数据不同格式的转换是数据服务的基础，也是基础地理数据库建设的重要工作。

采用不同的数据采集平台，几何数据和属性数据的存储方式和表现方法各不相同。不论何种平台，基础地理数据都至少包括点、线、面三种要素，但在地图符号化的表现方式上却各不相同，不能简单地进行转换应用。属性数据的组织虽然也各不相同，但都采用表的形式进行组织，只要找到对应的字段映射关系就可实现转换，因而易于实现在不同平台下的相互转换。

目前，实现数据交换的模式大致有 4 种，即外部数据交换模式、直接数据访问模式、数据互操作模式和空间数据共享平台模式。后三种数据交换模式提供了较为理想的数据共享模式，但是对大多数用户而言，外部数据交换模式在具体应用中更具可操作性和现实性，与现实的技术、资金条件更相符。数据转换既可直接利用软件商提供的交换文件(如 DXF、MIF、E00 等)，也可以采用中介文件转换方式，即在数据加工软件平台支持下，把空间数据连同属性数据按自定义的格式输出为文本文件。作为中介文件，该数据文件的要素和结构符合相应的数据转换标准，然后在GIS 平台下开发数据接口程序，读入该文件，即可自动生成基础地理信息系统支持的数据格式。

一般地，数据格式转换有以下几种转换方案：

(1) 利用系统本身提供的数据输入/输出工具；

(2) 利用通用的数据转换工具(如 FMK)和通用的数据格式之间的数据转换;

(3) 通过开发的专用程序,实现各系统之间的转换。

数据转换的内容包括空间数据、属性数据、拓扑信息以及相应的元数据和数据描述信息。根据上述数据转换的程度、数据分层和编码对应情况将其分为三类:分层和编码原则都不同的数据转换(包括除 UGIS 以外的其他外部格式的数据转换);分层不同,编码原则相同的数据转换(UGIS 系统数据格式);分层不同,编码方案完全一致的数据转换。

(1) 分层和编码原则都不同的数据转换。在数据转换过程中,系统最大限度地保证空间数据和属性数据的转入,并把相应的分层和编码转换过来。

(2) 分层不同,编码原则相同的数据转换。两者数据编码原则是一致的,为空间数据和数据描述信息的相互转换提供了有利条件。

(3) 分层不同,编码方案完全一致的数据转换。除描述信息外,两者的数据质量和数据情况是完全一致的。

2. **基础地理数据整合**

整合已有的基础地理数据资源,提高数据的可用性已成为近年来基础地理数据生产与服务行业面临的共同问题。许多国家的相关部门设计、制定可行的技术方案,有计划地、系统地对原有传统基础地理数据进行改造和完善,以满足日益增长的应用需求。数据整合与精化是系统工程,其中有两个问题十分重要:一是数据整合平台,二是数据整合模式。前者涉及数据加工与处理系统,后者涉及方法论。因此,基础地理数据整合应采用合适的整合模式,在数据整合平台的支持下,实现多源基础地理数据的一体化集成,以期取得最佳的整合效果。

受应用环境和生产技术条件的限制,多源基础地理数据间往往存在许多矛盾和冲突,主要表现在:①由于数据采集年代不同,受当时技术条件、社会需求、经济条件以及信息化发展水平等限制,导致不同时期、不同部门、不同地区建设的基础地理数据库,未能遵循统一的标准,分类代码、大地基准、分层方法与图层命名等方面不一致,给集成构建多尺度基础地理数据库造成困难。②一些基础地理数据按照地图数字化的目标进行,数字地图产品实质上是对纸质地图的模拟,对于地理实体本身特性及其关系的建模和表达不够,不同比例尺数据集中的地理要素之间缺乏必要的关联。所以,需要对这些数据进行规范化处理,以便形成规范统一的基础地理数据。在此基础上,提炼加工出基于面向对象的数据模型,水平上无缝拼接、多尺度对象之间有机链接的基础地理数据库。

1) 数据整合的传统处理方法

为了使基础地理空间数据既能满足空间分析的完整性要求,又能满足地图制图规范的输出要求，通常采用不绘线或不绘面(也可称作隐含线或隐含面)的方法。每个不绘线或不绘面要素均有唯一的标识码(ID)，通过目标 ID 建立与目标其他部分的连接关系，使该目标连接成一个整体，又能在地图表达时不予显示。

但是在实际应用中，由于图幅内目标不完整性的现象普遍存在，数据采集与编辑的工作量大，更新较为困难，且数据层次、结构、组织都很复杂，因此需要探索更经济、更有效的地理空间数据整合方法。

经过转换入库的数据往往需要经过必要的编辑和处理，如图幅间空间数据的拼接问题。在传统地图制图学中，为了解决那些用有限的地图纸张不能描述无限的地球表面信息之间的矛盾，采用了地图分幅的方法。同样，在基础地理数据库中，为了解决无限的地球空间信息与有限的计算机资源之间的矛盾，也可以采用分幅或分块存储管理策略。但从理论上讲，无图幅数据库是最理想的。所谓无图幅数据库，是指整个地理区域的地理要素在数据库中不论是逻辑上还是物理上均连续，即有统一的坐标系、无裂缝、不受传统图幅划分的限制，整个地理区域在数据库中是一个整体。为实现无图幅的数据库，必须对图幅数据进行二次加工，在相邻图幅的边缘部分，由于原图本身的数字化误差，使得同一实体的线段或弧段的坐标数据不能相互拼接，或是由于坐标系统、编码方式等不统一，需进行图幅数据边缘匹配处理。

(1) 逻辑一致性处理。两个相邻图幅的空间数据库在接合处可能出现逻辑裂缝，如一个要素在左幅图层中具有属性 A，而在右幅图层中属性则为 B。此时，必须使用交互编辑的方法，使两相邻图幅的属性相同，取得逻辑一致性。两图幅中有两个要素具有相同的属性值，而且接边误差在允许范围内，由系统自动完成合并两要素，并赋予其中一个要素的属性。

(2) 识别和检索相邻图幅。将待拼接的图幅数据按图幅进行编号，便于计算机和操作员检索相邻的横纵图幅并加以拼接。图幅数据的边缘匹配处理主要是针对大量的跨幅空间数据的，为了减少数据量，提高处理速度，一般只提取图幅边界一定范围内的数据作为匹配和处理的目标。

(3) 相同属性多边形公共边的删除。当图幅内图形数据完成拼接后，相邻图斑会有相同的属性。此时，应将相同属性的两个或多个相邻图斑组合成一个图斑，即消除公共边界，并对共同属性进行合并。对于多边形的属性数据，除多边形的面积和周长需重新计算外，其余的属性数据保留其中之一的图斑的属性。

2) 集成化数据整合

多源空间数据集成处理，就是提供多种类型空间数据(矢量、影像、DEM 以及属性数据)的统一工作环境，在此基础上进行空间数据的处理加工和高效集成，即通过建立高度综合的数据加工技术流程，整合多种数据源，提供多样化成果。其体系结构如图 6-20 所示。

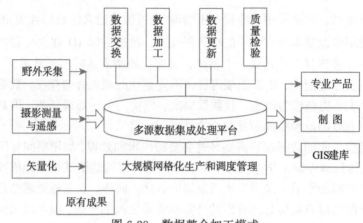

图 6-20　数据整合加工模式

数据加工整合模式有效地分解了数据采集、数据处理和成果制作这三大生产环节，首先将来自野外全数字测量、摄影测量、原图的数据采集成果统一进行数据处理和成果制作，从而建立从数据交换、数据整理到质量检验的数据加工入库成套处理流程。除数据采集成果外，该集成化整合还允许原有基础地理数据成果和 CAD成果的增值加工，兼顾数据建库与地图制图的要求、专业产品和电子地图的制作要求，实现"一套数据，多种用途"。

集成化数据整合常规方法是从地理空间数据采集出发，通过增加辅助数据实现分析与表达的统一。但这种方法增加了数据量与维护难度。要改变这种现状，需要从多方面开拓思路，而不仅仅是数据。一种策略是按照地图制图的模式采集地理空间数据，这样获取的地理空间数据称为主制图型数据，该数据易于实现地图的输出表达，但要实现空间分析，需要建立恢复地理目标完整性的运算功能模块以及支持该功能的反映各要素断裂条件的知识库。目前，在地图模式识别领域的研究成果将有助于该策略的实施，如等高线断点的自动连接等。另一种策略与上一种策略相反，先按照 GIS 目标完整性模式采集基础地理数据，这样获取的数据就是主分析型数据。在主分析型数据的基础上，通过建立各要素的地图制图(符号化)知识库，结合地图符号库系统实现地图制图输出。在这两种整合策略中，主制图型采集方式的数据采集量大，目标众多且不完整，空间关系复杂，如空间拓扑关系较难建立、空间要素完整性恢复不易实现。而主分析型采集方式的数据采集易于实现，且通过空间索引、分类索引容易确立地理目标的空间联系，同时地图符号库系统研究已相对成熟，可以作为基础地理数据整合的首要方式。

3. 基础地理数据入库

1) 基础地理数据入库流程

在建立基础地理数据库时，一般需要数据能同时满足地图制图和 GIS 空间分析的要求，并使空间数据以基本的点、线、面的数据模型进行组织，数据必须通过严格的质量校验后方能入库。一般来说，最初完成采集的数据要经过检查—预入库—编辑与加工—再入库的过程才能满足要求。这样能较好地保证基础地理数据库中数据质量要求。数据入库流程如图 6-21 所示。

2) 基础地理成果数据建库

根据入库数据的种类和范围，创建成果数据库表，并输入数据文件在存储系统中存储的路径、文件名称和相关信息；创建成果元数据库，并将数据文件相应的元数据文件的内容导入成果元数据库中；建立基础信息图幅数据库表，并输入相关内容。

(1) 矢量数据库建立。矢量数据通常采用高斯平面直角坐标。但在大范围的基础地理数据建库中，也可采用大地坐标(经纬度)建库，即先将高斯-克吕格平面直角坐标转换成经纬度坐标再入库。当需要制作地形图或以高斯坐标分发数据时，将地理坐标转换成高斯坐标输出。也可建立另外的工作区，并采用不同于国家统一分带的中央经线，建立分区局部坐标系。由于坐标系变换不改变拓扑关系和属性的关联关系，所以坐标转换和投影变换后不需要进行额外的数据处理即可重新建立以高斯坐标为参考坐标系的工程，或进行制图输出。

将各幅图中的某个级别行政边界和国道、省道、主要城市街道、铁路、主要河流提取出来，形成无缝的地理空间框架数据集，并适当抽取有关属性数据，建立一个索引要素数据集。该要素数据集既可作为基础地理信息数据库的索引图，又可添加属性，构建发布数据库，甚至可以制作专题图等。

根据国家有关基础地理信息数据采集与生产的标准，结合基础地理信息数据生产的有关技术文件规定，将基础地理信息数据要素的数据组织为若干个要素集，每个要素集由相应的要素类构成。

属性信息是空间要素所具有的特征，如境界的行政代码和名称、河流的名称、等高线的高程值等，利用关系型数据库来管理属性数据。根据数据等生产采集的属性数据建立其对应的表。

在 Geodatabase 中，加载 DLG 数据时需考虑 4 个参数：精度值、偏移量、索引格网单元和空间参考。在加载空间数据到 ArcSDE 之前，必须设定合理的精度参数。精度参数一经设定，则不能修改，如需修改，则要重载数据。同样，偏移值一旦确定，则不能改变，如需修改，则要重载数据。ArcSDE 采用基于格网单元的空间索引机制，因此在加载要素数据时，必须指明格网单元的大小，RDBMS 才能够据此生成空间索引。该值由需要在每个格网索引的要素量和每个要素所占的格网量来权衡。格网单元过大，则每个格网索引出的要素数量多，会增加处理时间；格网

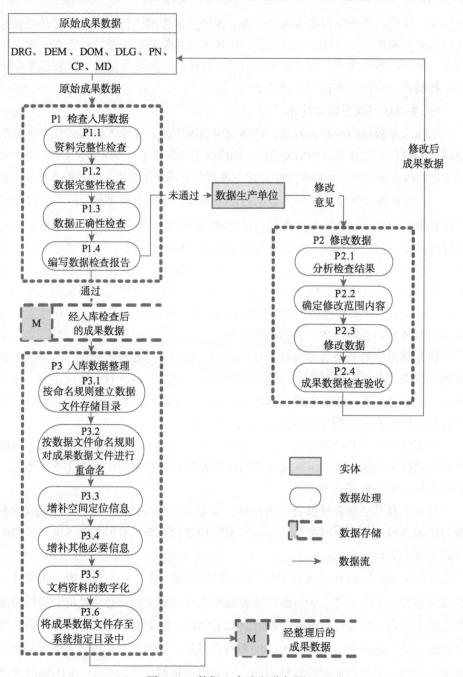

图 6-21　数据入库流程分解图

单元过小，则会导致索引表的记录数量变大，因为要素可能跨很多网格，会使处理过程变慢。在确定格网单元大小时，应综合考虑以上两个方面的因素。一般来讲，可以按照要素封装边界平均大小的 3 倍来设置初始格网单元，然后在系统运行过程中进行调整。与精度和偏移量参数不同的是，格网单元大小可以随时调整。

在基础地理信息数据库中，矢量数据主要包括之前所述的 DLG 数据，还包括控制点和地名数据，入库数据将全部归化为地理坐标，并采用要素类→要素集→矢量数据集的方式组织入库。

(2) 影像数据建库。分块的目的在于把栅格数据划分成若干较小的物理数据块，便于管理和存储。数据块以 BLOB 类型存储，每一块在栅格分块表中占一条记录，只存储一个波段的信息。分块大小以像元表示，分块越大，BLOB 对象就越大，分块表中的记录就越少。确定分块大小的通用原则是根据客户端最小的显示尺寸，可按照其 1/4 大小来设置分块。在设置分块大小时，另一个考虑的因素是RDBMS 的数据块大小，尽量让一个栅格分块都保存在一个 RDBMS 的数据块中。

ArcSDE 对栅格数据提供 LZ77 压缩方式。LZ77 是一种无损压缩算法，对于数据中的重复值，该算法只记录相对位置和长度，而不记录数据本身。因此，压缩效率取决于数据的同质程度。数据越相似(同)，特殊的像元值越少，数据压缩效率就越高。同时，有不少第三方的数据压缩软件可以支持 ArcSDE 对栅格数据的管理，如 MrSID 等。因此，必要时可以考虑选用这些软件。

对压缩软件的要求，主要体现在两个方面：一是数据压缩后的质量；二是软件的实用性和压缩—解压缩速度。这里所说的数据压缩质量是指在同等压缩倍率情况下，压缩后的影像在目视效果、像元灰度值的变化等方面的对比。而软件的实用性则是指软件使用的方便程度、压缩效率、压缩和解压缩过程的简繁、可否嵌入到其他软件或系统中使用等方面的特性。

由于我国现行的图幅分幅和生产方式主要采用高斯坐标系统，影像数据入库时，不可避免地会遇到相邻 6° 带、3° 带以及 3° 带与 6° 带间的跨带问题。在 ArcSDE中，经过校准的栅格数据可以加载成为栅格镶嵌图，只要组成栅格镶嵌图的每幅格数据都加载到业务表及其底层数据表中即可。显然，镶嵌要求各栅格数据都已精确校准，并且其分辨率相同。基于以上机理，在客户端可得到一个逻辑上无缝的栅格数据集，每个数据集在栅格元数据表中占一条记录，并对应一个业务表和一个四类底层栅格数据表。

为了实现 DOM 数据与 DEM、DLG 数据的叠加，必须对 DOM 数据设置统一的大地坐标参考进行投影归化，利用 DOM 数据本身包含的定位信息对其进行空间校准。这样，利用系统提供的动态(on-the-fly)投影机制，可以完成数据的叠加。

(3) 数字高程模型建库。数字高程模型(DEM)数据可以作为栅格数据进行建库，如 ArcGIS 中建立 DEM 数据库可将文本等方式表达的 DEM 转换为 Grid，对 Grid 进行存储和管理。不同分辨率的 DEM 分别建立数据集，以 DEM 格网间距分别为 100m、25m 和 5m 为例，采用地理坐标建立统一完整的 DEM 数据库，建立 3 个 DEM 栅格数据集(DEM100、DEM025、DEM005)，在 SDE_RASTER_COLUMNS 表和元数据表 SDE_RASTER_COLUMNS 中各自对应一条记录。同时，每幅 DEM 数据(每条记录)对应有业务表、栅格表 SDE_RAS_<RASTERCOLUMN_ID>、波段表 SDE_BND_<RASTERCOLUMN_ID>、栅格分块表 SDE_BLK_<RASTER-COLUMN_ID>和栅格附加信息表 SDE_AUX_<RASTERCOLUMN_ID>各一张。为了在大地坐标系统下恢复满足精度要求的 DEM 数据，在转入数据时不仅要进行投影变换，还应考虑进行更高分辨率的重采样。

(4) 控制测量成果建库。控制点数据是构成矢量要素集的一部分，基本处理方法按照 DLG 数据的处理方法进行。它用关系数据库管理系统 Oracle 进行管理。表中内容包括点号、名称、X、Y、类型、等级、高程、来源、采集年月等。当实现点位的图形显示时，控制点的位置可以自动导入到相应的图上，点位符号的样式、颜色和大小可根据点位的类型、等级等进行不同的显示。一般地，将控制点成果按点表，连同点之记等一并导入数据库。

(5) 地名建库。地名数据也是构成矢量要素集的一部分，基本处理方法按照 DLG 数据的处理方法进行。地名数据采用关系数据库进行管理，每一个地名对应于一条记录。图形显示时，地名的点位和名称根据坐标自动注记到相应的地图上，点位符号的颜色和样式可根据行政等级和地名类型的不同而有所不同。

3) 元数据建库

不同比例尺、不同图幅、不同数据种类的空间数据应分别建立相应的元数据。由于图幅级元数据对应着图幅，因此，可以将元数据作为图幅的属性，这样，元数据成为矢量要素类的一个组成部分，可以按矢量数据的管理方式进行。元数据采用关系数据库管理系统管理，同时结合基础地理信息系统平台提供的元数据管理方式进行，在基础地理数据库中可以方便地查询元数据。

在基础地理数据的数据集描述(元数据)中，由于基础地理元数据集具有继承关系，因此在制定数据集元数据标准时，一般按数据集系列元数据、数据集元数据、要素类型和要素实例元数据等几个层次加以描述。元数据可以分为两级，即一级元数据和二级元数据。一级元数据是指唯一标识一个数据集所需的最小的元数据实体和元素；二级元数据是指建立完整的数据集文档所需的全部元数据实体和元素。对于数字线划图、数字正射影像图、数据高程模型、地名信息等类型的数据，在基础地理信息系统应用时,基础地理数据是采用无缝的方式组织和保存的,而在数据采集加工的生产过程中,通常是按照地形图的标准分幅组织和保存的。所以,图幅级元数据是基础地理数据元数据集基本的元数据。

6.5.3 基础地理空间数据库更新

1. 数据更新步骤

基础地理数据更新是一项长期、艰巨的工作,也是个复杂的系统工程,既有组织与管理问题,也涉及技术问题。基础地理数据更新主要涉及确定更新策略、变化信息获取、变化数据采集、现势数据生产、现势数据提供 5 个步骤(图 6-22)。

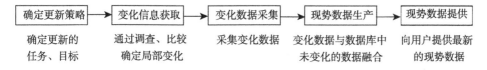

图 6-22 基础地理数据更新主要步骤

1) 确定更新策略

在数据更新之前,首先需要确定数据更新的目标、任务,包括更新范围(重点建设区域、人口密集区等)、更新内容(道路、居民地、行政界线等)、更新周期(逐年更新、定期全面更新、动态实时更新)、更新工程的组织与实施方案(责任机构、组织机制、经费与效益分配等)。

(1) 更新周期。可采用定期全面更新和动态实时更新两种模式。

①定期全面更新。在一定的周期内完成某个区域的更新。更新的实验应按照轻重缓急的原则进行,优先保证规划建设的热点地区和重要项目对基础地理数据的需求。

②动态实时更新。通过竣工测量,对变化的区域进行实时或及时地测绘。竣工测量需要通过行政管理措施才能发挥较好的作用,需要制订科学合理的竣工项目管理办法并切实贯彻执行。

(2) 更新内容。一般地,基础地理数据的更新按全要素进行,但也可根据需要和周期选择一种或几种要素进行更新,如道路、居民地、水系等,并按不同的取舍标准执行。

(3) 更新精度。基础地理数据的更新精度不宜低于原数据的精度,通过数据更新提高现势性,同时提高数据的精度和标准。

(4) 更新范围。基础地理数据通常按图幅更新,这种方式便于数据的生产和管理，是目前数据更新的主要方式。也可按街区更新，一般是将更新的区域按街巷和道路分片。这种方式可以避免分幅而破坏要素的自然连接关系，有利于基础地理数据库的数据组织与建库，但会给包括元数据在内的数据组织与管理带来一定的困难。

(5) 组建专门的更新队伍。要做到实时更新，一种行之有效的办法是组建专门的更新队伍，按片包干，对变化的地区及时更新测量。

2) 变化信息获取

当前获取变化信息的方法主要有以下 3 种：

(1) 专业队伍进行现势调查，发现变化；

(2) 将卫星遥感影像与现有数据比较，发现变化；

(3) 根据其他渠道获得变化信息，如有关专业单位、社会力量、新闻途径等。

3) 变化数据采集

对确定的变化信息进行数字化采集，主要有以下几种方式。

(1) 人工数据采集，包括对标绘图进行数字化、野外勘测数字作业、GPS 采集等；

(2) 交互式数据采集，包括摄影测量、遥感影像处理等；

(3) 自动数据采集，包括卫星遥感影像识别与处理等。

在基础地理要素建库过程中，数据的采集一般采用数字摄影测量成图和全野外数据采集的方式。使用卫星遥感资料进行数据采集也正逐渐成为一种基础地理数据更新的重要手段，可用于基础地理数据更新的卫星影像主要有：TM 影像(分辨率为 30m)、SPOT 影像(分辨率为 2.5m、5m 或 10m)、IKONOS 影像(分辨率为 1m)、QuickBird 影像(分辨率为 0.61m)。从地图比例尺及地图更新成本考虑，可采用下述两种技术方案：一是基于 SPOT 影像、TM 影像的更新方案，主要用于 1∶5 万 ~ 1∶10 万基础数据的更新；二是基于 IKONOS 影像、QuickBird 影像的更新方案，主要用 1∶1 万或更大比例尺基础地理数据的更新。

4) 现势数据生产

这是一个多源、多尺度数据集的融合过程。将新采集的变化数据与原有数据库中未变化的数据融合，从而形成新集成的现势数据库。原始数据可能会有新增、消失、改变等变化类型，相应的处理包括：

(1) 插入。将新增的地物信息添加到数据库中。

(2) 删除。将已消失地物的信息从数据库中删除。

(3) 匹配并替换。根据相似性准则，将空间形态、位置变化的地物与原始数据进行匹配，确定替换对象，再用新的数据替换已变化的内容。

(4) 历史信息的保存与管理。被删除、替换的数据需要保存，以便历史数据的恢复、查询与分析。

在这个过程中需要注意的关键问题包括：

(1) 数据模型的演变。不同时期的数据获取与采集往往基于不同的数据模型，导致同一地形目标具有多重表达方式，其拓扑、语义关系及元数据也有所不同，需要予以匹配。

(2) 比例尺与数据质量标准。数据获取与采集的比例尺与数据质量标准不尽相同，会导致数据差异；同一数据模型的多次获取也会由于不同的坐标定位及对地物的不同解释而有所差别，需要予以消除。

(3) 需要提供足够的元数据以便对更新过程进行追踪。

(4) 匹配的方法有人工匹配、交差匹配、自动匹配等。匹配点的自动评估、自动匹配算法及工具是当前的研究热点，值得注意的是，并非所有的更新过程都可自动实现。

(5) 历史数据的组织与管理。

5) 现势数据提供

提供给用户的现势数据可以是批量替代的方式。但由于用户在购买数据后会在其中附加许多自己独有的属性及语义，需要予以保留，所以有时只需要提供变化部分和相应的元数据，供用户与其独有属性链接。原则上，要能让用户得到任一时期的快照，尽量少地进行集成与拓扑重建工作，允许用户保留与特有属性的链接。与此相关的另一个问题是更新信息分发服务的政策与价格。

2. 数据库更新

由于数据地理数据采集加工受生产管理与技术发展等因素的制约，因此数据采集加工通常是以图幅为单位进行的。基于要素的数据更新在实际应用中尚需时日。而且基础地理数据的初始建库也是基于图幅的，因此，基于图幅的数据更新策略是与数据采集相一致的，其更新流程如图 6-23 所示。如果入库以图幅为单元，更新则只对涉及的图幅进行小范围的改动。这种方式的优点是文件的修改量小，缺点是每次入库必须切割接边。如果图库的存储以街区为单元，更新时要逐层对数据进行链接，一般居民地等面状图元需要保持其完整性，而道路、河流等跨街区的线状图元，则在该层单独更新，这样涉及的数据量可能相对大些，但数据的完整性较好。

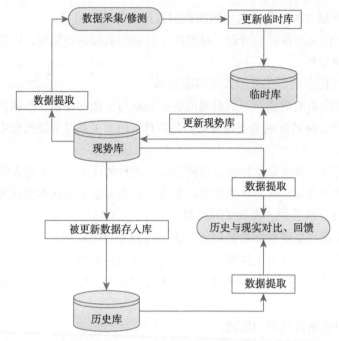

图 6-23　数据更新系统流程

1) 数据库更新办法

基础地理数据或数据库更新，与通常的数据更新是有区别的。在 GIS 系统中，数据更新一般是指根据现势性最强的资料，对照已有的数据，将局部范围内变化了的主要地形要素进行修改。为了保证数据的一致性和可靠性，在进行更新作业时，往往会出现许多作业人员对同一个数据文件内的不同(矢量)要素进行更新操作的情况。因此，要求 GIS 软件应具有许多用户、历史事件记录、长事务处理等功能。

在数据生产平台的更新机制中涉及三个数据库：成果(现势)库、历史库和临时(中间)库。成果库存储最新的反映现状的数据，它是一个完整的 GIS 数据库。按增量的方式，历史库只存储历次发生变化时被更新下来的历史数据。

数据库的更新包含两个方面的内容：一是对成果数据库及信息服务数据库的更新，二是对历史数据库的更新。

进行成果数据库的更新时，首先，要按照各数据库对入库数据的要求，对新数据进行加工；然后，确定新数据的范围，并从数据库中将更新范围内的数据拷贝到临时的工作数据库中，再将经过加工的新数据加载到需要更新的数据库中。同样，当有新的成果数据入库后，还要对信息服务数据库中的浏览数据和浏览元数据进行更新。

历史数据库包含两部分内容：一是历史数据的检索系统，二是历史数据本身。对历史数据库的更新并不是对历史数据库中的内容进行更新，而是要把从成果数据库更新的成果数据和其他相关信息不断添加到历史数据库中。实际上，数据库系统的更新是通过建立一套数据存储和数据管理的策略来实现的，这是一个管理问题。在技术方面要解决的主要问题是如何高效地完成数据的组织和迁移。

2) 数据更新的一致性

数据更新的一致性是指不同数据库更新的一致性，主要包括：基础地形数据库与地名数据库之间的一致性，基础地形数据与 DOM、DEM 之间的一致性，基础地形数据与专题信息数据的一致性等。

多元数据的一致性的解决方案一般是针对不同的数据来源以及数据源之间的关系开发出相应的数据提取或数据转换模块，以保证不同空间数据库在数据库更新时保持联动性以及数据的一致性。

在数据生产系统中，除了基础地形数据的入库外，还增加了从多比例尺的地形数据上直接提取地名数据的功能，实现在基础地形数据入库的同时相应的地名数据提取入库，从而保证了地名库和基础地形数据更新的一致性。

在专题信息系统中，系统提供从基础地形数据库提取专题信息的功能。当基础地形数据库更新到一定程度时，可以调用专题信息提取功能，重新生成现势的专题信息，从而保证专题信息和基础地形库数据的一致性。

6.6　长事务与版本管理

6.6.1　事务处理

"事务"(transaction)是一个完整的不可分割的数据处理单元。该单元中所有的数据处理操作要么全部处理成功，要么因其中任意一个操作的失败而完全回归至整个事务处理前的状态。为了保证事务的完整性，数据库通过逻辑日志来记录所有的事务操作及其处理的数据。逻辑日志的作用之一在于对数据所发生的变化进行记录以满足可能的回归需要。

事务概念原本是在数据处理应用的环境中提出的，在此环境中大多数事物不是交互式的，并且持续时间很短。这些事务具有如下重要特性：①持续时间长(long-duration transaction)。一旦人介入到活跃事务中，从计算机的角度看，该事务就变成了长事务(long-duration transaction)，因为人的响应时间比计算机的速度慢。而且，在设计应用中，人的活动可能会长达数小时、数天甚至更长。因此，从人的观点和机器的观点看，事务的持续时间都很长。②暴露未提交数据(exposure of uncommitted data)。由于事务可能中止，长事务产生并显示给用户的数据可能未提交，因此，用户或其他事务可能被迫去读取未提交的数据。如果在一项工程中有几个用户在合作，那么用户事务可能需要在事务提交之前交换数据。③子任务(subtask)。一个交互式事务可能包括一组由用户启动的子任务。用户可能希望中止其中一个子任务，而不必导致整个事务的中止。④可恢复性(recoverability)。由于系统崩溃而中止一个交互式的长事务是不可接受的。活跃事务必须恢复到崩溃前不久的某个状态，以使人的工作丢失的相对较少。⑤性能(performance)。在交互式事务系统中将性能好定义为响应时间快。这一定义与非交互式系统中的定义不同，非交互式事务系统的目标是高吞吐量(每秒的事务数目)，具有高吞吐量的系统能够有效利用系统资源。然而，在交互式事务的情况下，价格最高的资源是用户。如果要提高用户效率和满意程度，响应时间就应该快(从人的角度看)，这样用户就可以很好地安排自己的时间。

根据事务处理时间将其区分为短事务模型和长事务模型。短事务模型又叫做经典事务模型，一般操作时间和执行时间都相对较短，以单个事务为一个恢复单元，每次提交要么修改全部执行，要么都不执行。长事务模型又叫高级事务模型，通常执行时间较长，涉及的对象更多而且更加复杂，如果套用经典模型会严重拖延其他高优先级的短事务执行，因此必须用更复杂的控制逻辑。长事务模型也存在一些缺点：①长时间的持续执行不但增加了错误的概率，而且根据短事务模型执行的特性，一旦出错，之前所有的操作都回归，数据完全丢失。②多用户同时编辑，数据库的加锁机制极大地降低了事务的吞吐量。③对于协作编辑，用户之间需要感知对方的存在，因为短事务体现给用户的是独占数据库，而感觉不到其他用户的存在。

6.6.2　版本控制

版本是空间数据库某一时刻的状态或快照。版本控制是空间数据库管理空间数据的一种机制，数据修改过程中不需要进行要素锁定，便于进行长事务数据处理，它是实现多用户同时编辑空间数据的基础。图 6-24 是版本控制工作流程图，在多用户数据编辑过程中，需要保留不同版本的数据信息，版本管理的目的是按照一定的规则保存配置项的所有版本，避免发生版本丢失或混淆等现象，并且可以快速准确地查找到配置项的任何版本。

注册版本 → 创建子版本 → 编辑版本 → 协调版本 → 解决冲突 → 提交版本

图 6-24　版本控制工作流程

配置项的状态有 3 种：草稿、正式发布和正在修改。配置项刚建立时其状态为

"草稿"。通过评审后，状态变为"正式发布"。此后若更改配置项，则其状态变为"正在修改"。当配置项修改完毕并重新通过评审后，其状态又变为"正式发布"，如此循环。

配置项的版本号与配置项的状态紧密相关。版本号规则如下：处于"草稿"状态的配置项的版本号格式为 $0.YZ$。YZ 数字范围为 01~99，随着草稿的不断完善，YZ 的取值递增，YZ 的初值和增幅由开发者自行把握。处于"正式发布"状态的配置项的版本号格式为 $X.Y$。X 为主版本号，取值范围为 1~9；Y 为次版本号，取值范围为 1~9。配置项第一次正式发布时，版本号为 1.0。如果配置项的版本升级幅度比较小，一般只增大 Y 值，X 值保持不变。处于"正在修改"状态的配置项版本号格式为 $X.YZ$。配置项在修改时，一般只增大 Z 值，X 值、Y 值保持不变。当配置项修改完毕，状态重新成为"正式发布"时，将 Z 值设置为 0，增加 X 值、Y 值。

一般来说，配置项版本控制流程如下：

(1) 创建配置项；

(2) 修改处于"草稿"状态的配置项；

(3) 技术评审或领导审批；

(4) 正式发布；

(5) 变更、修改处于正式发布状态的配置项必须按照配置控制流程执行。

6.7　NoSQL 数据库

6.7.1　NoSQL 定义和介绍

随着互联网的飞速发展，数据规模越来越大，并发量越来越高，传统的关系型数据库有时显得力不从心，非关系型数据库(not only SQL, NoSQL)应运而生。字面上 NoSQL 是两个词的组合：No 和 SQL，它暗示了 NoSQL 技术/产品与 SQL 之间的对立性。其实这个术语的发明人和早期使用者的意思很可能是非关系型数据库管理系统(no relational database management system，No RDBMS)或者非关系型(no relational)，但因为 NoSQL 的发音更好听，最终选择了这个词。后来有人提议用 NonRel 来代替 NoSQL，还有人提出 NoSQL 实际上是"Not Only SQL"(不仅是 SQL)的简称，以试图挽回原来的术语。不管字面意思如何，今天 NoSQL 用于泛指这样一类数据库和数据存储：它们不遵循经典 RDBMS 原理，且常与 Web 规模的大型数据集有关。换句话说，NoSQL 并不单指一个产品或一种技术，它代表一族产品,以及一系列不同的、有时相互关联的、有关数据存储及处理的概念。NoSQL系统带来了很多新的理念,比如良好的可扩展性、弱化数据库的设计范式、弱化一致性要求等,在一定程度上解决了海量数据管理和高并发的问题,以至于很多人对"NoSQL 是否会取代 SQL"存在疑虑。然而, NoSQL 只是对 SQL 特性的一种取舍和升华,使得 SQL 更加适应海量数据的应用场景,两者的优势将不断融合,不存在谁取代谁的问题。

目前,传统关系型数据库在管理海量数据时面临如下考验:①关系模型事务要求多个 SQL 操作满足 ACID 特性,所有的 SQL 操作要么全部成功,要么全部失败。在分布式系统中,如果多个操作属于不同的服务器,保证它们的原子性需要用到两阶段提交协议,而这个协议的性能很低,且不能容忍服务器故障,很难应用在海量数据场景。②传统的数据库设计时需要满足一定的范式要求,将数据保存在多个关系表中,当需要多个表中的数据时需要频繁地进行多表连接操作,从而降低了数据处理效率,而在海量数据场景中,为了避免数据库多表关联操作,往往会使用数据冗余等违反数据库范式的手段。实践表明,这些手段带来的收益远高于成本。③关系数据库采用 B 树存储引擎,更新操作性能不如 LSM 树那样的存储引擎。另外,如果只有基于主键的增、删、查、改操作,关系数据库的性能也不如专门定制的Key-Value 存储系统。

GIS 空间数据具有数据容量大、类型多样、关系复杂、非结构化等特征,称之为空间大数据,即指遥感图像、传感器观测数据、元数据以及原始数据的合成数据等。空间大数据的管理对传统关系型数据库提出极大挑战,具体包括以下几个方面。

1. 空间大数据描述

空间大数据描述的挑战来自于空间大数据来源的多样性和异构性。就卫星遥感数据而言,不同的卫星,如 WorldView、QuickBird、SPOT、ResourceSat、HJ1A/B等,会有不同的载荷。而不同的载荷产生不同类型的原始卫星遥感数据,如全光谱卫星数据、多光谱卫星数据、雷达卫星数据等。此外,空间大数据除了来自卫星遥感观测,还包括航拍遥感、地基传感器观测等多个方面。不同的空间大数据存在多种不同的属性和描述方法,因此这些数据间存在较大的异构性。

2. 空间大数据存储

空间大数据存储的挑战来自于较大的数据规模、较强的分布式、流式数据等特点。就数据规模而言,空间数据单个文件字节数巨大,而文件数量众多,给存储容量和网络传输带宽带来挑战。而海量的单个文件也为存储设备的 I/O 带来了巨大的压力。通常空间大数据分布于多个物理结点，甚至是多个异地的机房。因此，它不仅需要在集群中支持分布式存储，还需要实现不同数据中心之间的网格化存储。此外，空间数据往往是传感器产生的流式数据，随着时间的推移，数据量会不断增加，并且数据的重要性会发生明显的变化，这给数据的存储策略带来重要的挑战。

3. 空间大数据分发传输

空间大数据分发传输的挑战来自于极大的数据规模。由于单个文件数据量和数据总量都比较大，达到 GB 级、TB 级，甚至 PB 级，如果网络带宽小并且传输策略比较差，空间的数据的传输就会成为空间大数据应用的瓶颈，大大降低数据的可用性。

4. 空间大数据服务发布

空间大数据服务发布的挑战来自于空间大数据服务本身的复杂性。服务发布包含服务数据标准、服务集成标准、服务检索标准、服务安全标准等。空间大数据服务有其自身特有的一些特点，比如邻近访问性和层次关联性。不同服务之间的不同标准和服务特征，大大增强了空间大数据服务的复杂性。

5. 空间大数据集成

空间大数据集成的挑战来自于多个方面，包括空间大数据的多源性、异构性和数据的极大规模。

空间大数据的典型技术包括空间大数据的语义建模技术、存储技术、弹性分发技术、服务发布技术、异构融合技术等，空间大数据处理面临的问题具有比较鲜明的特点，因此需要采用针对性的技术来高效完善地解决这些问题，NoSQL 数据库或将成为其中的解决方案之一。

总而言之，关系数据库较为通用，是业界标准，但是在一些特定的应用场景中存在可扩展性和性能的问题，NoSQL 系统也有一定的用武之地。从技术学习的角度看，不必纠结 SQL 与 NoSQL 的区别，而应借鉴两者各自不同的优势，着重理解关系数据库的原理以及 NoSQL 系统的高可扩展性。

6.7.2 常见 NoSQL 数据库

NoSQL 数据库共同具备两大特征：一是 NoSQL 数据库不使用 SQL。有些 NoSQL 数据库确实带有查询语言，且与 SQL 类似。Cassandra 的 CQL 看上去和 SQL 非常像。但到目前为止，就算从广义角度来看，也没有哪个 NoSQL 数据库真正实现了标准的 SQL 语言。二是它们通常都是开源项目。虽然 NoSQL 这个术语也经常用在闭源系统中，但是大家总认为 NoSQL 数据库就应该是开源的。

1) 满足极高读写性能需求的 Key-Value 数据库

高性能 Key-Value 数据库的主要特点就是具有极高的并发读写性能，这些数据库包括 Redis、Tokyo Cabinet Flare 等。

(1) Redis 数据库。Redis 本质上是一个 Key-Value 类型的内存数据库，整个数据库统统加载在内存中进行操作，定期通过异步操作把数据库数据推到硬盘上进行保存。因为是纯内存操作，Redis 的性能非常出色，每秒可以处理超过 10 万次的读写操作。Redis 的出色之处不仅仅是性能，其最大的魅力是支持保存 List 链表和 Set 集合的数据结构，而且还支持对 List 链表进行各种操作。Redis 的主要缺点是数据库容量受到物理内存的限制，不能用做海量数据的高性能读写，并且它没有原生的可扩展机制，不具有可扩展能力，要依赖客户端来实现分布式读写，因此 Redis 适合的场景主要局限在较小数据量的高性能操作和运算上。目前使用 Redis 的网站有 GitHub、Engine Yard。

(2) Tokyo Cabinet(TC)和 Tokoy Tyrant(TT)数据库。TC 和 TT 的开发者是日本人 Mikio Hirabayashi，主要用在日本最大的 SNS 网站 mixi.jp 上，TC 发展的时间最早，也是 Key-Value 数据库领域最大的热点，现在被广泛地应用在很多网站上。TC 是一个高性能的存储引擎，而 TT 提供了多线程高并发服务器，性能也非常出色，每秒可以处理 4 万~5 万次读写操作。TC/TT 在 mixi 的实际应用中，存储了 2000 万条以上的数据，同时支撑了上万个并发连接，是一个久经考验的项目。TC 在保证了极高的并发读写性能，并具有可靠的数据持久化机制，同时还支持类似关系数据库表结构的 Hashtable 以及简单的条件，如分页和排序操作等，是一个很棒的 NoSQL 数据库。TC 主要的缺点是没有可扩展的能力，如果单机无法满足要求，只能通过主从复制的方式扩展。另外，还有人提出 TC 的性能会随着数据量的增加而下降，当数据量达到上亿条以后，其性能会有比较明显地下降。

(3) Flare 数据库。Flare 是由日本第二大 SNS 网站 green.jp 开发的。Flare 的主要特点就是支持可扩展的能力，他在网络服务端之前添加了一个 node server，来管理后端的多个服务器结点，因此可以动态添加数据库服务结点、删除服务器结点。Flare 唯一的缺点就是只支持 Memcached 协议。

2) 满足海量存储需求和访问的面向文档的数据库

主要有 MongoDB、CouchDB。面向文档的非关系型数据库主要解决的问题不是高性能的并发读写，而是保证海量数据存储的同时，具有良好的查询性能。

(1) MongoDB 数据库。它是一个介于关系型数据库和非关系型数据库之间的产品，是非关系型数据库当中功能最丰富，最像关系型数据库的。它支持的数据结构非常松散，是类似 json 的 bjson 格式，因此可以存储比较复杂的数据类型。MongoDB 最大的特点是它支持的查询语言非常强大，其语法有点类似于面向对象的查询语言，几乎可以实现类似关系型数据库单表查询的绝大部分功能，而且还支持对数据建立索引。MongoDB 主要解决的是海量数据的访问效率问题，根据官方的文档，当数据量达到 50Gb 以上时，MongoDB 数据库的访问速度是 MySQL 的 10 倍以上，但其并发读写效率不是特别出色。根据官方提供的 MongoDB 性能测试表明，每秒可以处理 0.5 万~1.5 万次读写请求。

(2) CouchDB 数据库。CouchDB 是用 Erlang 开发的面向文档的数据库系统，其最大的意义在于它是一个面向 Web 应用的新一代存储系统。事实上，CouchDB 的口号是：下一代的 Web 应用存储系统。首先，CouchDB 是分布式的数据库，它可以把存储系统分布到 n 台物理的结点上面，并且很好地协调和同步结点之间的数据读写一致性；其次，CouchDB 是面向文档的数据库，存储半结构化的数据，比较类似 Cucene 的 index 结构，特别适合存储文档，因此很适合 CMS、电话本、地址本等应用，在这些应用场合，文档数据库要比关系型数据库更加方便，性能更好；另外，CouchDB 支持 Rest API，可以让用户使用 JavaScript 来操作 CouchDB 数据库，也可以用 JavaScript 编写查询语句。

3) 满足高可扩展性和可用性的面向分布式计算的数据库

(1) Cassandra 数据库。Cassandra 项目，是 Facebook 在 2008 年开发出来的，主要特点就是它不是一个数据库，而是由一堆数据库结点共同构成的一个分布式网络服务，对 Cassandra 的一个写操作，会被复制到其他结点上去，对 Cassandra 的读操作，也会被路由到某个结点上面去读取。Cassandra 也支持比较丰富的数据结构和功能强大的查询语言，它和 MongoDB 比较类似，但查询功能比 MongoDB 稍弱一些。

(2) Voldemort 数据库。Voldemort 是一个和 Cassandra 类似的面向解决可扩展问题的分布式数据库系统，Cassandra 来自于 Facebook，而 Voldemort 则来自于 Linkedin。Voldemort 官方表示 Voldemort 的并发读写性能每秒超过 1.5 万次。

思考题

1. GIS 矢量数据的管理方式有哪些？它们各有什么特点？

2. 什么是空间数据引擎？其基本工作原理是什么？

3. 什么是空间数据索引？常用的空间索引类型各有什么特点？

4. OGIS 标准中常用的空间操作包含哪些类型？

5. 简述基础地理空间数据库的类型及建库流程。

6. 简述基础地理空间数据库的数据更新步骤。

7. 何谓长事务处理？GIS 中为什么需要版本控制？

8. 什么是 NoSQL？常见的 NoSQL 数据库有哪些？

第7章 空间分析

空间分析是从空间数据中获取有关地理对象的空间位置、分布、形态、形成和演变等信息的分析技术，是地理信息技术的核心功能之一。它特有的对地理信息的提取、表现和传输的功能，是地理信息系统区别于一般管理信息系统的主要功能特征。本章主要介绍 GIS 软件中常用的空间分析功能，具体包括：数字地形模型分析、空间插值方法、叠加分析、空间查询、空间缓冲区分析、网络分析、探索性空间分析方法等。熟悉 GIS 空间分析理论与方法，对于掌握 GIS 技术的功能、特点及其应用具有重要的意义。

7.1 数字地形模型分析

7.1.1 DTM 与 DEM

DTM 又称数字地面模型(digital terrain model)，是描述地球表面事物特性空间分布的一系列有序数值，地表事物特征可以是气温、降水量、地价、土地权属、土壤类型、地貌特征、岩层深度以及土地利用等与地形有关的信息。从模型的观点来说，地图就是地表地理事物的一种模型。DTM 可以是每 3 个坐标(x, y, z)为一组的三点结构，也可以是由多项式或傅里叶级数确定的曲面方程。通过 DTM，人们可以更直观地认识和研究超过视野范围的地面事物和环境情况，从更广阔的区域来观察和认识客观事物的空间关系。

如果地面特性中的 z 表示高程，x, y 表示空间分布特征，或者用经度 X、纬度 Y 描述海拔的分布，这种地面特性为高程或海拔高程的 DTM 又称为数字高程模型(DEM)。由此可见，DEM 是 DTM 的一个子集，表达地形起伏的空间分布。地形是地理环境构成的基本要素，影响和制约着其他地理要素的空间结构、空间分布和发展演化，气温随地形变化，降水通过地形进行地表再分配，土壤、植被分布与地面高程和坡向等因素有关，工程建设、农业、水土保持等都要充分考虑地形要素。地形因素主导和支配着几乎一切自然过程，并且是地理分析应用的基本要素，地形信息是空间数据库的基本信息之一。因此，地理空间分析对地形十分重视。

考虑到 DEM 的研究对象与应用范畴，对其有狭义和广义两种不同的理解和定义。

从狭义角度定义，DEM 是区域地表面海拔高程的数字化表达。这种定义将描述的范畴集中限制在"地表""海拔高程"及"数字化表达"内，意义较为明确，也是人们一般理解与接受的 DEM 概念。但是，随着 DEM 的应用向海底、地下岩层及某些不可见地理对象(如等气压面)的延伸，有必要提出更为广义的定义。

从广义角度定义，DEM 是地理空间中地理对象表面海拔高度的数字化表达。该定义中描述对象不再局限于"地表面"，因而具有更大的包容性，如有海底 DEM、下伏岩层 DEM、大气等压面 DEM 等。

数学意义上的数字高程模型是定义在二维空间上的连续函数 $H = f(x,y)$。由于连续函数的无限性，DEM 通常是将有限的采样点用某种规则连接成一系列的曲面或平面片来逼近原始曲面，因此 DEM 的数学定义为区域 D 的采样点或内插点 P_j 按某种规则 ζ 连接成的面片 M 的集合：

$$\text{DEM} = \{M_i = \zeta(P_j) \big| P_j(x_j, y_j, H_j) \in D, j = 1, \cdots n, i = 1, \cdots, m\} \quad (7\text{-}1)$$

连接规则 ζ 构成 DEM 的数据结构，可以是呈规则分布的格网或不规则分布的格网。特别地，当 ζ 为正方形格网时，这时的 DEM 称为基于格网的 DEM(grid based DEM)。由于正方形格网的规则性，格网点的平面位置(x,y)隐含在格网的行列号(i,j)中而不纪录，此时的 DEM 就相当于一个 n 行 m 列的高程矩阵(图 7-1)：

$$\text{DEM} = \begin{pmatrix} H_{11} & H_{12} & \cdots & H_m \\ H_{21} & H_{22} & \cdots & H_{2m} \\ \vdots & \vdots & & \vdots \\ H_{n1} & H_{n2} & \cdots & H_{nm} \end{pmatrix}_{n \times m} \quad (7\text{-}2)$$

由于采样点分布的不规则性，规则格网 DEM 一般通过内插方式得到。

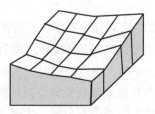 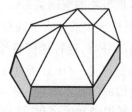

(a) 规则格网 DEM   (b) 不规则三角网 DEM

图 7-1 规则格网 DEM 和不规则三角网 DEM

当 ζ 为三角形时，这时实质上是用互不交叉、互不重叠的连接在一起的三角形网络逼近表面(图 7-1)，这时的 DEM 称为基于不规则三角网 DEM(triangulated irregular network based DEM，TIN based DEM)，基于 TIN 的 DEM 表示为三角形 T 的集合：

$$\text{DEM} = \{T_i, T_i = \tau(P_j, P_l, P_k)\} \tag{7-3}$$

式中，τ 为三角剖分准则。

基于规则格网 DEM 和基于 TIN 的 DEM 是目前数字高程模型的两种主要结构。由于规则格网 DEM 在生成、计算、分析、显示等具有诸多方面的优点，因此获得了最为广泛的应用，以至于一提到 DEM，人们往往认为就是规则格网 DEM。从目前的发展趋势看，DEM 已经成为规则格网 DEM 的代称，而事实上两者并不一致，同时人们也将基于 TIN 的 DEM 称为 TIN。

7.1.2 DEM 的类型

数字高程模型可按不同方式进行分类，如表 7-1 所示。

表 7-1 数字高程模型分类体系

数字高程模型	范围	局部 DEM		
		地区 DEM		
		全局 DEM		
	连续性	不连续 DEM		
		连续不光滑 DEM		
		光滑 DEM		
	结构	面	规则结构	正方形格网结构
				正六边形格网结构
				其他格网结构
			不规则结构	不规则三角网
				四边形
		线	等高线结构	
			断面结构	
		点	散点结构	

1. 按结构分类

数字高程模型按其数据组织方式可分为基于面单元、基于线单元、基于点的 DEM，如图 7-2 所示。

(1) 基于面单元的 DEM。指将采样点按某种规则剖分成一系列的规则或不规则的格网单元，并用这些格网单元组成的网络逼近原始曲面。规则剖分如正方形格网 DEM、正六边形格网 DEM 等；不规则单元如三角形 DEM(TIN)、四边形 DEM 等。规则格网 DEM 和不规则三角网 DEM 是当前广泛采用的两种结构。

(2) 基于线单元的 DEM。将采样点按线串组织在一起的 DEM。基于线单元的 DEM 与数据采样方式联系在一起，如沿等高线采样的数据可组织成基于等高线的 DEM(contour based DEM)，另一种常用的形式是断面 DEM，例如英国土木工程软件 MOSS 中 DEM 的数据组织就采用独特的"串"结构组织 DEM。

(3) 基于点的 DEM。基于点的 DEM 实际上就是采样点的集合，点之间没有建立任何关系，称之为散点 DEM。这种结构的 DEM 由于点之间没有任何关系而应用不多。

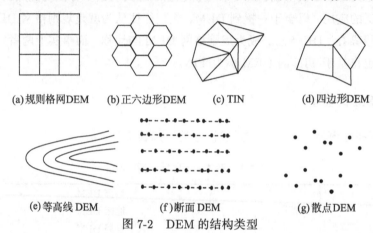

(a)规则格网DEM   (b)正六边形DEM   (c) TIN   (d)四边形DEM

(e)等高线 DEM   (f)断面 DEM   (g)散点DEM

图 7-2   DEM 的结构类型

2. 按连续性分类

连续性分类是从数学角度通过考察 DEM 模型连续性、DEM 一阶导数及高阶导数等的连续性情况对 DEM 进行分类。DEM 按连续性可分为不连续、连续不光滑和光滑三种。

(1) 不连续 DEM(discontinuous DEM)。常常用来模拟地形表面分布的不具备渐变特征的地理对象，如土壤、植被、土地利用等。DEM 单元内部是同质的，变化只发生单元边界。不连续 DEM 的典型特征是 DEM 模型呈台阶状分布(图 7-3)。例如，对格网 DEM 的理解，常常有两种情况，即格网栅格和点栅格，格网栅格认为格网单元的数值是格网单元中所有点的数值，这种观点的 DEM 是不连续的，而后者却是连续的。

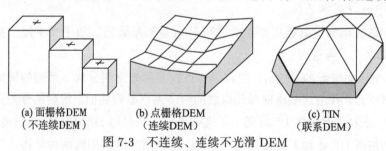

(a) 面栅格DEM   (b) 点栅格DEM   (c) TIN
（不连续DEM）   （连续DEM）   （联系DEM）

图 7-3   不连续、连续不光滑 DEM

(2) 连续不光滑 DEM(continuous DEM)。连续型 DEM 认为，DEM 中的数据点仅仅代表连续表面上的一个采样值，整个曲面通过相互连接在一起的曲面片(格网单元)来逼近，格网单元虽然在内部是连续光滑的，但当整体上呈连续分布且导数不连续时，如基于点栅格的 DEM 和 TIN 模型，就是连续不光滑的 DEM(图 7-3)。

(3) 光滑 DEM(smooth DEM)。光滑 DEM 是指一阶导数或高阶导数连续的表面，一般在区域或全局尺度上实现。光滑 DEM 可以是用数学函数表达的地形曲面，或是在整个区域上通过全局内插函数所形成的 DEM。例如，通过趋势面拟合内插所建立的 DEM，也可通过分块内插并建立各个块之间的光滑条件形成的 DEM，如分块的三次样条函数。光滑 DEM 所模拟的表面比原始表面更为平滑(图 7-4)。

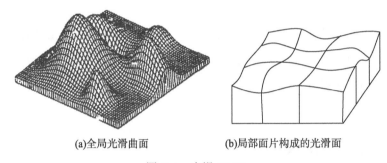

(a)全局光滑曲面　　　　　　　　　　(b)局部面片构成的光滑面

图 7-4　光滑 DEM

3. 按范围分类

数字高程模型按范围可分为局部 DEM、地区 DEM 和全局 DEM 三类。

(1) 局部 DEM(local DEM)。对某一工程所建立的小范围的 DEM，或因为研究区域曲面变化比较复杂而将曲面划分成具有单一结构的一个个曲面块，并在该区面块上所建立的数字高程模型。

(2) 地区 DEM(regional DEM)。介于局部和全局模型之间的 DEM。

(3) 全局 DEM(global DEM)。全局 DEM 一般包含大量的数据并覆盖一个很大的区域，而且该地区通常具有简单规则的特征结构，或者为了某种特殊的目的，如侦察，只需要使用地形表面最一般的信息。

7.1.3　DEM 的特点

与传统的模拟数据(如等高线地形图)比较，DEM 具有如下的特点：

(1) 精度的恒定性。常规的模拟地图随着时间的推移，图纸由于环境的改变而会产生变形，从而失掉原有的精度。DEM 采用数字媒介，从而能保持原有的精度。

另外，由常规地形图用人工方式制作其他种类的图件，精度也会损失，而如果通过 DEM 进行生产，输出图件的精度可得到控制。

(2) 表达的多样性。地形数据经过计算机处理后，可产生多种比例尺的地形图、剖面图、立体图、明暗等高线图。通过纹理映射、与遥感影像数据叠加，还可逼真地再现三维地形景观，并可通过飞行模拟浏览地形的局部细节或整体概貌。而常规的地形图一经制作完成后，比例尺是不容易改变的，若要改变比例尺或显示方式，需要大量的手动处理，有些复杂的三维立体图甚至不可改变。

(3) 更新的实时性。常规地图信息的增加、修改都必须进行大量的重复劳动和相同工序，劳动强度大并且更新周期长，不利于地形数据的实时更新；而 DEM 由于是数字的，增加或修改的信息只在局部进行，并且由计算机自动完成，可保证地图信息的实时性。

(4) 尺度的综合性。较大比例尺、较高分辨率的 DEM 自动覆盖较小比例尺、较低分辨率的 DEM 所包含的内容，如 1m 分辨率 DEM 自动包含 10m、25m、100m 等较低分辨率 DEM 信息。

7.1.4 DEM 应用

1. DEM 的应用领域

数字高程模型实现了区域地形表面的数字化表达，是新一代的地形图，因此数字高程模型的应用领域遍及地形图应用涉及行业。然而，从模拟的纸质地形图到数字化的 DEM，不仅仅是地形表达方式和存储介质的改变，也是人类对地形认知的一次质的飞跃，实现了地形从二维表达向三维表达的转变。DEM 理论与技术的影响也不再局限于测绘学领域，而是遍及与之相关的各个学科领域。因此，对数字高程模型应用领域的认识应从以下三个方面考虑。

1) 地学分析应用

数字高程模型作为等高线地形图的替代产品，其应用范围几乎涵盖了地形图应用的所有领域，既是科学研究、经济建设和国防建设规划设计的基础数据和有力工具，又是地学分析、生物学等区域性科学基本参数的提供者和研究成果的表达形式。同时，各种不同分辨率的数字高程模型又是数字制图进行制图和综合的必备数据，而且 DEM 还能提供各种地形特征的量化分析形式以及对地形的三维、动画漫游等可视化，这是常规地形图不可比拟的。

2) 非地形特性应用

数字高程模型是在二维平面位置上叠加的地形高程数据，即 DEM 是地理空间定位的数据集合。因此，用来进行数字高程模型建立的各种技术也可移植到非高程数据的地学建模与分析上。也就是说，凡是在二维地理空间上连续分布并逐步变化的各种非高程属性，如重力、气压、磁场、降水、地价、土壤类型、工农业产值等，都可按照数字高程模型的构筑方法建立相应的数字模型，也可在各自的模型上进一步地分析和应用建模。以非高程数据取代数字高程模型中的高程数据，是数字高程模型理论与技术在非地形应用领域的推广、延伸和升华，其反过来也促进了数字高程模型理论与技术的发展和更新。

3) 产业化和社会化服务

随着地理信息系统、数字地球等空间信息技术的发展，数字高程模型成为空间信息系统的重要组成部分，是各种地学分析应用的最为重要的基础数据之一。目前，世界各国纷纷将数字高程模型作为空间数据基础设施的主要组成部分之一，并进行规模化生产。随着各行各业对 DEM 数据的需求日益增加，高精度、高分辨率 DEM 产品逐步产业化，除提供常规的 DEM 产品之外，也可提供对产品进行加工的增值服务。DEM 的商业化、产业化的社会角色日益明显。

2. DEM 的具体应用

基于 DEM 数据源可以获取常用的地形参数。其中，常用的微观地形参数主要有：坡度、坡向、坡长、坡度变率、坡向变率、平面曲率、剖面曲率等。常用的宏观地形参数主要有：地形粗糙度、地形起伏度、高程变异系数、地表切割深度等。微观地形参数的提取通常是以 DEM 格网数据的空间矢量模型为基础，通过空间向量的差分运算完成；宏观地形参数的提取一般通过移动分析窗口的方法完成。

基于 DEM 提取微观地形参数的算法基础为以下方面。

1) DEM 格网数据的空间矢量表达

具有空间矢量特征的坡面地形因子的自动提取，通常采用基于空间矢量分析原理的差分计算完成。因此，建立 DEM 模型每一格网的标准矢量 $\vec{P}_{i,j}$（图 7-5），是理解、掌握坡面地形因子科学涵义的基础。

对于每个由相邻八个格网点确定的地表微分单元，令矢量 $\vec{p}_{i,j} = \{x_{i,j}, y_{i,j}, z_{i,j}\}$ 的基本矢量为 $\vec{p}_x$、$\vec{p}_y$（$\vec{p}_x$ 与 XOZ 平面平行，$\vec{p}_y$ 与 YOZ 平面平行）。$\vec{p}_x$、$\vec{p}_y$ 计算公式如下：

$$\vec{p}_x = \vec{p}_{i+\Delta x,j} - \vec{p}_{i-\Delta x,j} = \{2\Delta x, 0, 2\Delta x f_x\} \tag{7-4}$$

$$\vec{p}_y = \vec{p}_{i,j+\Delta y} - \vec{p}_{i,j-\Delta y} = \{0, 2\Delta y, 2\Delta y f_y\} \tag{7-5}$$

式中，f_x 是 X 轴方向的高程变化率，f_y 是 Y 轴方向的高程变化率。基本向量 $\vec{p}_x$、$\vec{p}_y$ 完全确定了微分单元在空间的特征，由 $\vec{p}_x$、$\vec{p}_y$ 可得地表微分单元法矢量 $\vec{n}_{ij}$。

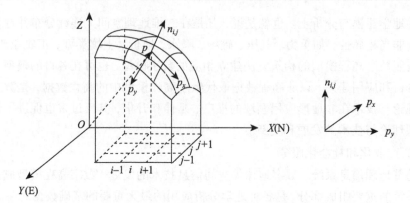

图 7-5 DEM 格网数据的空间矢量模型

$$\vec{n}_{ij} = \vec{p}_x \times \vec{p}_y = \begin{vmatrix} \vec{i} & \vec{j} & \vec{k} \\ 2\Delta x & 0 & 2\Delta x \cdot f_x \\ 0 & 2\Delta y & 2\Delta y \cdot f_y \end{vmatrix}$$

$$= \{ -4\Delta x \cdot \Delta y \cdot f_x, \ -4\Delta x \cdot \Delta y \cdot f_y, \ 4\Delta x \ \Delta y \}$$

$$= \{ f_x, \ f_y, \ -1 \} \tag{7-6}$$

根据法矢量 $\vec{n}_{ij}$，就可以完成微观地形因子的自动提取。实际进行坡面因子分析时，对于 f_x 和 f_y 的计算通常采用简化的差分原理求得。

2) 基于空间矢量模型的差分计算

由式(7-6)可知，求解 $\vec{n}_{ij}$，关键是求解 f_x 和 f_y。用以求解 f_x 和 f_y 的算法很多，主要有数值分析法、局部曲面拟合算法、空间矢量法、快速傅里叶变换等。其中，数值分析方法中差分算法原理简洁、明确，非常适合栅格 DEM 数据结构。考虑到地面高程的相关性，在数值差分分析或曲面拟合分析时，有时要考虑局部窗口中周围点对中心点的影响，即权的问题，常用的定权方法是反距离加权法：

$$p = 1/D^m \tag{7-7}$$

式中，m 为任意常数，一般取 1 或 2；D 为分析窗口中周围点到中心点的距离，取值为 d 或 $\sqrt{2}d$ (设格网间距为 d)。

围绕差分原理产生了多种计算 f_x 和 f_y 的方法。如图 7-6 所示，设中心格网点为 (i, j)，相应坐标为 (x_i, y_j)，局部地形曲面设为 $z = f(x, y)$，d 为格网间距，则在 (i, j) 处的 Taylor 级数展开式为(取至一次项)

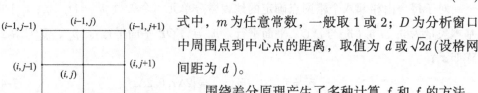

图 7-6 差分 DEM 计算示意图

$$f(x_i+kd,y_j+kd)=f(x_i,y_j)+kdf_x+kdf_y \tag{7-8}$$

式中，$k(k=-1,0,1)$为展开范围，按照 k 的不同取值和定权方式，将产生不同的 f_x 和 f_y 计算模型。目前常用的是二阶差分和三阶反距离平方权差分。计算公式如下：

对二阶差分，$k=-1$，$k=1$，在中心网格(i, j)的前后两点为展开范围，有

$$f_x = \frac{f(x_i+d,y_j) - f(x_i-d,y_j)}{2d} = \frac{z_{i+1,j} - z_{i-1,j}}{2d} \tag{7-9}$$

$$f_y = \frac{f(x_i,y_j+d) - f(x_i,y_j-d)}{2d} = \frac{z_{i,j+1} - z_{i,j-1}}{2d} \tag{7-10}$$

式中，d 为 DEM 栅格大小。对三阶反距离平方权差分，$p=1/D^2$，考虑了不同距离上的点对中心格网点偏导数计算的影响，可以得

$$f_x = \frac{(z_{i+1,j-1}+2z_{i+1,j}+z_{i+1,j+1}-z_{i-1,j-1}-2z_{i-1,j}-z_{i-1,j+1})}{8d} \tag{7-11}$$

$$f_y = \frac{(z_{i+1,j+1}+2z_{i,j+1}+z_{i-1,j+1}-z_{i-1,j-1}-2z_{i,j-1}-z_{i+1,j-1})}{8d} \tag{7-12}$$

下面以基本地形参数坡度和坡向为例说明基于 DEM 数据源的地形参数提取方法。

坡度及坡向是指坡面的倾斜程度和朝向。坡度是坡面倾斜程度的量度，坡度大小直接影响着地表物质流动与能量转换的规模与强度，是制约生产力空间布局的重要因子。坡向是决定地表面局部地面接收阳光和重新分配太阳辐射量的重要地形因子之一，直接造成局部地区气候特征的差异，同时，也直接影响到诸如土壤水分、地面无霜期以及作物生长适宜性程

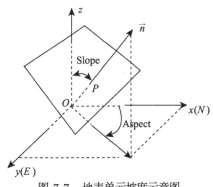

图 7-7　地表单元坡度示意图

度等多项重要的农业生产指标。因此，科学界定坡度、坡向的涵义和提取算法具有重要的现实意义。

(1) 坡度的提取。地表面任一点的坡度是指过该点的切平面与水平地面的夹角。坡度表示地表面在该点的倾斜程度，在数值上等于过该点的地表微分单元的法矢量 $\vec{n}$ 与 z 轴的夹角(图 7-7)，即

$$\text{slope} = \arccos\left(\frac{\vec{z}\cdot\vec{n}}{|\vec{z}|\cdot|\vec{n}|}\right) \tag{7-13}$$

进行坡度提取时常采用简化的差分公式(式 7-10)：

$$\text{Slope} = \arctan\sqrt{f_x^2 + f_y^2} \times 180/\pi \tag{7-14}$$

式中，f_x 是 X 轴方向的高程变化率；f_y 是 Y 轴方向的高程变化率。

地面上每一点都有坡度，它是一个微分点上的概念，是地表曲面函数 $z = f(x,y)$ 在东西、南北方向上的高程变化率的函数。实际应用中，坡度有两种表示方式(图 7-8)：①坡度(degree of slope)，水平面与地形面之间夹角；②坡度百分比(percent slope)，高程增量(rise)与水平增量(run)之比的百分数。

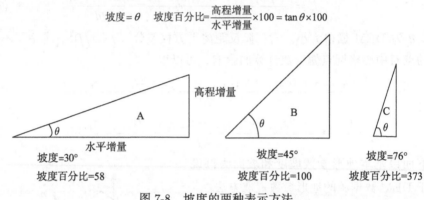

图 7-8 坡度的两种表示方法

基于 DEM 的坡度提取通常在 3×3 的栅格分析窗口中(图 7-9)，采用几何平面来拟合或差分计算的方法进行。分析窗口在 DEM 数据矩阵中连续移动完成整个区域的计算工作。

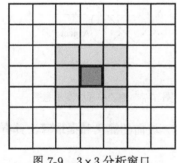

图 7-9　3×3 分析窗口

在 3×3 的分析窗口中，如果中心栅格是 No Data 数据，则此栅格的坡度值也是 No Data 数据；如果相邻的任何栅格是 No Data 数据，它们被赋予中心栅格的值后再计算坡度值。

图 7-10 为依据上述原理在 ArcGIS 软件下提取的坡度图。

(2) 坡向的提取

坡向定义为：地表面上一点的切平面的法线矢量 $\vec{n}$ 在水平面的投影 $\vec{n}_{xoy}$ 与过该点的正北方向的夹角(如表 7-2 中的坡向示意图所示，x 轴为正北方向)。其数学表达公式为

$$\text{aspect} = \arctan\left(\frac{f_y}{f_x}\right) \tag{7-15}$$

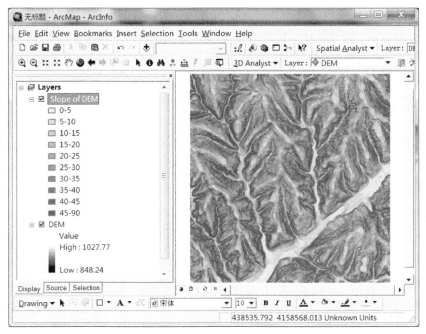

图 7-10 由 DEM 提取的坡度图

对于地面任一点来说，坡向表征该点高程值改变量的最大变化方向。在输出的坡向数据中，坡向值有如下规定：正北方向为 0°，按顺时针方向计算，取值范围为 0° ~ 360°。

坡向可由式(7-15)直接提取。但应注意，由于式(7-15)求出的坡向有与 x 轴正向和 x 轴负向夹角之分，此时就要根据 f_x 和 f_y 的符号来进一步确定坡向值(表 7-2)。

表 7-2 坡向及其地理意义

坡向	地理坡向	俗称
0°±22.5°	北(N)	阴坡
45°±22.5°	东北(NE)	半阴坡
315°±22.5°	西北(NW)	半阴坡
90°±22.5°	东(E)	—
270°±22.5°	西(W)	—
135°±22.5°	东南(SE)	半阳坡
225°±22.5°	西南(SW)	半阳坡
180°±22.5°	南(S)	阳坡
不存在	不存在	平地

注：表中俗称适用于北半球，南半球阴阳坡与北半球相反

采用这种方法求取的坡向分级比较详细，在实际应用中往往需要给予归并。在 ArcGIS 软件中，通常把坡向综合成九类(表 7-2，图 7-11)：平缓坡(– 1°)、北坡(0°~22.5°，337.5°~360°)、东北坡(22.5°~67.5°)、东坡(67.5°~112.5°)、东南坡(112.5°~157.5°)、南坡(157.5°~202.5°)、西南坡(202.5°~247.5°)、西坡(247.5°~292.5°)、西北坡(292.5°~337.5°)。

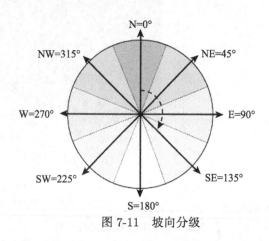

图 7-11　坡向分级

图 7-12 为依据上述原理在 ArcGIS 软件下提取的坡向图。

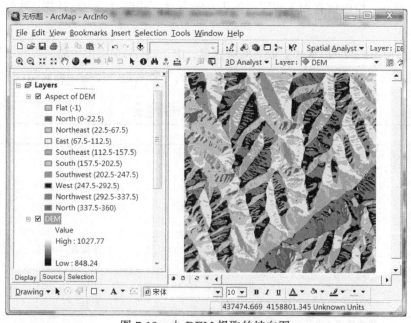

图 7-12　由 DEM 提取的坡向图

7.2　空 间 插 值

地理学的基本问题是根据已知地理空间的特性来探索未知地理空间的特性，常规方法无法对空间中的所有点进行观测，通常是根据自己的要求获取一定数量的采样点进行观察，诸如土地类型、地面高程等。这些点的分布往往是不规则的，在兴趣点或模型复杂区域可能采样点多，反之则少。因而导致所形成的多边形的内部变化不可能表达得更精确、更具体，只能达到一般的平均水平。由于用户在某些时候有想获得未观测点的某种特征更精确值的需求，从而产生了空间插值技术。

空间插值通常用于将离散点的测量数据转换为连续的数据曲面，以便与其他空间现象的分布模式进行比较。一般包括空间内插和外推两种算法，前者是在已存在观测点的区域范围之内估计未观测点的数据的过程；后者是在已存在观测点的区域范围之外估计未观测点的数据的过程。从理论上来讲，设已知一组空间数据，它们可以是离散点的形式，也可以是分区数据的形式，现在要从这些数据中找到一个函数关系式，使该关系式能更好地逼近这些空间数据，并能根据该关系式推求出区域范围内其他任意点或任意分区的值，这种通过已知点或分区的数据，推求任意点或分区数据的方法称为空间数据的内插。

连续空间表面的内插技术必须采用连续的空间渐变模型来实现连续的变化，可以采用平滑的数学表面加以描述。该技术可以分为整体拟合技术和局部拟合技术两大类。整体拟合技术是由研究区域内所有采样点上的全部特征值建立拟合模型的，通常采用整体趋势面拟合的技术，其特点是不能提供内插区域的局部特性，因此该模型用于模拟大范围的变化。而局部拟合技术仅仅采用邻近的数据点来估计未知点的特征值，因此可以提供局部区域的内插值，而不会受局部范围外其他点的影响。此类技术包括双线性多项式内插法、移动拟合法、最小二乘配置法等。

7.2.1　全局插值法

所谓全局内插，就是在整个研究区域用一个数学函数来表达空间表面。由于空间表面的复杂性，整体内插函数通常是高次多项式。针对采样点数目的不同，插值函数的选取也不一样。当采样点的个数与多项式的系数相等时，这时能得到一个唯一的解，多项式通过所有的地形采样点，属纯二维插值。而当采样点个数多于多项式系数时，没有唯一解，这时一般采用最小二乘法求解，即要求多项式曲面与采样点之间差值的平方和为最小，属曲面拟合插值或趋势面插值。从数学角度讲，任何复杂曲面都可由多项式在任意精度上逼近，但由于以下原因，空间插值中全局内插

法并不常用:

(1) 全局内插函数保凸性较差,由于高次多项式大都是幂函数和的形式,采样点的变化需要对多项式的系数做全面调整,从而采样点之间会出现难以控制的振荡现象,致使函数极不稳定,从而导致保凸性较差。

(2) 不容易得到稳定的数值解,高次多项式的系数求解一般要解算较高阶的线性方程组,计算的舍入误差和数据采样误差,都有可能引起多项式系数发生较大变化,使高次多项式不容易得到稳定的数值解。

(3) 高次多项式系数物理意义不明显,在低阶多项式中,各个系数的物理意义非常明确,例如线性多项式 $H = ax + by + c$ 中,a、b 分别为两个坐标轴方向的斜率,而在高次多项式中,各个系数的物理意义一般不明确,容易导致无意义的表面起伏现象。

(4) 解算速度慢且对计算机容量要求较高。

(5) 不能提供内插区域的局部表面特征。

全局内插虽然有如上的缺点,但其优点也是明显的。例如,整个区域上函数的唯一性,能得到全局光滑连续的表面,充分反映研究区域的表面宏观特征等。

趋势面分析是一种常用的全局内插方法,它是一种多项式回归技术,其基本思想是用多项式表示线或面,按最小二乘法原理对数据点进行拟合,拟合时假定数据点的空间坐标 X、Y 为独立变量,而表示特征值的 Z 坐标为因变量。整体趋势面拟合除了应用于整体空间的独立点内插外,另一个有效应用是揭示区域中异于总趋势的最大偏离部分。因此,在利用某类局部内插方法之前,可以考虑利用整体拟合技术从数据中去掉一些宏观特征。

由于全局内插法是对整个研究区域的表面进行拟合,数学拟合较复杂,精度较低,因此在实际中的应用也相对较少。

7.2.2　局部插值法

1. 线性内插

线性内插法原理相对比较简单,利用线性曲面方程 $z = ax + by + c$ 拟合待定点附近的表面,将内插点周围的 3 个采样点的数据值代入多项式,即可解算出系数 a、b、c,把待求点的 x、y 值代入即可求出其 z 值。

2. 双线性内插

双线性内插法是利用曲面方程 $z = ax + bxy + cy + d$ 拟合待定点附近的表面,即认为待定点附近的表面的参数值在 x 轴方向上呈线性变化,同时在 y 轴方向上也呈线性变化(图 7-13),此时可用待定点附近的 4 个采样点来计算双线性曲面函数的待定系数,再根据曲面函数方程把待求点的 x、y 值代入即可求出其 z 值。

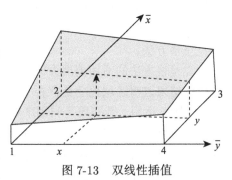

图 7-13 双线性插值

3. 样条函数插值

样条函数是一个分段函数,是在数学上与灵活曲线对等的一个数学等式,进行一次拟合只与少数点拟合,同时保证曲线段在连接处连接。因此,样条函数插值速度快,可以修改少数数据点配准,而不用重新计算整条曲线,趋势面分析方法则做不到这一点。

4. 距离倒数权重插值

距离倒数权重插值方法是加权移动平均方法的一种,它假设在未知点 X_0 处的属性值是在局部领域内的所有数据点的距离加权平均值,未知点受近距离已知点的影响比受远距离已知点的影响更大。该方法综合了泰森多边形的最近邻点法和趋势面分析的渐变方法的优点。距离倒数权重插值法的通用方程式为

$$z_0 = \frac{\sum\limits_{i=1}^{s} z_i \frac{1}{d_i^k}}{\sum\limits_{i=1}^{s} \frac{1}{d_i^k}} \tag{7-16}$$

式中,z_0 是点 0 的估计值,z_i 是已知点 i 的 z 值;d_i 是已知点 i 与点 0 之间的距离;s 是在估算中用到的已知点数目;k 是确定的幂,k 控制了局部影响的程度。指数幂等于 1.0 意味着点之间数值变化率为恒定不变(线性插值);指数幂大于等于 2.0 意味着越靠近已知点,数值的变化率越大,远离已知点时,则趋于平稳。

IDW 插值的一个重要特征是所有预测值都介于已知的最大值和最小值之间。距离倒数权重插值方法是 GIS 软件根据点状数据生成栅格图层的常见方法。该方法的计算值易受到数据点集群的影响,计算结果经常出现一种"鸭蛋"分布模式,即孤立点数据明显高于周围数据点,可以在插值过程中通过动态修改搜索准则得到一定程度的改进。

5. 克里格插值

克里格插值(Kriging)为空间局部插值法,是以变异函数理论和结构分析为基础,在有限区域内对区域化变量进行无偏最优估计的一种方法,是地统计学的主要

内容之一。南非矿产工程师 D. R. Krige(1951 年)在寻找金矿时首次运用这种方法，法国著名统计学家 G. Matheron 随后将该方法理论化、系统化，并命名为 Kriging，即克里格方法。

克里格方法的适用范围为区域化变量存在空间相关性，即如果变异函数和结构分析的结果表明区域化变量存在空间相关性，则可以利用克里格方法进行内插或外推，否则不适用。其实质是利用区域化变量的原始数据和变异函数的结构特点，对未知样点进行线性无偏估计、最优估计。无偏是指偏差的数学期望为 0，最优是指估计值与实际值之差的平方和最小。也就是说，克里格方法是根据未知样点有限邻域内的若干已知样本点数据，在考虑了样本点的形状、大小和空间方位、与未知样点的相互空间位置关系，以及变异函数提供的结构信息之后，对未知样点进行的一种线性无偏最优估计。

克里格方法与反距离权插值方法有些类似，两者都通过对已知样本点赋权重来求得未知样点的值，可统一表示为

$$z(x_0) = \sum_{i=1}^{n} \lambda_i z(x_i) \tag{7-17}$$

式中，$z(x_0)$ 为未知样点的值；$z(x_i)$ 为未知样点周围的已知样本点的值；λ_i 为第 i 个已知样本点对未知样点的权重；n 为已知样本点的个数。

不同的是，在赋权重时，反距离权插值方法只考虑已知样本点与未知样点的距离远近，而克里格方法不仅考虑距离，而且通过变异函数和结构分析，考虑已知样本点的空间分布及与未知样点的空间方位关系。

在克里格插值过程中，需注意以下几点：

(1) 数据应符合前提假设。

(2) 数据应尽量充分，样本数尽量大于 80，每一种距离间隔分类中样本对数尽量多于 10 对。

(3) 在具体建模过程中，很多参数是可调的，且每个参数对结果的影响不同。块金值，误差随块金值的增大而增大；基台值，对结果影响不大；变程，存在最佳变程值；拟合函数，存在最佳拟合函数。

(4) 当数据足够多时，各种插值方法的效果基本相同。

目前，克里格方法主要有以下几种类型：普通克里格(ordinary Kriging)、简单克里格(simple Kriging)、泛克里格(universal Kriging)、协同克里格(co-Kriging)、对数正态克里格(logistic normal Kriging)、指示克里格(indicator Kriging)、概率克里格(probability Kriging)和析取克里格(disjunctive Kriging)等。不同的方法有其适用的条件，当数据不服从正态分布时，若服从对数正态分布，则选用对数正态克

里格；若不服从简单分布时，选用析取克里格；当数据存在主导趋势时，选用泛克里格；当只需了解属性值是否超过某一阈值时，选用指示克里格；当同一事物的两种属性存在相关关系，且一种属性不易获取时，选用协同克里格，借助另一属性实现该属性的空间内插；当假设属性值的期望值为某一已知常数时，选用简单克里格；当假设属性值的期望值是未知的情况下，选用普通克里格。

7.2.3 逐点插值法

所谓逐点内插法，是以内插点为中心，确定一个邻域范围，用落在邻域范围内的采样点计算内插点的参数值。逐点内插本质上是局部内插，但也有所不同，局部内插中的分块范围一经确定，在整个内插过程中其大小、形状和位置是不变的，凡是落在该块中的内插点，都用该块的内插函数进行计算。而逐点内插法的邻域范围大小、形状、位置乃至采样点个数随内插点的位置而变动，一套数据只用来进行一个内插点的计算。逐点内插法由于内插效率较高而成为目前 DEM 常用的方法。

逐点内插法的基本步骤为以下方面。

(1) 定义内插点的邻域范围；

(2) 确定落在邻域内的采样点；

(3) 选定内插数学模型；

(4) 通过邻域内的采样点和内插数学模型计算内插点的参数值。

为实现上述步骤，逐点内插法需要解决好以下几个问题。

(1) 内插函数。内插函数常常与采样点的分布有关，目前常用的内插函数有：适合于离散分布采样点的拟合曲面、反距离权内插法；双线性内插法等。内插函数决定内插精度、内插点邻域的最小采样点个数和内插计算效率。另外，局部内插的各种数学模型也可应用到逐点内插法中。

(2) 邻域大小和形状。逐点内插法的邻域相当于局部内插的分块，但形状和位置随内插点的位置而变动。常用的邻域有圆形、方形等。

(3) 邻域内数据点的个数。邻域内数据点全部参加内插计算，用来进行内插计算的采样点不能太多也不能太少，太多影响计算精度(对内插计算的贡献程度太小)和处理效率，太少则不能满足内插函数的要求，邻域点的确定一般与具体的内插函数有关，通常认为 4~10 个点是比较合适的。

(4) 采样点的权重。采样点的权重是指采样点对内插点的贡献程度，目前最常用的定权方法是按距离进行定权，即反距离权。

(5) 采样点的分布。理论上内插函数对采样点的分布没有任何要求，例如，双线性内插也可适合不规则分布的采样点(任意四边形)，但以规则分布的点计算最为简单。

逐点内插方法计算简单，应用比较灵活，是较为常用的一类内插方法。逐点内插方法的主要问题是内插点邻域的确定，它不仅影响到内插精度，也影响到内插速度。

7.3　空间叠加分析

7.3.1　叠加分析概述

叠加分析是地理信息系统最常用的提取空间隐含信息的手段之一。该方法源于传统的透明材料叠加，即将来自不同的数据源的图纸绘于透明纸上，在透光桌上将其叠放在一起，然后用笔勾出感兴趣的部分——提取出感兴趣的信息。地理信息系统的叠加分析是将有关主题层组成的数据层面进行叠加，产生一个新数据层面的操作，其结果综合了原来两层或多层要素所具有的属性。叠加分析不仅包含空间关系的比较，还包含属性关系的比较。地理信息系统叠加分析可以分为以下几类：视觉信息叠加、点与多边形叠加、线与多边形叠加、多边形叠加、栅格图层叠加。

叠加(overlay)也称叠置或叠合，主要用于多重专题图层的综合分析，是 GIS 的区域性和多层次特点所决定的传统空间分析手段。它是指在统一空间参照系统条件下，每次将同一地区两个地理对象的图层进行叠加，以产生空间区域的多重属性特征，或建立地理对象之间的空间对应关系。

叠加分析是 GIS 中的一项非常重要的空间分析功能。我们经常需要了解一个乡的森林覆盖面积、一个县的公路里程、一个地区的河流密度，为了得到这些结果，不能仅靠前面所述的空间查询，而需要将空间目标进行切割，必要时要重建拓扑关系，以确切地统计出乡的森林覆盖面积、县的公路里程、地区的河流密度等属性值。

空间叠加至少涉及两个图层，其中，至少有一个图层是多边形图层，称基本图层，另一图层可能是点、线或多边形。

空间叠加的分析往往涉及逻辑包含、逻辑交、逻辑并、逻辑差的运算，下面先介绍两个图层布尔逻辑运算的性质与定律(图 7-14)。

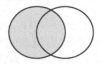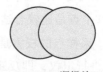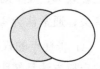

(a) A⊆B (逻辑包含)　(b) A∩B (逻辑交)　　(c) A∪B (逻辑并)　　(d) A−B(逻辑差)

图 7-14　布尔逻辑运算

视觉信息叠加是将不同侧面的信息内容叠加显示在结果图件或屏幕上，以便研究者判断其相互空间关系，获得更为丰富的空间信息。地理信息系统中视觉信息叠加包括以下几类：①点状图、线状图和面状图之间的叠加显示；②面状图区域边界之间或一个面状图与其他专题区域边界之间的叠加；③遥感影像与专题地图的叠加；④专题地图与数字高程模型叠加显示的立体专题图。视觉信息叠加不产生新的数据层面，只是将多层信息复合显示，便于分析。

7.3.2 基于矢量的叠加分析

1. 点与多边形叠加

点与多边形叠加，实际上是计算多边形对点的包含关系。矢量结构的 GIS 能够通过计算每个点相对于多边形线段的位置，进行点是否在一个多边形中的空间关系判断。

在完成点与多边形的几何关系计算后，还要进行属性信息处理。最简单的方法是将多边形属性信息叠加到其中的点上，当然也可以将点的属性叠加到多边形上，用于标识该多边形。如果有多个点分布在一个多边形内的情形时，则要采用一些特殊规则，如将点的数目或各点属性的总和等信息叠加到多边形上，如图 7-15 所示。

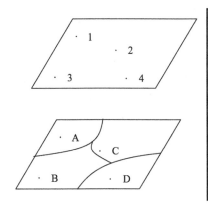

点号	属性 1	属性 2	多边形号	属性 3
1			A	
2			C	
3			B	
4			D	

图 7-15　点与多边形叠加分析示意图

通过点与多边形叠加，可以计算出每个多边形类型里有多少个点，不但要区分点是否在多边形内，还要描述在多边形内部的点的属性信息。这种叠加通常不直接产生新的数据层面，只是把属性信息叠加到原图层中，然后通过属性查询间接获得点与多边形叠加的需要信息。例如，一个中国政区图(多边形)和一个全国矿产分布图(点)，两者经叠加分析后，将政区图多边形有关的属性信息加到矿产分布图的属性数据表中，然后通过属性查询，可以查询指定省有多少种矿产，产量有多少，而且可以查询指定类型的矿产在哪些省里有分布等信息。

2. 线与多边形叠加

线与多边形叠加是比较线上坐标与多边形坐标的关系，判断线是否落在多边形内。计算过程通常是计算线与多边形的交点，只要相交，就产生一个结点，将原线打断成一条条弧段，并将原线和多边形的属性信息一起赋给新弧段。叠加的结果产生了一个新的数据层面，每条线被它穿过的多边形打断形成新的弧段图层，同时产生一个相应的属性数据表记录原线和多边形的属性信息，如图 7-16 所示。

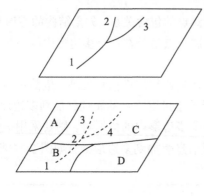

线号	原线号	多边形号
1	1	B
2	1	C
3	2	C
4	3	C

图 7-16　线与多边形叠加分析示意图

根据叠加的结果可以确定每条弧段落在哪个多边形内，可以查询指定多边形内指定线穿过的长度。如果线状图层为河流，叠加的结果是多边形将穿过它的所有河流打断成弧段，可以查询任意多边形内的河流长度，进而计算它的河流密度等；如果线状图层为道路网，叠加的结果可以得到每个多边形内的道路网密度、内部的交通流量、进入和离开各个多边形的交通量、相邻多边形之间的相互交通量。

3. 多边形叠加

多边形叠加是 GIS 最常用的功能之一。多边形叠加将两个或多个多边形图层进行叠加产生一个新多边形图层的操作，其结果将原来多边形要素分割成新要素，新要素综合了原来两层或多层的属性，如图 7-17 所示。

进行多个多边形的叠加运算，在参与运算多边形所构成的属性空间内，每个结果多边形内部的属性值是一致的，可以称为最小公共地理单元。

叠加过程可分为几何求交过程和属性分配过程两步。几何求交过程首先求出所有多边形边界线的交点，再根据这些交点重新进行多边形拓扑运算，对新生成的拓扑多边形图层的每个对象赋一多边形唯一标识码，同时生成一个与新多边形对象一一对应的属性表。由于矢量结构的精度有限，几何对象不可能完全匹配，叠加结果可能会出现一些碎屑多边形，如图 7-18 所示，通常可以设定一模糊容限以消除这些多边形。

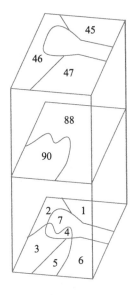

图层1

宗地ID	宗地号
45	京-99-01
46	京-99-02
47	京-99-03

图层2

土壤ID	稳定性
88	稳定
90	不稳定

叠加结果图层

ID	宗地ID	宗地号	土壤ID	稳定性
1	45	京-99-01	88	稳定
2	46	京-99-02	88	稳定
3	46	京-99-02	90	不稳定
4	—	—	90	不稳定
5	47	京-99-03	90	不稳定
6	47	京-99-03	88	稳定
7	—	—	88	稳定

图 7-17　多边形叠加分析

(a) T1 时刻多边形　　　(b) T2 时刻多边形　　　(c) 多边形叠加结果

图 7-18　多边形叠加产生碎屑多边形

多边形叠加结果通常把一个多边形分割成多个多边形，属性分配过程最典型的方法是将输入图层对象的属性拷贝到新对象的属性表中，或把输入图层对象的标识作为外键，直接关联到输入图层的属性表中。这种属性分配方法的理论假设是多边形对象内属性是均质的，将它们分割后，属性不变。也可以结合多种统计方法为新多边形赋属性值。

多边形叠加完成后，根据新图层的属性表可以查询原图层的属性信息，新生成的图层和其他图层一样可以进行各种空间分析和查询操作。

根据叠加结果最后欲保留空间特征的不同要求，一般的 GIS 软件都提供三种类型的多边形叠加操作，如图 7-19 所示。

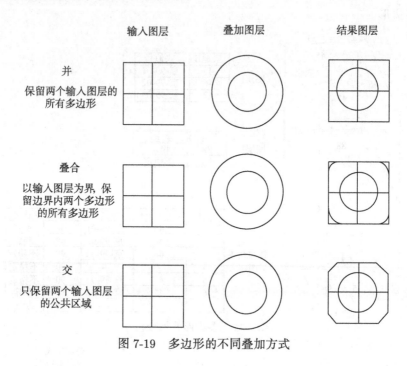

图 7-19　多边形的不同叠加方式

在 ArcGIS 软件中，叠加分析根据操作形式的不同可以分为图层擦除、识别叠加、交集操作、对称区别、图层合并和修正更新 6 种形式(表 7-3)。

表 7-3　ArcGIS 软件矢量要素空间叠加分析操作

叠加操作	叠置效果	图解
图层擦除 (erase)	根据擦除参照图层的范围大小，擦除参照图层所覆盖的输入图层内的要素。从数学的空间逻辑运算的角度来说，即 $A-A\bigcap B$ (即 $x\in A$ 且 $x\notin B$，A 为输入图层，B 为擦除层)	输入图层　擦除参照　输出图层
识别叠加 (identity)	输入图层进行识别叠加，是在图形交叠的区域，识别图层的属性将赋给输入图层在该区域内的地图要素，同时也有部分的图形变化在其中	输入图层　输出图层 有相同特征

续表

叠加操作	叠置效果	图解
交集操作 (intersect)	交集操作是通过叠加处理得到两个图层的交集部分，并且原图层的所有属性将同时在得到的新的图层上显示出来，即 $A \in A \cap B$（A、B 分别是进行交集的两个图层）	输入图层　输出图层　相交的图层
对称区别 (symmetrical difference)	获得两个图层叠加后去掉其公共的区域，新生成的图层的属性也是综合两者的属性而产生的，用逻辑代数运算的方式表示就是：$x \in (A \cup B - A \cap B)$（$A$、$B$ 为输入的两个图层）	输入图层　输出图层
图层合并 (union)	通过把两个图层的区域范围联合起来而保持来自输入地图和叠加地图的所有地图要素；在布尔运算上用的是 "or" 关键字，即输入图层 or 叠加图层	输入图层　输出图层
修正更新 (update)	首先对输入的图层和修正图层进行几何相交的计算，然后输入的图层中被修正图层覆盖的那一部分属性将被修正图层的属性代替	输入图层　输出图层　修正图层

7.3.3　基于栅格的叠加分析

基于栅格数据叠加分析的特点是参与叠加分析的空间数据为栅格数据结构。栅格叠加分析的条件是要具备两个或多个同一地区相同行列数的栅格数据，要求栅格数据具有相同的栅格大小。对不同图层间相对应的栅格进行运算，其叠加分析的结果是生成新的栅格图层，产生新的空间信息。栅格叠加分析又称为"地图代数"，其原理如图 7-20 所示。

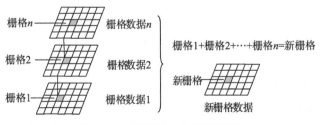

图 7-20　栅格叠加分析原理图

栅格叠加分析的方法很多，通常包括表 7-4 所示的几个种类。常用的栅格叠加分析方法包括点变换方法、区域变换方法和领域变换方法。

表 7-4　栅格叠加分析方法分类

类型	栅格单元叠加方法
数学运算	算术运算符：+(加)，−(减)，*(乘)，/(除)…
	逻辑运算符：and(与)，or(或)，xor(异或)，not(反)…
	关系运算符：=(相等)，>(大于)，<(小于)，<>(不等于)…
函数运算	指数、对数函数：exp(以 e 为底的指数)，log(以 e 为底的对数)…
	算术函数：abs(绝对值)，isnull(是否为空)…
	三角函数：sin(正弦)，cos(余弦)，tan(正切)，arcsin(反正弦)…
	幂函数：pow(乘方)，sqrt(开方)…
统计运算	统计函数：majority(众数)，maxmum(最大值)，mean(平均值)，median(中数)，minimum(最小值)，sum(总数求和)，miniority(少数)，variety(个数)，standard deviateon(标准差)…

1. 点变换方法

点变换方法只对各图上相应的点的属性值进行运算。实际上，点变换方式假定独立图元的变换不受其邻近点的属性值的影响，也不受区域内一般特征的影响。

点变换方法是栅格叠加分析的核心方法，它是栅格的运算操作，可对单个栅格图层数据进行加、减 、乘、除、指数、对数等各种运算，也可对多个栅格图层进行加、减、乘、除、指数、对数等运算。运算得到的新属性值可能与原图层的属性值意义完全不同。

2. 区域变换方法

区域变换是指计算新图层相应栅格的属性值时，不仅要考虑原来图层上对应的栅格的属性值，而且要顾及原图层栅格所在区域的几何特征(区域长度、面积、周长、形状等)或原图层同名栅格的个数。

3. 领域变换方法

领域变换是在计算新层图元值时，不仅考虑原始图层上相应图元本身的值，而且还要考虑与该图元有领域关联的其他图元值的影响。常见的领域有方形、圆形、环形、扇形等，如图 7-21 所示。

以上基于栅格数据的叠加分析，讨论了三种主要的变换，在实际应用中可以通过交互运算，满足不同的空间分析需求。举个例子，现有两个不同时期河道水下地形的栅格 DEM 数据，将两个不同时期的栅格 DEM 数据进行叠加分析，则可得到河道水下地形在不同时期的冲淤变化情况。

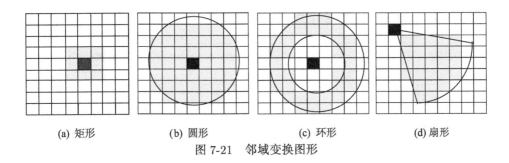

(a) 矩形   (b) 圆形   (c) 环形   (d) 扇形

图 7-21　邻域变换图形

7.4　空　间　查　询

空间查询是地理信息系统最基本的功能之一。空间数据查询属于空间数据库的范畴，一般定义为从空间数据库中找出所有满足属性约束条件和空间约束条件的地理对象。查询的过程大致可分为三类：①直接复原数据库中的数据及所含信息，来回答人们提出的一些比较"简单"的问题；②通过一些逻辑运算完成一定约束条件下的查询；③根据数据库中现有的数据模型，进行有机地组合构造出复合模型，模拟现实世界的一些系统和现象的结构、功能，来回答一些"复杂"的问题，预测一些事务的发生、发展的动态趋势。

空间查询的方式主要有两大类，即"属性查图形"和"图形查属性"。"属性查图形"主要是用 SQL 语句来进行简单和复杂的条件查询。例如，在中国经济区划图上查找人均年收入大于 5 万元人民币的城市，将符合条件的城市的属性与图形关联，然后在经济区划图上高亮度显示给用户。"图形查属性"可以通过点、矩形、圆和多边形等图形来查询所选空间对象的属性，也可以查找空间对象的几何参数，如两点间的距离、线状地物的长度、面状地物的面积等，这些功能一般的地理信息系统软件都会提供。在实际应用中，查找地物的空间拓扑关系非常重要，现在一些地理信息系统软件也提供这些功能。

空间查询的内容很多，可以查询空间对象的属性、空间位置、空间分布、几何特征，以及和其他空间对象的空间关系等。查询结果可以通过多种方式显示给用户，如高亮度显示、属性列表和统计图表等。图 7-22 给出了空间数据查询的方式、内容和结果的关系图。

1. 几何参数查询

常用的 GIS 软件都提供了查询空间对象几何参数的功能，包括点的位置坐标、两点间的距离、线段的长度、多边形的面积和周长等。几何参数的查询主要通过查询属性库或者进行空间计算来实现。

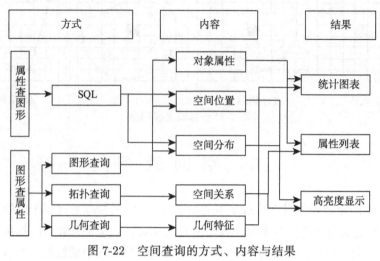

图 7-22　空间查询的方式、内容与结果

2. 空间定位查询

空间定位查询用于实现图形数据和属性数据的双向查询，对给定的某个几何图形，检索该图形范围内的空间对象及其属性。例如，用鼠标点击图中的任意一点，可以得到该点所代表空间对象的相关属性；给定一个矩形、圆形或多边形窗口，可以得到该窗口内所有对象的属性列表。空间定位查询是最基本的查询功能。

3. 基于属性特征的查询

属性查询即根据某个属性值，找出对应的满足该属性值的记录或图形。属性信息的查询主要是在属性数据库中通过 SQL 查询来实现。利用 SQL 语句，可以在属性数据库中方便地实现属性信息的复合条件查询，筛选出满足条件的空间对象的标识值，再到图形数据库中根据标识值检索该空间对象。

4. 基于空间关系的查询

空间对象存在着多种的空间关系，包括拓扑、顺序、距离、方位等。为支持空间关系的查询，需要在 SQL 上扩充谓词集，将属性条件和空间关系的图形条件组合在一起形成扩展的 SQL 查询语言。常用的空间关系谓词有相邻(adjacent)、包含(contain)、穿过(cross)、内部(inside)、缓冲区(buffer)等。扩展的 SQL 查询，给用户带来了很大的方便。

空间数据的拓扑关系，对地理信息系统的数据处理和空间分析具有非常重要的意义。拓扑关系查询包括以下类型：①邻接关系查询，邻接查询可以是点与点的邻接查询、线与线的邻接查询，或者是面与面的邻接查询。邻接关系查询还可以涉及与某个结点邻接的线状地物和面状地物信息的查询，如查找与公园邻接的闲置空地，或者与洪水泛滥区域相邻的居民区等。②包含关系查询，包含关系查询可以查询某一面状地物所包含的某一类地物，或者查询包含某一地物的面状地物。被包含的地物可以是点状地物、线状地物或面状地物，如某一区域内商业网点的分布等。③关联关系查询，关联关系查询的是空间不同元素之间拓扑关系的查询，可以查询与某点状地物相关联的线状地物的相关信息，也可以查询与线状地物相关联的面状地物的相关信息，如查询某一给定的排水网络所经过的土地的利用类型，得到与排水网络相关联的土地图斑。

5. 地址匹配查询

地址匹配查询是 GIS 特有的一种空间查询方法，它是将文本化的地址描述信息转换为空间要素的处理过程。在地理编码基础上，利用地址匹配查询，通过输入地址信息如所在街道的门牌号码，就可以确定大致的空间坐标，这对于确定目标对象的大概位置具有重要的参考意义。

7.5　空间缓冲区分析

7.5.1　缓冲区分析

缓冲区分析是研究根据数据库的点、线、面实体，自动建立其周围一定宽度范围内的缓冲区多边形实体，从而实现空间数据在水平方向得以扩展的信息分析方法。它是地理信息系统重要的和基本的空间操作功能之一。例如，城市的噪声污染源所影响的一定空间范围、交通线两侧所划定的绿化带，即可分别描述为点的缓冲区与线的缓冲带。而多边形面域的缓冲带有正缓冲区与负缓冲区之分(图 7-23)。

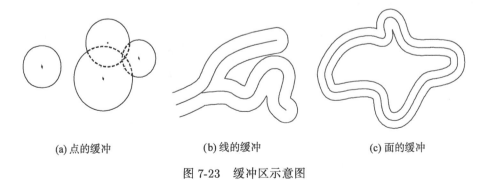

|(a) 点的缓冲|(b) 线的缓冲|(c) 面的缓冲|

图 7-23　缓冲区示意图

所谓缓冲区就是地理空间目标的一种影响范围或服务范围。从数学的角度看，缓冲区分析的基本思想是，给定一个空间对象或集合，确定它们的邻域，邻域的大小由邻域半径 R 决定。因此对象 O_i 的缓冲区定义为

$$B_i = \left\{x : d(x, O_i) \leqslant R\right\} \tag{7-18}$$

即对象 O_i 的半径为 R 的缓冲区为距 O_i 的距离 d 小于 R 的全部点的集合。d 一般是最小欧氏距离，但也可是其他定义的距离。对于对象集合 O 的定义如下：

$$O = \left\{O_i : i = 1, 2, \cdots, n\right\} \tag{7-19}$$

其半径为 R 的缓冲区是各个对象缓冲区的并，即

$$B = \bigcup_{i=1}^{n} B_i \tag{7-20}$$

缓冲区分析的概念与缓冲区查询的概念不完全相同，缓冲区查询是不破坏原有空间目标的关系，只是检索得到该缓冲区范围内涉及的空间目标。缓冲区分析则不同，它是对一组或一类地物按缓冲的距离条件，建立缓冲区多边形图，然后将这一个图层与需要进行缓冲区分析的图层进行叠加分析，得到所需要的结果。总体而言，缓冲区分析涉及两步操作，第一步是建立缓冲区图层，第二步是进行叠加分析。

7.5.2 基于矢量的缓冲区分析

缓冲区计算的基本问题是双线问题。双线问题有很多另外的名称，如图形加粗、加宽线、中心线扩张等，它们指的都是相同的操作。

1. 角分线法

双线问题最简单的方法是角分线法(简单平行线法)。算法是在轴线首尾点处，做轴线的垂线并按缓冲区半径 R 截出左右边线的起止点；在轴线的其他转折点上，用与该线所关联的前后两邻边距轴线的距离为 R 的两平行线的交点来生成缓冲区的对应顶点，如图 7-24 所示。

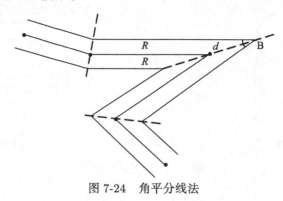

图 7-24   角平分线法

角分线法的缺点是难以最大限度保证双线的等宽性，尤其是凸侧角点在进一步变锐时，将远离轴线顶点。根据图 7-24，远离情况可由下式表示：

$$d = R/\sin(B/2) \tag{7-21}$$

当缓冲区半径不变时，d 随张角 B 减小而增大，结果在尖角处双线之间的宽度遭到破坏。

因此，为克服角分线法的缺点，要有相应的补充判别方案，用于校正所出现的异常情况。但由于异常情况不胜枚举，导致校正措施繁杂。

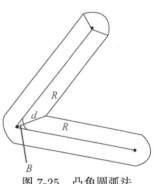

2. 凸角圆弧法

在轴线首尾点处，做轴线的垂线并按双线和缓冲区半径截出左右边线起止点；在轴线其他转折点处，首先判断该点的凸凹性，在凸侧用圆弧弥合，在凹侧则用前后两邻边平行线的交点生成对应顶点。这样外角以圆弧连接，内角以直接连接，线段端点以半圆封闭，如图7-25 所示。

图 7-25　凸角圆弧法

在凹侧，平行边线相交在角分线上。交点距对应顶点的距离表示公式与角分线法类似：

$$d = R/\sin(B/2) \tag{7-22}$$

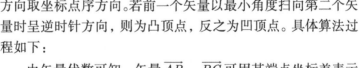

该方法最大限度地保证了平行曲线的等宽性，避免了角分线法的众多异常情况。

该算法非常重要的一点是折点凸凹性的自动判断。此问题可转化为两个矢量的叉积：把相邻两个线段看成两个矢量，其方向取坐标点序方向。若前一个矢量以最小角度扫向第二个矢量时呈逆时针方向，则为凸顶点，反之为凹顶点。具体算法过程如下：

由矢量代数可知，矢量 $\overrightarrow{AB}$，$\overrightarrow{BC}$ 可用其端点坐标差表示

图 7-26　采用向量
叉乘判断向量排列

（图 7-26）：

$$\overrightarrow{AB} = \left(X_B - X_A, Y_B - Y_A\right) = \left(a_x, a_y\right) \tag{7-23}$$

$$\overrightarrow{BC} = \left(X_C - X_B,\ Y_C - Y_B\right) = \left(b_x, b_y\right) \tag{7-24}$$

$$\vec{S} = \overrightarrow{AB} \times \overrightarrow{BC} = \vec{a} \times \vec{b} = \left(a_x b_y - b_x a_y\right)$$
$$= \left(X_B - X_A\right)\left(Y_C - Y_B\right) - \left(X_C - X_B\right)\left(Y_B - Y_A\right) \tag{7-25}$$

矢量代数叉积遵循右手法则，即当 ABC 呈逆时针方向时，S 为正，否则为负。

若 $S>0$，则 ABC 呈逆时针，顶点为凸；

若 $S<0$，则 ABC 呈顺时针，顶点为凹；

若 $S=0$，则 ABC 三点共线。

在 ArcGIS 中建立缓冲区的方法是基于生成多边形(buffer wizard)来实现的。它基于矢量结构，根据给定的缓冲区距离，对点状、线状和面状要素的周围形成缓冲区多边形图层进行普通、分级、属性权值和独立缓冲区的建立。三类要素建立缓冲区的原理是一样的，并且建立的操作步骤也是大致相同的，但由于目标要素的空间形态的不同，使得缓冲区的形状具有一定差异。

点缓冲区是选择单个点、一组点、一类点状要素或一层点状要素，按照给定的缓冲条件建立缓冲区。如图 7-27 所示，不同的缓冲条件下，单个或多个点状要素建立的缓冲区不同。

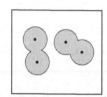
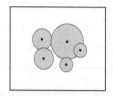

(a) 单个点缓冲区   (b) 相同缓冲距离缓冲区   (c) 属性值作距离参数的缓冲区

图 7-27　点缓冲区

线缓冲区是选择一类或一组线状要素，按照给定缓冲条件建立缓冲区，如图 7-28 所示。

(a) 单个线缓冲区   (b) 多个线缓冲区   (c) 属性值作距离参数的缓冲区

图 7-28　线缓冲区

面缓冲区是选择一类或一组面状要素，按照给定的缓冲条件建立缓冲区结果。面缓冲区由于自身缓冲区建立的原因，存在内缓冲区和外缓冲区之分。外缓冲区是仅仅在面状地物的外围形成缓冲区，内缓冲区则在面状地物的内侧形成缓冲区，同时也可以在面状地物的边界两侧形成缓冲区(图 7-29)。

(a) 外缓冲区   (b) 内缓冲区   (c) 内外缓冲区

图 7-29 面缓冲区

7.5.3 基于栅格的缓冲区分析

基于栅格结构也可以做缓冲区分析，通常称为推移或扩散。推移或扩散实际上是模拟主体对邻近对象的作用过程，物体在主体的作用下在一阻力表面移动，离主体越远作用力越弱。例如，可以将地形、障碍物和空气作为阻力表面，噪声源为主体，用推移或扩散的方法计算噪声离开主体后在阻力表面上的移动，得到一定范围内每个栅格单元的噪声强度。

在 ArcGIS 软件中，可以利用距离制图(mapping distance)的栅格分析方法来实现缓冲区分析。距离制图根据每一栅格相距其最邻近要素(也称为"源")的距离分析制图，从而反映每一栅格与其最邻近源的相互关系。通过距离制图可以获得很多相关信息，指导人们进行资源的合理规划和利用。例如，飞机失事紧急救援时从指定地区到最近医院的距离；消防、照明等市政设施的布设及其服务区域的分析等。此外，也可以根据某些成本因素找到 A 地到 B 地的最短路径或成本最低路径。

7.6 网 络 分 析

现实世界中，若干线状要素相互连接成网状结构，资源沿着这个线性网流动，这样就构成了一个网络。在 GIS 中，作为空间实体的网络与图论中的网络不同。它作为一种复杂的地理目标，除具有一般网络的边、结点间抽象的拓扑含义之外，还具有空间定位上的地理意义和目标复合上的层次意义。具体说来，网络就是指现实世界中，由链和结点组成的、带有环路，并伴随着一系列支配网络中流动之约束条件的线网图形，它的基础数据是点与线组成的网络数据。

网络分析是通过模拟、分析网络的状态以及资源在网络上的流动和分配等，研究网络结构、流动效率及网络资源等的优化问题的领域。对地理网络、城市基础设施网络进行地理分析和模型化，是地理信息系统中网络分析功能的主要目的。进行网络分析研究的数学分支是图论和运筹学，它的根本目的是研究、筹划一项基于网络数据的工程如何安排，并使其运行效果最好，如一定资源的最佳分配、从一地到另一地的花费时间最短等，研究内容主要包括选择最佳路径、选择最佳布局中心的位置、资源分配、结点弧段的遍历等。其基本思想则在于人类活动总是趋向于按一定目标选择达到最佳效果的空间位置。这类问题在生产、社会、经济活动中不胜枚举，因此研究此类问题具有重大意义。目前网络分析在电子导航、交通旅游、城市管网和配送、急救等领域发挥重要作用。

7.6.1 网络组成和属性

1. 网络组成

网络是现实世界中，由链和结点组成的、带有环路、并伴随着一系列支配网络中流动之约束条件的线网图形。它是现实世界中的网状系统的抽象表示，可以模拟交通网、通讯网、地下水管网、天然气网等网络系统。网络的基本组成部分和属性有以下方面(图 7-30)。

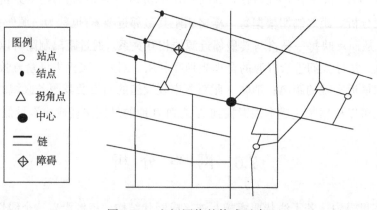

图 7-30　空间网络的构成元素

1) 线状要素——链

网络中流动的管线。是构成网络的骨架，也是资源或通信联络的通道，包括有形物体如街道、河流、水管、电缆线等，无形物体如无线电通信网络等，其状态属性包括阻力和需求。

2) 点状要素

(1) 障碍。禁止网络中链上流动的，或对资源或通信联络起阻断作用的点。

(2) 拐角点。出现在网络链中所有的分割结点上状态属性的阻力，如拐弯的时间和限制(如不允许左拐)。

(3) 结点。网络链与网络链之间的连接点，位于网络链的两端，如车站、港口、电站等，其状态属性包括阻力和需求。

(4) 中心。是接收或分配资源的位置，如水库、商业中心、电站等。其状态属性包括资源容量，如总的资源量、阻力限额，又如中心与链之间的最大距离或时间限制。

(5) 站点。在路径选择中资源增减的站点，如库房、汽车站等，其状态属性有要被运输的资源需求，如产品数。

除了基本组成部分外，有时还要增加一些特殊结构，如邻接点链表用来辅助进行路径分析等。

2. 网络中的属性

网络组成部分都是用图层要素形式表示，需要建立要素间的拓扑关系，包括结点—弧段拓扑关系和弧段—结点拓扑关系，并用一系列相关属性来描述。这些属性是网络中的重要部分，一般以表格的方式存储在 GIS 数据库中，以便构造网络模型和进行网络分析。例如，在城市交通网络中，每一段道路都有名称、速度上限、宽度等属性；停靠点处有大量的物资等待装载或下卸等属性。在这些属性中，有一些特殊的非空间属性，主要表现在以下方面。

1) 阻强

阻强是指资源在网络流动中的阻力大小，如所花的时间、费用等。它是描述链与拐角点所具有的属性，表示从链的一个结点到另一个结点所克服的阻力，其大小一般与弧段长度、方向、属性及结点类型等有关。拐角点的阻强描述资源流动方向在结点处发生改变的阻力大小，它随着两条相连链弧的条件状况而变化。若有单行线，则表示资源流在往单行线逆向方向的阻力为无穷大或为负值。为了网络分析的需要，一般来说要求不同类型的阻强要统一量纲。

运用阻碍强度概念的目的在于模拟真实网络中各路线及转弯的变化条件。网络分析中选取的资源最优分配和最优路径随要素阻碍强度的大小而变化，最优路径是最小阻力的路线。对不构成通道的链或拐角点往往赋予负的阻碍强度，这样在选取最佳路线时可自动跳过这些链或拐角点。

2) 资源容量

资源容量是指网络中心为了满足各链的需求，能够容纳或提供的资源总数量，也指从其他中心流向该中心或从该中心流向其他中心的资源总量。例如，水库的总容水量、宾馆的总容客量、货运总站的仓储能力等。

3) 资源需求量

资源需求量是指网络系统中具体的线路、链、结点所能收集的或可以提供给某一中心的资源量。例如，城市交通网络中沿某条街道的流动人口、供水网络中水管的供水量、货运停靠点装卸货物的件数等。

7.6.2 网络的建立

网络分析的基础是网络的建立，一个完整的网络必须首先加入多层点文件和线文件，由这些文件建立一个空的空间图形网络，然后对点和线文件建立起拓扑关系，加入其各个网络属性特征值。例如，根据网络实际的需要，设置不同的阻强值、网络中链的连通性、中心点的资源容量、资源需求量等。一旦建立起网络数据，全部数据就被存放在地理数据库中，由数据库的生命循环周期来维持其运作，如在 ArcGIS 中通过 GeoDatabase 建立几何网络，将其全部的数据和组成部分封装在一个文件中。

7.6.3 网络的应用

地理信息系统中的网络分析就是对交通网络、网线、电力线、电话线、供排水管线等进行地理分析和模型化，然后再从模型中提炼知识指导现实，从网络分析应用功能的角度上，网络分析划分为路径分析、最佳选址、资源分配和地址匹配。

1. 路径分析

在任何定义域上，距离总是指两点或其他对象间的最短间隔，同时，在讨论距离时，定义这个距离的路径也是其重要的方面。在平面域上，因为欧氏距离的路径是一条直线，对它的确定是直截了当的，所以一般不专门讨论与距离相连的路径问题。在球面上，与距离相连的路径是大圆航线，需要特别的计算，但在给定了两点的地理坐标(地理位置)后，这个路径的计算是基本的也是简单易行的。然而，在一个网络上，给定了两点的位置，在计算两点间的距离时，还必须同时考虑与之相关联的路径。因为路径的确定相对复杂，无法直接计算。这就是为什么"计算机网络上两点的距离"在大多数的情况下，都称之为"最短路径计算"。在这里，"路径"显然比"距离"更为重要。

在路径分析中分析处理方向有以下几类：

(1) 静态最佳路径。由用户确定权值关系后，即给定每条弧段的属性，当需求最佳路径时，读出路径的相关属性，求最佳路径。

(2) 动态分段技术。给定一条路径由多段联系组成，要求标注出这条路上的公里点或要求定位某一公路上的某一点，标注出某条路上从某公里数到另一公里数的路段。

(3) N 条最佳路径分析。确定起点、终点，求代价较小的几条路径，因为在实践中往往仅求出最佳路径并不能满足要求,可能因为某种因素不走最佳路径,而走近似最佳路径。

(4) 最短路径。确定起点、终点和所要经过的中间点、中间连线,求最短路径。

(5) 动态最佳路径分析。实际网络分析中,权值是随着权值关系式变化的,而且可能会临时出现一些障碍点,所以往往需要动态计算最佳路径。

上述讨论的路径分析中网络要素的属性是固定不变的,在网络分析中属于静态求最优路径。在实际应用中,各网络要素的属性如阻强是动态变化的,还可能出现新的障碍,如城市交通路况的实时变化,此时需要动态地计算动态最优路径。有时仅求出单个最优路径仍不够,还需要求出次优路径。

2. 资源分配

资源分配主要是优化配置网络资源的问题,资源分配的目的是对若干服务中心进行优化,划定每个中心的服务范围,把所有连通链都分配到某一中心,并把中心的资源分配给这些链以满足其需求,即要满足覆盖范围和服务对象数量,筛选出最佳布局和布局中心的位置。资源分配网络模型由中心点(分配中心)及其状态属性和网络组成。分配有两种方式:一种是由分配中心向四周输出,另一种是由四周向中心集中。这种分配功能可以解决资源的有效流动和合理分配。具体来说,资源分配是根据中心容量以及网线和结点的需求,并依据阻强大小,将网线和结点分配给中心,分配是沿着最佳路径进行的。当网络元素被分配给某个中心点时,该中心拥有的资源量就依据网络元素的需求而缩减,中心资源耗尽,分配也停止。

资源分配在地理网络中的应用与区位论中的中心地理论类似。在资源分配模型中,研究区可以是机能区,根据网络流的阻力等来研究中心的吸引区,为网络中的每一连接寻找最近的中心,以实现最佳的服务。资源分配还可以用来指定可能的区域。

3. 最佳选址

选址功能是指在一定约束条件下、在某一指定区域内选择设施的最佳位置,它本质上是资源分配分析的延伸,如连锁超市、邮筒、消防站、飞机场、仓库等设施的最佳位置的确定。在网络分析中的选址过程中,一般限定设施必须位于某个结点或某条链上,或者限定在若干候选地点中选择位置。

服务中心选址的步骤具体如下:

(1) 对若干候选地点或方案进行资源分配分析,将待规划建设的服务中心与现有的服务中心合在一起进行资源分配分析,划分服务区,进行不同方案的显示。

(2) 根据每种选址方案的资源分配或服务区划分结果,计算这些方案中所有参与运行的链的网络运行花费的总和或平均值。

(3) 比较各种方案,选择上述花费的总和或平均值为最小的方案,即满足约束条件的最佳地址的选择。

实际中，由于要考虑到很多实际因素，例如，学校选址需要考虑生源问题、环境嘈杂性、交通性等；商场的选址，要考虑交通状况、周围人群的经济能力、消费水平、文化素质问题等。除此之外，选址不但要考虑社会人文因素，还要考虑地形起伏、建筑物的遮挡等。选址时需要将这些实际因素添加进去，得到一个基于综合指标的最佳选址。

7.7 探索性空间分析方法

数据分析包括探索阶段和证实阶段。探索性数据分析首先分离出数据的模式和特点，再根据数据特点选择合适的模型。探索性数据分析还可以用来揭示数据对于常见模型的意想不到的偏离。探索性方法既要灵活适应数据的结构，也要对后续分析步骤揭示的模式灵活反映。

ArcGIS 提供的一系列图形工具和适用于数据的插值方法，可以确定统计数据属性、探测数据分布、计算全局和局部的异常值(过大值或过小值)、寻求全局的变化趋势、研究空间自相关和理解多种数据集之间相关性。探索性空间数据分析能让用户更深入了解数据，认识研究对象，从而对与其数据相关的问题做出更好的决策。

7.7.1 基本分析工具

1. 直方图

直方图指对采样数据按一定的分级方案(等间隔分级、标准差分等)进行分级，统计采样点落入各个级别中的个数或占总采样数的百分比，并通过条带图或柱状图表现出来。直方图可以直观地反映采样数据的分布特征、总体规律，可以用来检验数据分布和寻找数据离群值。图 7-31 为直方图示意图。

2. QQPlot 图

1) 正态 QQPlot 分布图

正态 QQPlot(normal QQPlot)分布图主要用来评估具有 n 个值的单变量样本数据是否服从正态分布。构建正态 QQPlot 分布图的通用过程如下(图 7-32)：

(1) 对采样值进行排序；

(2) 计算出每个排序后的数据累积值(低于该值的数据的百分比)；

(3) 绘制累积值分布图；

(4) 在累积值之间使用线性内插技术，构建一个与其具有相同累积分布的理论

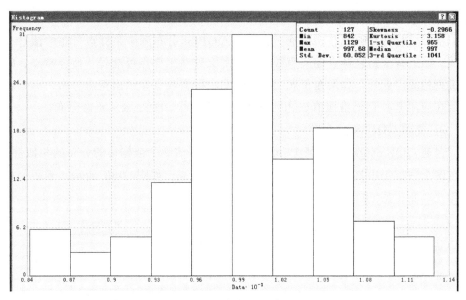

图 7-31 直方图示意图

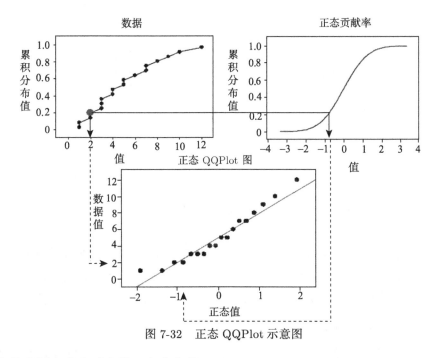

图 7-32 正态 QQPlot 示意图

正态分布图，求出对应的正态分布值；

(5) 以横轴为理论正态分布值，纵轴为采样点值，绘制样本数据相对于其标准正态分布值的散点图。

　　如果采样数据服从正态分布，其正态 QQPlot 分布图中采样点分布应该是一条直线。如果有个别采样点偏离直线太多，那么这些采样点可能是一些异常点，应对其进行检验。此外，如果在正态 QQPlot 图中数据没有显示出正态分布，那么就有必要在应用某种克里格插值法之前将数据进行转换，使之服从正态分布。

　　2) 普通 QQPlot 分布图

　　普通 QQPlot(general QQPlot)分布图用来评估两个数据集的分布的相似性。它通过两个数据集中具有相同累积分布值作图来生成，如图 7-33 所示。累积分布值的作法参阅正态 QQPlot 分布图内容。

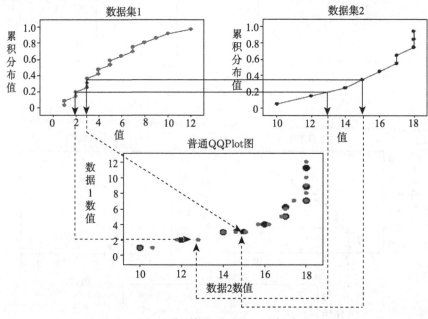

图 7-33　普通 QQPlot 示意图

　　普通 QQPlot 图揭示了两个物体(变量)之间的相关关系。如果在 QQPlot 图中曲线呈直线，说明两物体呈一种线性关系，可以用一元一次方程式来拟合；如果 QQPlot 图中曲线呈抛物线，说明两物体的关系可以用个二次多项式来拟合。

　　3. 方差变异分析工具

　　半变异函数和协方差函数把统计相关系数的大小作为一个距离的函数，是地理学相近相似定理的定量化。图 7-34 和图 7-35 为一典型的半变异函数图和其对应的协方差函数图。

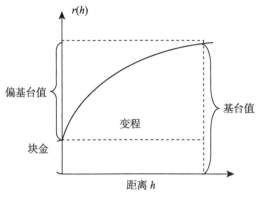

图 7-34 半变异函数图

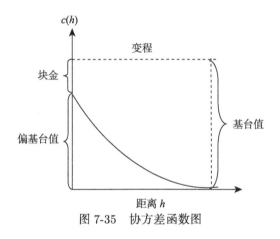

图 7-35 协方差函数图

图 7-34 和图 7-35 显示，半变异值的变化随着距离的加大而增加，协方差值随着距离的加大而减小。这主要是由于半变异函数和协方差函数都是事物空间相关系数的表现，当两事物彼此距离较小时，它们是相似的，因此协方差值较大，而半变异值较小；反之，协方差值较小，而半变异值较大。

半变异函数曲线图和协方差函数曲线反映了一个采样点与其相邻采样点的空间关系。它们对异常采样点具有很好的探测作用，在空间分析的地统计分析中可以使用两者中的任意一个，一般采用半变异函数。在半变异曲线图中有两个非常重要的点：间隔为 0 时的点和半变异函数趋近平稳时的拐点，由这两个点产生四个相应的参数：块金值、变程、基台值和偏基台值。

（1）块金值。理论上，当采样点间的距离为 0 时，半变异函数值应为 0，但由于存在测量误差和空间变异，使得两采样点非常接近时，它们的半变异函数值不为

0，即存在块金值。测量误差是仪器内在误差引起的，空间变异是自然现象在一定空间范围内的变化，它们任意一方或两者共同作用产生了块金值。

(2) 基台值。当采样点间的距离 h 增大时，半变异函数 $r(h)$ 从初始的块金值达到一个相对稳定的常数时，该常数值称为基台值。当半变异函数值超过基台值时，即函数值不随采样点间隔距离而改变时，空间相关性不存在。

(3) 偏基台值。基台值与块金值的差值。

(4) 变程。当半变异函数的取值由初始的块金值达到基台值时，采样点的间隔距离称为变程。变程表示了在某种观测尺度下，空间相关性的作用范围，其大小受观测尺度的限定。在变程范围内，样点间的距离越小，其相似性，即空间相关性越大。当 $h > R$ 时，区域化变量 $Z(x)$ 的空间相关性不存在，即当某点与已知点的距离大于变程时，该点数据不能用于内插或外推。

4. Voronoi 图

Voronoi 图是由在样点周围形成的一系列多边形组成的。某一样点的 Voronoi 多边形的生成方法是：多边形内任何位置距这一样点的距离都比该多边形到其他样点的距离要近。Voronoi 多边形生成之后，相邻的点就被定义为具有相同连接边的样点。

Voronoi 图中多边形值可以采用多种分配和计算方法。

(1) 简化(simple)。分配到某个多边形单元的值是该多边形单元的值。

(2) 平均(mean)。分配到某个多边形单元的值是这个单元与其相邻单元的平均值。

(3) 模式(mode)。所有的多边形单元被分为五级区间，分配到某个多边形单元的值是这个单元与其相邻单元的模式(即出现频率最多的区间)。

(4) 聚类(cluster)。所有的多边形单元被分配到这五级区间中，如果某个多边形单元的级区间与它的相邻单元的级区间都有不同，这个单元用灰色表示，以区别于其他单元。

(5) 熵(entropy)。所有单元都根据数据值的自然分组分配到这五级区间中，分配到某个多边形单元的值是根据该单元和其相邻单元计算出来的熵。

(6) 中值(median)。分配给某多边形的值是根据该单元和其相邻单元的频率分布计算得到的中值。

(7) 标准差(STDEV)：分配给某个多边形的值是根据该单元和其相邻单元计算出的标准差。

(8) 四分位数间隔(IQR)。第一和第三四分位数是根据某单元和其相邻单元的频率分布得出的。分配给某多边形单元的值是用第三四分位数减去第一四分位数得到的差。

图 7-36 为简化 Voronoi 图，图 7-37 为熵 Voronoi 图，显然不同的多边形赋值方式，获取的 Voronoi 图提供信息也不同。简化 Voronoi 图可以了解到每个采样点控制的区域范围，也可以体现出每个采样点对区域内插的重要性。利用简化 Voronoi 图，就可以找出一些对区域内插作用不大且可能影响内插精度的采样点值，可以将它剔除。用聚类和熵的方法生成的 Vonoroi 图可用来帮助识别可能的离群值。熵值是量度相邻单元相异性的一个指标。自然界中，距离相近的事物比距离远的事物具有更大的相似性，因此，局部离群值可以通过高熵值的区域识别出来。同样，一般认为某个特定单元的值至少应与它周围单元中的某一个的值相近。因此聚类方法也能将那些与周围单元不相同的单元识别出来。

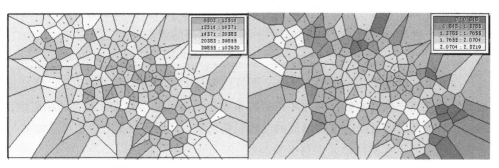

图 7-36　简化 Voronoi 图　　　　　　　　图 7-37　熵 Voronoi 图

7.7.2　检验数据分布

在空间统计的分析中，许多统计分析模型，如地统计分析，都是建立在平稳假设的基础上，这种假设在一定程度上要求所有数据值具有相同的变异性。另外，一些克里格插值法(如普通克里格法、简单克里格法和泛克里格法等)都假设数据服从正态分布。如果数据不服从正态分布，需要进行一定的数据变换，从而使其服从正态分布。因此，在进行地统计分析前，检验数据分布特征，了解和认识数据具有非常重要的意义。数据的检验可以通过直方图和正态 QQPlot 分布图完成。如果数据服从正态分布，数据的直方图应该呈钟形曲线，在正态 QQPlot 图中，数据的分布近似为一条直线。

7.7.3　寻找数据离群值

数据离群值分为全局离群值和局部离群值两大类。全局离群值是指对于数据集中的所有点来讲,具有很高或很低的值的观测样点。局部离群值对于整个数据集来讲,观测样点的值处于正常范围,但与其相邻测量点比较,它又偏高或偏低。

离群点的出现有可能就是真实异常值,也可能是由于不正确的测量或记录引起的。如果离群值是真实异常值,这个点可能就是研究和理解这个现象的最重要的点。反之,如果它是由于测量或数据输入的明显错误引起的,在生成表面之前,它们就需要改正或剔除。对于预测表面,离群值可能引起多方面的有害影响,包括影响半变异建模和邻域分析的取值。

离群值的寻找可以通过3种方式实现。

1) 利用直方图查找离群值

离群值在直方图上表现为孤立存在或被一群显著不同的值包围。但需注意的是,在直方图中孤立存在或被一群显著不同的值包围的样点不一定是离群值。

2) 用半变异/协方差函数云图识别离群值

如果数据集中有一个异常高值的离群值,则与这个离群值形成的样点对,无论距离远近,在半变异/协方差函数云图中都具有很高的值。

3) 用Voronoi图查找局部离群值

用聚类和熵的方法生成的Voronoi图可用来帮助识别可能的离群值。熵值是量度相邻单元相异性的指标。通常距离近的事物比距离远的事物具有更大的相似性,因此,局部离群值可以通过高熵值的区域识别出来。同理,聚类方法也可将那些与它们周围单元不相同的单元识别出来。

如图7-38所示,直方图最右边被选中的一个柱状条即是该数据的离群值[图7-38(a)]。相应地,数据点层面上对应的样点也被刷光[图7-38(b)]。

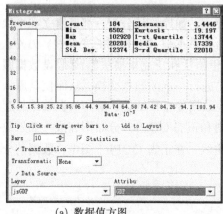

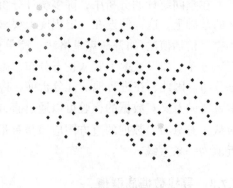

(a) 数据值方图   (b) 数据点分布图

图 7-38   直方图查找离群值图

7.7.4　全局趋势分析

通常一个表面主要由两部分组成：确定的全局趋势和随机的短程变异。空间趋势反映了空间物体在空间区域上变化的主体特征，它主要揭示了空间物体的总体规律，而忽略局部的变异。趋势面分析是根据空间抽样数据，拟合一个数学曲面，用该数学曲面来反映空间分布的变化情况。它可分为趋势面和偏差两大部分，其中，趋势面反映了空间数据总体的变化趋势，受全局性、大范围的因素影响。如果能够准确识别和量化全局趋势，在空间分析统计建模中就可以方便地剔除全局趋势，从而能更准确地模拟短程随机变异。

透视分析是探测全局趋势的常用方法，准确的判定趋势特征关键在于选择合适的透视角度。同样的采样数据，透视角度不同，反映的趋势信息也不相同。图 7-39(a)为显示某地区东西方向(X 轴)和南北方向(Y 轴)的高程趋势图。图 7-39(b)逆时针旋转 45° 后，显示东南—西北方向和西南—东北方向的高程趋势图。趋势分析过程中，透视面的选择应尽可能使采样数据在透视面上的投影点分布比较集中，这样通过投影点拟合的趋势方程才具有代表性，才能有效地反映采样数据集的全局趋势。显然，图 7-39(a)反映的趋势比图 7-39(b)更为准确。

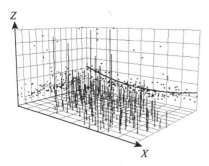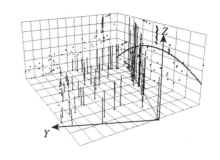

　(a) 东西方向与南北方向高程趋势图　　　　　(b) 东南–西北方向与西南–东北方向高程趋势图

图 7-39　趋势面分析透视面图

7.7.5　空间自相关及方向变异

大部分的地理现象都具有空间相关特性，即距离越近的两事物越相似。这一特性也是空间地统计分析的基础。半变异/协方差函数云图就是这种相似性的定量化表示方式。空间自相关分析包括全程空间自相关分析和局部空间自相关分析，自相关分析的结果可用来解释和寻找存在的空间聚集性或"焦点"。空间自相关分析需要的空间数据类型是点或面数据，分析的对象是具有点或面分布特征的特定属性。

全程空间自相关用来分析在整个研究范围内，指定的属性是否具有自相关性。局部空间自相关用来分析在特定的局部地点，指定的属性是否具有自相关性。具有正自相关的属性，其相邻位置值与当前位置的值具有较高的相似性。下面介绍两个常用的分析空间自相关的参数：Moran I 和 Geary C。

1. 空间权重矩阵

地理事物在空间上的此起彼伏和相互影响是通过它们之间的相互联系得以实现的，空间权重矩阵是传载这一作用过程的实现方法。因此，构建空间权重矩阵是研究空间自相关的基本前提之一。空间数据中隐含的拓扑信息提供了空间邻近的基本度量。通常定义一个二元对称空间权重矩阵 $W_{n \times n}$ 来表达 n 个空间对象的空间邻近关系，可根据邻接标准或距离标准来度量，还可以根据属性值 x_j 和二元空间权重矩阵来定义一个加权空间邻近度量方法。空间权重矩阵的表达形式为

$$\begin{bmatrix} W_{11} & W_{12} & \cdots & W_{1n} \\ W_{21} & W_{22} & \cdots & W_{2n} \\ \vdots & \vdots & & \vdots \\ W_{n1} & W_{n2} & \cdots & W_{nn} \end{bmatrix} \tag{7-26}$$

根据邻接标准，当空间对象 i 和空间对象 j 相邻时，空间权重矩阵的元素 W_{ij} 为 1，其他情况为 0，表达式为

$$W_{ij} = \begin{cases} 1 & (i \text{ 与 } j \text{ 相邻}) \\ 0 & (i=j \text{ 或 } i \text{ 与 } j \text{ 不相邻}) \end{cases} \tag{7-27}$$

根据距离标准，当空间对象 i 和空间对象 j 在给定距离 d 之内时，空间权重矩阵的元素 W_{ij} 为 1，否则为 0，表达式为

$$W_{ij} = \begin{cases} 1 & (\text{对象 } i \text{ 与对象 } j \text{ 距离小于 } d \text{ 时}) \\ 0 & (\text{其他}) \end{cases} \tag{7-28}$$

如果采用属性值 x_j 和二元空间权重矩阵来定义一个加权空间邻近度量方法，则对应的空间权重矩阵可以定义为

$$W_{ij}^* = \frac{W_{ij} x_j}{\sum\limits_{j=1}^{n} W_{ij} x_j} \tag{7-29}$$

2. Moran I 参数

Moran I 是应用最广的一个参数。对于全程空间自相关，Moran I 定义是

$$\text{Moran } I = \frac{\sum\limits_{i}^{n} \sum\limits_{j \neq i}^{n} w_{ij}(x_i - \overline{x})(x_j - \overline{x})}{S^2 \sum\limits_{i}^{n} \sum\limits_{j \neq i}^{n} w_{ij}} \tag{7-30}$$

对于局部位置 i 的空间自相关，Moran I 定义是

$$I_i(d) = Z_i \sum_{j \neq i}^{n} w'_{ij} Z_j \tag{7-31}$$

式中，n 是观察值的数目；x_i 是在位置 i 的观察值；Z_i 是 x_i 的标准化变换，$Z_i = \dfrac{x_i - \overline{x}}{\sigma}$；

$\overline{x}_i = \dfrac{1}{n} \sum_{i}^{n} x_i$；$S_i^2 = \dfrac{1}{n} \sum_{i}^{n} (x_i - \overline{x})^2$；$w_{ij}$ 是对称的空间权重矩阵，如果 i 与 j 相邻，取值为 1，否则取值为 0。w'_{ij} 按照行和归一化后的权重矩阵(每行的和为 1)，非对称的空间权重矩阵。

Moran I 值介于–1 和 1 之间，0 为不相关。按照假定的空间数据分布，可以计算 Moran I 的期望值和期望方差。

对于正态分布假设，

$$E(I) = -\frac{1}{(n-1)} \tag{7-32}$$

$$\mathrm{Var}(I) = \frac{n^2 w_1 - n w_2 + 3 w_0^2}{w_0^2 (n^2 - 1)} \tag{7-33}$$

对于随机分布假设，

$$E(I) = -\frac{1}{(n-1)} \tag{7-34}$$

$$\mathrm{Var}(I) = \frac{n((n^2 - 3n + 3)w_1 - n w_2 + 3 w_0^2) - k_2((n^2 - n)w_1 - 2n w_2 + 6 w_0^2)}{w_0^2 (n-1)(n-2)(n-3)} \tag{7-35}$$

式中，$w_0 = \sum_{i}^{n} \sum_{j}^{n} w_{ij}$；$w_1 = \dfrac{1}{2} \sum_{i}^{n} \sum_{j}^{n} (w_{ij} + w_{ji})^2$；$w_2 = \sum_{i}^{n} (w_{i.} + w_{.i})^2$；$w_{i.}$ 是第 i 行权

重值之和；$w_{.i}$ 是第 i 列权重值之和；$k_2 = \dfrac{n \sum_{i}^{n} (x_i - \overline{x})^4}{(\sum_{i}^{n} (x_i - \overline{x})^2)^2}$。

原假设是没有空间自相关。根据下面标准化统计量参照正态分布表可以进行假设检验。

$$Z_i = \frac{I - E(I)}{\mathrm{Var}(I)} \tag{7-36}$$

Moran I 如果是正值而且显著，表明具有正的空间相关性。即在一定范围内各位置的值是相似的；如果是负值而且显著，则表明具有负的空间相关性，数据之间不相似；接近于 0 则表明数据的空间分布是随机的，没有空间相关性。

3. Geary C 参数

对于全局空间自相关：

$$C(d) = \frac{(n-1)\sum\limits_{i}^{n}\sum\limits_{j}^{n} w_{ij}(x_i - x_j)^2}{2nS^2\sum\limits_{i}^{n}\sum\limits_{j}^{n} w_{ij}} \tag{7-37}$$

对于局部位置 i 的空间自相关：

$$C_i(d) = \sum_{j \neq i}^{n} w_{ij}(x_i - x_j)^2 \tag{7-38}$$

式中，W_{ij} 是空间权重矩阵。

C 的值总是正的。假设检验是如果没有空间自相关，C 的均值为 1。显著性的低值(0~1)表明具有正的空间自相关，显著性的高值(>1)表明具有负的空间自相关。

思考题

1. 什么是 DEM 与 DTM？DEM 主要有哪些应用？

2. 常用的空间插值方法有哪些？各有什么特点？

3. 矢量数据叠加分析主要有哪几种方式？叠加效果有什么区别？

4. 什么是缓冲区，简述其建立方法与过程。

5. 假设已有相关矢量数据：市区主要道路线状图、主要商业中心点状分布图、主要中学点状分布图,请利用你所学的空间分析知识确定适宜的购房地段，并用图示给出实现过程。要求：

(1) 为减少噪声，购房区域离市区主要道路 200m 之外；

(2) 距离主要商业中心在 2000m 之内；

(3) 距离主要中学在 1000m 之内。

6. 根据现有的全国各省份、直辖市的 GDP 数据(离散点数据)和人口数据，请选择合适的内插模型，创建该 GDP 空间分布曲面，请绘制流程图说明分析思路和分析依据。

7. 空间查询主要包括哪些类型？分别实现哪些查询效果？

8. 几何网络构成要素类型及其属性有哪些？简述几何网络构建与分析过程。

9. 探索性数据分析的内容有哪些？试以江苏省各地级市往年的 GDP 数据和人口数据为基本数据，对其做探索性数据分析，并给出分析结果的地理解释。

第 8 章　空间信息可视化

在 GIS 领域，空间信息可视化可以理解为以地理信息科学、计算机科学、地图学、认知科学与信息传输学基础，通过计算机技术、数字技术和多媒体技术，来动态、直观、形象地表现、解释、传输地理空间信息并揭示其规律，是关于信息表达和传输的理论、方法与技术。地图是空间信息可视化的最主要和最常用的表现形式，此外动态地图、三维仿真、虚拟现实等也是空间信息可视化的重要表现形式。本章介绍空间信息可视化概念、地图符号、专题图表达、地图设计与编制以及虚拟现实等内容。

8.1　空间信息可视化概述

1987 年，美国国家自然科学基金会图形图像专题组首先提出了科学计算可视化(visualization in scientific computing)的概念。1997 年，国际地图制图学协会成立了可视化委员会，提出将科学计算可视化和地图可视化进行融合的研究。目前，空间信息可视化主要是指运用计算机图形图像处理技术，将复杂的科学现象和自然景观及一些抽象概念进行图形化的过程。具体地说，就是利用地图学、计算机图形图像技术，将地学信息输入、查询、分析、处理，采用图形、图像，结合图表、文字、报表，以可视化的形式实现显示和交互处理的理论、技术与方法。

8.1.1　可视化的概念

可视化(visualization)是利用计算机图形学和图像处理技术，将数据转换成图形或图像在屏幕上显示出来，并进行交互处理的理论、方法和技术。它涉及计算机图形学、图像处理、计算机视觉、计算机辅助设计等多个领域，成为研究数据表示、数据处理、决策分析等一系列问题的综合技术。

可视化技术的基本思想是"用图形与图像来表示数据"。可视化技术充分利用了人类的视觉潜能，俗话说"一图抵千言"，往往千言万语也表达不了一张图包含的信息。利用图形、图像表示信息，可以迅速给人一个概貌，反映事物错综复杂的关系。可视化技术可以从复杂的多维数据中产生图形，展示客观事物及其内在的联系，能激发人的形象思维，允许人类对大量抽象的数据进行分析，从而使人们能够观察到数据中隐含的现象，为发现和理解科学规律提供有力工具。

信息可视化将数据信息和知识转化为一种视觉形式，充分利用了人们对于可视模式快速识别的自然能力。信息可视化将人脑和现代计算机这两个最强大的信息处理系统联系在一起，通过有效的可视化界面，使我们能够观察、操作、研究、浏览、探索、过滤、发现、理解大规模数据，并与之交互，从而可以极其有效地发现隐藏在信息内部的特征和规律。

地理空间信息要被计算机所接收处理就必须转换为数字信息存入计算机中。这些数字信息对于计算机来说是可识别的，但对于人的肉眼来说是不可识别的，必须将这些数字信息转换为人可识别的地图图形才具有实用价值。这一转换过程即为地理空间信息的可视化过程，其内容表现在如下几个方面。

(1) 地图的可视化表示。地图的可视化表示最基本的含义是地图数据的屏幕显示。人们可以根据这些数字地图数据分类、分级特点，选择相应的视觉变量(如形状、尺寸、颜色等)，制作全要素或分要素表示的可阅读的地图，如屏幕地图、纸质地图或印刷胶片等。

(2) 地理信息的可视化表示。地理信息的可视化表示是利用各种数学模型，把各类统计数据、实验数据、观察数据、地理调查资料等进行分级处理，然后选择适当的视觉变量以专题地图的形式表示出来，如分级统计图、分区统计图、直方图等。这种类型的可视化体现了科学计算机可视化的初始含义。

(3) 空间分析结果的可视化表示。地理信息系统的一个很重要的功能就是空间分析，包括网络分析、缓冲区分析、叠加分析等，分析的结果往往以专题地图的形式来描述。

空间信息的可视化目前已经得到了广泛的研究和应用。空间信息可视化通过强大的、有效的地理信息系统将复杂的空间和属性数据以地图的形式展现出来，从而挖掘数据之间的关联性和发展趋势。但是，GIS 中的空间数据模型没有考虑空间数据随时间变化的因素，它只是现实世界某一时刻的反映，不能合理地、动态地反映变化着的现实世界，更无法对研究对象的全过程(产生—发展—灭亡)进行描述。因此，随着应用的深入，时间维必须作为与空间维等量的因素加入到 GIS 中来。而对于时空信息的可视化，其关键问题在于如何高效地管理空间、属性和时间三维一体化数据，即建立一种合适的时空数据模型，以便更为有效地组织管理及表达时态地理数据、空间、属性和时态语义关系。目前，由于一方面缺乏有效的描述模型，另一方面在增加时间维之后，信息量急剧增加，现有计算机技术难以处理和管理，因此时空信息可视化方面的研究还有待深入。

8.1.2　空间信息可视化的表现形式

1. 电子地图

电子地图从狭义上讲，是一种以数字地图为数据基础、以计算机系统为处理平台、在屏幕上实时显示的地图形式，而广义上的电子地图应该是屏幕地图与支持其显示的地图软件的总称。归纳电子地图的基本特性，主要包括以下几点：①电子地图是一种模拟地图产品。它反映了地理信息，同时具有地图的三个基本特征，即数学法则、制图综合和特定的符号系统。②电子地图的数据来源是数字地图。数字地图是地图的数字形式，一般存储于计算机硬盘、CD-ROM等介质上，其可以是矢量地图数据，也可以是栅格地图数据。③电子地图的采集、设计等都是在计算机平台环境下实施的。计算机系统为电子地图提供强大的软硬件支持。同时，电子地图的屏幕显示也依赖于某个特定地图软件的表达功能。④电子地图的表达载体是屏幕。电子地图的显示不是静止的和固化的，而是实时和可变化的。

此外，与传统纸质地图相比，电子地图还具有数据与软件的集成性、使用过程的交互性、信息表达的多样性、无级别缩放与多尺度表达性、高效空间信息检索性以及共享性等特点。

2. 动态地图

动态地图的产生和发展是时空GIS发展的必要基础和前提，是空间信息可视化中一个蓬勃发展的分支。动态地图的主要特征是逼真而又形象地表现出空间信息时空变化的状态、特点和过程，也就是运动中的特点。动态地图可以用于以下几个方面：①动态模拟，使重要事物变迁过程再现，如地壳演变、冰川形成、人口增长与变化等。②运动模拟，对于运动的空间实体(如人、车、船、飞机、卫星、导弹等)，进行运动状态测定和调整，以及环境测定和调整。③实时跟踪，在运动的物体上安装全球定位系统，能显示运动物体的运动轨迹，使空中管制、交通监控和疏导、战役和战术的合围等具有可靠的时空信息保证。

动态地图的表示方法根据空间地理实体的运动状态和特点，可采用多种方法及其组合，具体而言，可以归纳为以下几种方法：①利用传统的地图符号和颜色等表示方法。采用传统的视觉变量组成动态符号，结合定位图表、分区统计图以及动线法来表示。②采用定义了动态视觉变量的动态符号来表示。基于动态视觉变量，如视觉变量的变化时长、速率、次序及节奏等，可设计相应的一组动态符号，来反映运动中物体的质量、数量、空间和时间变化特征。③采用连续快照方法制作多幅或一组地图。这是采用一系列状态连续的地图来表现空间信息时空变化的状态。④地图动画。其制作方法与上一方法相似，仅仅是它在空间差异中适当地内插了足够多的快照，使状态差异由突变改为渐变。

3. 三维地图

空间信息的可视化在早期受限于计算机二维图形显示技术的发展，大量的研究放在图形显示的算法上。随着计算机技术和三维显示技术的发展，数字地面模型等三维图形显示技术的研究和应用逐渐深入。目前，三维图形显示技术在三维地图上的应用主要表现为两种，一是把三维空间数据投影显示在二维平面上，由于对空间数据场的表达是二维的，而不是真三维实体空间关系的描述，因此属于2.5维可视化；二是根据现实世界的真三维空间，构建可视化的真三维数据场，例如，表达地质体、矿山、海洋、大气等地学现象。

4. 虚拟现实

虚拟现实(virtual reality，VR)又称临境技术或人工环境，是指通过三维立体显示器、数据手套、三维鼠标、数据衣、立体声耳机等使人能完全沉浸在计算机生成创造的一种特殊三维图形环境，并且人可以操作控制三维图形环境，实现特殊的目的。虚拟现实是发展到一定水平的计算机技术与思维科学相结合的产物，具有以下基本特征。

(1) 交互。虚拟现实的最大特点就是用户可以用自然方式与虚拟环境进行交互操作，这种人机交互比通常的计算机屏幕界面交互要复杂的多。例如，当人在虚拟环境中行走时，体位和视角的任何变化，都应引起场景画面的变动，计算机都要连续不断地重新构造画面。

(2) 沉浸。虚拟现实的沉浸特征可以看做是交互的深化，即置身于一个"适人化"的多维信息空间，以人在自然空间所具有的各种感觉功能(视觉、听觉、触觉、味觉、嗅觉)去感知虚拟空间的信息。在这个空间中，技术的难点是感知系统、肌肉系统与VR系统的交互，只有各种感觉的逼真感受，才能产生沉浸于多维信息空间的仿真感觉。

(3) 想象。虚拟环境的设计不仅来自于真实世界，即仿制客观世界现有的物体、现象、行为等，而且可以来自人的想象世界。这个想象世界是将难以在现实生活中出现的微观、剧变、艰险、复杂的环境，用虚拟现实技术再现出来，使用户拥有亲历的机会。

8.2　地图符号

广义的地图符号是指表示各种事物现象的线划图形、色彩、数学语言和记注的总和，也称为地图符号系统。狭义的地图符号是指在图上表示制图对象空间分布、数量、质量等特征的标志和信息载体，包括线划符号、色彩图形和注记。

8.2.1　地图符号的分类

1. 按符号表示的制图对象的几何特征分类

按照符号表示的制图对象的几何特征，地图符号主要分为点状符号、线状符号、面状符号和体状符号四类。

1) 点状符号

点状符号是一种表达不能依比例尺表示的小面积事物(如油库)和点状要素(如控制点)所采用的符号。点状符号的形状和颜色表示事物的性质，点状符号的大小通常反映事物的等级或数量特征，但是符号的大小与形状与地图比例尺无关，它只具有定位意义，一般又称这种符号为不依比例尺符号(图8-1)。

三角点　　　　　烟囱　　　　　控制点　　　　　油库

图 8-1　点状符号

2) 线状符号

线状符号是一种表达呈线状或带状延伸分布的事物的符号(如河流)，其长度能按比例尺表示，而宽度一般不能按比例尺表示，需要进行适当地夸大。因而，线状符号的形状和颜色表示事物的质量特征，其宽度往往反映事物的等级或数值。这类符号能表示事物的分布位置、延伸形态和长度，但不能表示其宽度，一般又称为半依比例尺符号(图 8-2)。

城墙　　　　　　　境界

铁路　　　　　　　河流

公路　　　　　　　小路

图 8-2　线状符号

3) 面状符号

面状符号是一种能按地图比例尺表示出事物分布范围的符号。面状符号是用轮廓线(实线、虚线或点线)表示事物的分布范围，其形状与事物的平面图形相似，轮廓线内加绘颜色或说明符号以表示它的性质和数量，并可以从图上量测其长度、宽度和面积，一般又把这种符号称为依比例尺符号(图8-3)。

4) 体状符号

体状符号是表达空间上具有三维特征现象的符号。体状符号具有定位特征，其表示的范围大小与比例尺相关(图8-4)。

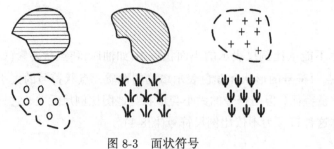

图 8-3　面状符号　　　　　　　　　　图 8-4　体状符号

2. 按符号与地图比例尺的关系分类

地图上符号与地图比例尺的关系，是指符号与实地物体的比例关系，即符号反应地面物体轮廓图形的可能性。由于地面物体平面轮廓的大小各不相同，符号与物体平面轮廓的比例关系可以分为依比例、半依比例和不依比例三种。据此，符号按与地图比例尺的关系也分为依比例符号、半依比例符号和不依比例符号三种。

1) 依比例符号

依比例符号指能够保持物体平面轮廓图形的符号，又称真形符号或轮廓符号。依比例符号所表示的物体在实地占有相当大的面积，因而按比例尺缩小后仍能清晰地显示出平面轮廓形状，其符号具有相似性且位置准确，即符号的大小和形状与地图比例尺之间有准确的对应关系，如地图上的街区、湖泊、森林、海洋等符号(图 8-5)。

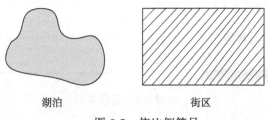

湖泊　　　　　　　　　　　　　　　街区

图 8-5　依比例符号

依比例符号由外围轮廓和内部填充标志组成。轮廓表示物体的真实位置与形状，有实线、虚线和点线之分。填充标志包括符号、注记、纹理和颜色，这里的符号仅仅是配置符号，它和纹理、颜色一样起到说明物体性质的作用，注记是用来辅助说明物体数量和质量特征的。

2) 半依比例符号

半依比例符号指只能保持物体平面轮廓的长度，而不能保持其宽度的符号，一般多是线状符号。半依比例符号所表示的物体在实地上是狭长的线状物体，按比例缩小到图上后，长度依比例表示，而宽度却不能依比例表示。例如，一条宽 6m 的公路，在 1：10 万比例尺地图上，若依比例表示，只能用 0.06mm 的线表示，显然肉眼很难辨认，因此，地图上采用半依比例符号表示。半依比例符号只能供量测其位置和长度，不能量测其宽度，如地图上的道路符号、境界符号等(图 8-6)。

铁路　　　　　　　　　　　　公路

图 8-6　半依比例符号

3) 不依比例符号

不依比例符号指不能保持物体平面轮廓符号形状的符号，又称记号性符号。不依比例符号所示的物体在实地上占有很小的面积，一般为较小的独立物体，按比例缩小到图上后只能呈现一个小点，根本不能显示其平面轮廓，但由于其重要而要求表示它，因此采用不依比例符号表示。不依比例符号只能显示物体的位置和意义，不能用来量测物体的面积大小和高度(但可以通过说明注记辅助表示)，如地图上的油库符号、三角点符号等(图 8-7)。

三角点　　　油库

图 8-7　不依比例符号

地面物体是采用依比例符号、半依比例符号还是不依比例符号表示，不是绝对的，符号表示随物体大小的差异和地图比例尺的变化而变化。原来依比例表示的物体，随着比例尺缩小，可能就会变成半依比例符号甚至不依比例符号。

3. 按符号表示的制图对象的属性特征分类

按符号表示的制图对象的属性特征可以将符号分为定性符号、定量符号和等级符号，如图 8-8 所示。

居民地　　　　　25　　15　　5　　　　大　　　中　　小

(a) 定性符号　　　　　　(b) 定量符号　　　　　　　　(c) 等级符号

图 8-8　按符号表示的制图对象的地理尺度分类

1) 定性符号

定性符号是表示制图对象质量特征的符号，这种符号主要反映制图对象的名义尺度，即性质上的差别。

2) 定量符号

定量符号是表示制图对象数量特征的符号，这种符号主要反映制图对象的定量尺度，即数量上的差别。在地图上，通过定量符号的比率关系，可以获取制图对象的数量值。

3) 等级符号

等级符号是表示制图对象大、中、小顺序的符号，这种符号主要反映制图对象的顺序尺度，即等级上的差别。在地图上一般通过符号的大小来判断其等级的大小。

4. 按符号的形状特征分类

根据符号的外形特征，还可以将符号分为几何符号、透视符号、象形符号和艺术符号等。

几何符号，指用简单的几何形状和颜色构成的记号性符号，这些符号能体现制图现象的数量变化，如矩形符号、三角形符号等[图 8-9(a)]。透视符号，指从不同视点将地面物体加以透视投影得到的符号，根据观测制图对象的角度不同，可将地图符号分为正视符号和侧视符号，普通地图上的面状符号大多属于正视符号[图 8-9(b)]，点状符号大多属于侧视符号[图 8-9(c)]。象形符号，指对应于制图对象形态特征的符号，如房屋、岸线、树木、桥梁等[图 8-9(d)]，普通地图上的符号大多是象形符号。艺术符号，指与被表示的制图对象相似、艺术性较强的符号，例如各种专题地图上的公园、加油站等符号[图 8-9(e)]，多数是以缩小简化图片(或位图)的形式出现。

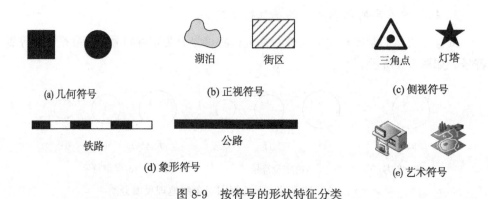

图 8-9　按符号的形状特征分类

8.2.2　地图符号视觉变量

视觉变量也称图形变量，是引起视觉的生理现象差异的图形因素。视觉变量为图形符号设计的科学性、系统性、规范性、可视性提供了重要的支撑作用。地图学家根据地图符号的特点，提出了构成地图符号的视觉变量。但是，由于人们的理解和认识不同，所以给出的内容也不完全相同，其中，在二维图形视觉变量的研究方面，法国图形学家贝尔廷(J. Bertin)于1967年提出的六个基本视觉变体系(图8-10)较为完整，被广泛采用。

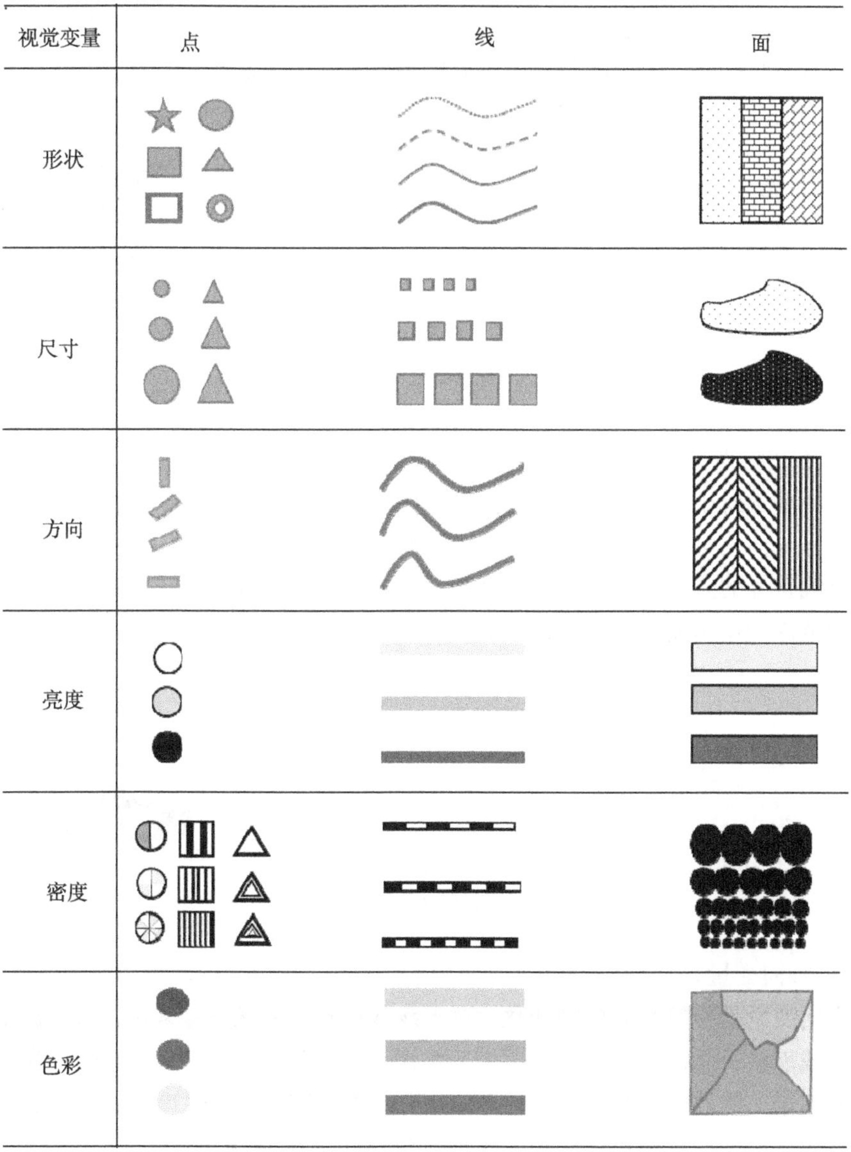

视觉变量	点	线	面
形状			
尺寸			
方向			
亮度			
密度			
色彩			

图8-10　贝尔廷的视觉变量体系

1) 形状变量

形状变量是点状符号与线状符号最重要的构图因素。对点状符号来说，形状变量就是符号本身图形的变化，它可以是规则的或不规则的，从简单几何图形如圆形、三角形、方形到任何复杂的图形。对于线状符号来说，形状变量指的是组成线状符号的图形构成形式，如双线、单线、虚线、点线以及这些线划的组合与变化。直线与曲线的变化不属于形状的变化，只是一种制图现象本身的变化。面状符号无形状变量，因为面状符号的轮廓差异是由制图现象本身所决定的，与符号设计无关，如图 8-11 所示。

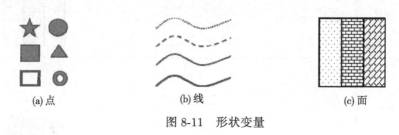

(a) 点   (b) 线   (c) 面

图 8-11   形状变量

2) 尺寸变量

尺寸变量对于点状符号，指的是符号图形大小的变化。对于线状符号，指的是单线符号线的粗细，双线符号的线粗与间隔，虚线符号的线粗、短线的长度与间隔，以及点线符号的点子大小、点与点之间的间隔等。面状符号无尺寸变化，因为面状符号的范围大小由制图现象来决定，如图 8-12 所示。

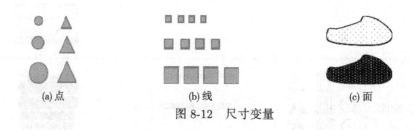

(a) 点   (b) 线   (c) 面

图 8-12   尺寸变量

3) 方向变量

方向变量是指符号方向的变化。对于线状符号和面状符号来讲，指的是组成线状符号或面状符号的点的方向的改变，如图 8-13 所示。并不是所有的符号都含有方向的因素，例如，圆形符号就无方向之分，方形符号也不易区分其方向，且容易在某一角度上会产生菱形的印象，从而和形状变量相混淆。

4) 亮度变量

亮度不同可以引起人眼的视觉差别，利用它作为基本变量，指的是点、线、面符号所包含的内部区域亮度的变化。当点状符号与线状符号本身尺寸很小时，很难体现出亮度上的差别，这时可以看作无亮度变量。面状符号的亮度变量，指的是面状符号的亮度变化，或说是印刷网线的线数变化，如图 8-14 所示。

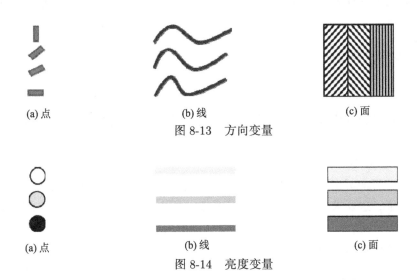

(a) 点　　　　　　　　(b) 线　　　　　　　　(c) 面

图 8-13　方向变量

(a) 点　　　　　　　　(b) 线　　　　　　　　(c) 面

图 8-14　亮度变量

5) 密度变量

密度作为视觉变量是保持亮度不变，即黑白对比不变的情况下改变像素的尺寸及数量。这可以通过放大或缩小符号的图形来实现。全白或全黑的图形无法体现密度变量的差别，这是因为它无法按定义体现这种视觉变量，如图 8-15 所示。

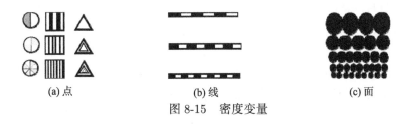

(a) 点　　　　　　　　(b) 线　　　　　　　　(c) 面

图 8-15　密度变量

6) 色彩变量

色彩变量对于点状符号和线状符号来说，主要体现在色相的变化上，如图 8-16

(a) 点　　　　　　　　(b) 线　　　　　　　　(c) 面

图 8-16　色彩变量

所示。对于面状符号，色彩变量指的是色相和纯度。色彩可以单独构成面状符号，当点状符号与线状符号用于表示定量制图要素时，其色彩的含义与面状符号的色彩含义相同。

8.2.3 地图符号设计

1. 设计要求

地图符号设计中要把握的原则是——使符号具有可定位性、概括性、易感受性、组合性、逻辑性和系统性。

1) 可定位性

地图符号的可定位性，其实质是符号的精确性。空间数据可视化需要表达现象的定位特征，这要求符号本身具有可定位性。所以，设计的地图符号必须有相应的定位点和方向点。

不同的应用目的对于符号定位精度的要求是不同的。普通地图以指明定位点为

图 8-17 易于定位的
地图符号

目的，因此要求定位精度高；专题地图强调区域、区划和分布的概念，对于定位精度的要求相对较低；统计地图强调统计区域内的定量概念，对精度的要求最低。定位性较强的符号常用简单的几何符号表示，如圆形、三角形、方形等，如图8-17所示。

2) 概括性

地图符号的概括性体现了人类心智的发展。对于设计者而言，要善于抓住现象的主要特征，并以最简洁明了的符号加以表示，即地图符号的构图应简洁、易于识别和记忆，图形要形象、简单和规则，如图 8-18 所示。对于读者而言，要善于从这种概括的表现手法中洞察事物的细节，从中获得更多信息。符号概括程度受地图用途和比例尺的制约，不同用途，统一现象的符号细节不同。

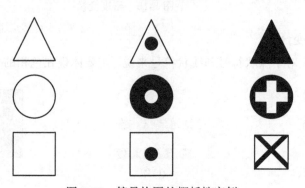

图 8-18　符号构图的概括性实例

3) 易感受性

地图符号应使读者不用费更多记忆,并通过轻松辨别就可以感受到其内涵。易感受的图形显得生动活泼,能激发起美感,进而提高可视化的传输效果。例如,用不同形状的符号,如机场、停车场和加油站等,如图8-19所示。

(a) 机场　　　(b) 停车场　　　(c) 加油站

图 8-19　易感受的符号实例

4) 组合性

地图符号应充分利用符号的组合和派生,构成新的符号系统。例如,用齿线和线条的组合,就可以组成凸出地面的路堤,高出地面的渠、土堆,凹于地面的路堑、冲沟、土坑,以及单面凸凹于地面的梯田坎、陡崖、采石场等多种地图符号,如图8-20所示。

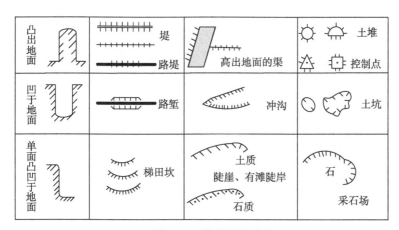

图 8-20　符号的组合性

5) 逻辑性

地图符号的构图要有逻辑性,要保持同类符号的延续性和通用性,符号的图形与符号的含义建立的有机联系,如图 8-21 所示。

6) 系统性

地图符号的系统完整协调,能够最佳地表现出整个地理现象之间的关系。为此,需要考虑到构图与用色以及地理现象的相互关系等因素,不能孤立地设计每种类型或每个符号,而要考虑整个符号系统的设计。

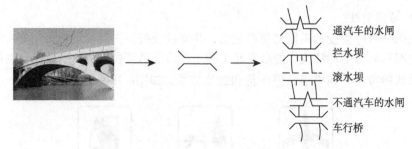

图 8-21　符号构图逻辑性

2. 设计的基本步骤

地图符号设计是一个非常复杂的过程。对于单幅地图，当内容不太复杂时，地图符号设计并不困难；但对于内容复杂的系列地图或地图集来说，既要求单个符号简洁明了，又要求多种类型符号之间有很强的系统性和可比性。此时，符号设计很复杂也很困难。

因此，符号设计必须遵循一定的顺序进行，才能很好地设计出相应的符号系统以满足用途要求。符号设计的基本步骤如下：

(1) 根据地图的用途，确定地图应表达的内容，并区分出内容表达的层次；

(2) 分析所收集到的地图资料，拟定分类分级原则，确定相应的符号类型、采用的视觉变量及组合效果；

(3) 进行符号的具体设计；

(4) 进行符号的局部试验；

(5) 进行符号修改，并制作相应的样图再进行试验；

(6) 符号的再修改及整体协调，艺术加工、形成符号系统表。

8.2.4　地图注记

地图注记从广义上讲也属于地图符号，它是地图内容的一个重要组成部分。地图注记用于辅助地图符号，说明各地图要素的名称、种类、性质和数量(如高度、深度)等特征。其作用主要是标识各种制图对象、指示制图对象的属性、说明地图符号的含义。地图注记由字体、字号、字间距、位置、排列方向及色彩等因素构成。地图注记的设计主要包括地图注记字体、字色、字号、字间隔的确定。

1. 地图注记的字体

地图上使用的汉字字体主要有宋体及其变形体(长、扁、倾斜等)、等线体及其变形体(长、耸肩)、仿宋体、隶体、魏碑体及美术体等。

地图注记的字体用于区分不同内容的要素。例如，水系物体的名称注记一般采用左斜宋，居民地名称一般采用等线体(或细等线体)、宋体、仿宋体等，山脉名称一般采用耸肩等线体，如图8-22所示。

字 体		式 样	用 途
宋体	正宋	成都	居民地名称
	宋变	湖 海 长 江	水系名称
		河北 海 南	图名、区划名
		江苏 杭州	
等线体	粗中细	南京 开封 青州 泉州	居民地名称 细等作说明
	等变	太行山脉	山脉名称
		珠穆朗玛峰	山峰名称
		南京市	区域名称
仿宋体		信阳县 周口镇	居民地名称
隶体		中国 建元	图名、区域名
新魏体		鄂托克前旗	
美术体		台湾省图	图名

图 8-22 地图注记常用的几种字体

2. 地图注记的颜色

地图注记的颜色是为了进一步强调分类的效果和区分层次。地图上，注记的颜色有约定俗成的规定。例如，水系注记用蓝色，居民地注记用黑色，地貌注记用棕色，行政区划名称用红色等。对于特殊的专题地图，可以参照这些约定进行设计。

3. 地图注记的字号

地图注记的字号用于反映被标注对象的重要性等级或数量等级。字号的大小要根据地图的用途、比例尺、图面载负量、阅读地图的可视距离等因素综合确定。对于一种要素可以先确定最小等级和最大等级的字号，然后根据要素特点确定分级数。值得注意的是，分级的差别需可以用肉眼分辨。

4. 地图注记的字隔

地图注记的字隔是指字与字之间的间隔距离。在地图上，字的间隔与所表达要素的分布特点有关系。对于点状物体，多采用水平无间隔方式；对于线状物体，则要根据物体的长度拉大间隔，距离很长时，可分段重复注记；对于面状物体，要根据其面积大小确定字的间隔，面积很大时，可分段重复注记。

8.3 专题图的表达

8.3.1 点状要素的表示方法

点状现象的二维表示方法常用的有两种：定点符号法和定位图表法。定点符号法用来表示有精确定位的点状分布要素，定位图表法主要表示不精确定位的点状分布要素。

1. 定点符号法

定点符号法，是用以点定位的点状符号表示呈点状分布的要素各方面特征的表示方法。定点符号法可以简明而准确地显示出各要素的地理分布和变化状态。定点符号法强调的是符号的定位。因此，一般设计时采用简洁的几何符号，这样可以把所示物体的位置准确地定位于底图上，而符号的大小是不依比例的，即地物符号绘于地图相应的位置，其大小并不一定代表实际地物的数量。

常用的点状符号有几何符号、文字符号和象形符号，如图 8-23 所示。符号的形状、色彩和尺寸等视觉变量可以表示专题要素的分布、内部结构、数量特征与质量特征。

(a) 几何符号　　　　　　　　(b) 文字符号　　　　　　(c) 象形符号

图 8-23　定点符号法中点状符号的类型

在定点符号法中，一般用符号形状和色相表示专题要素质量特征。例如，在旅游图上，用不同形状和颜色的符号分别表示风景名胜、纪念馆、庙宇等，如图 8-24 所示。

图 8-24　用符号形状尺寸表示专题要素质量特征

在定点符号法中，一般用符号的尺寸大小或图案的亮度变化表示专题要素的数量特征和分解特征，如图 8-25 所示，用符号尺寸表示某城镇人口。

30-100　　10-30　　3-10　　1~3　　≤1

图 8-25　用符号尺寸表示专题要素数量特征(单位：万人)

用定点符号的大小表示事物的数量差别时，若符号的尺寸同它所代表的数量有一定的比率关系，则称为比率符号，否则是任意比率符号。比率符号的大小同它所代表的数量有关。任意比率符号一般表示非常模糊的数量关系，例如，用大小不同的符号表示粮食产量的高、中、低，而不显示其具体的数量关系和对比。

比率符号分为绝对和条件两种。另外，再根据制图数据是否连续，又分为绝对连续和绝对分级、条件连续和条件分级，如图 8-26 所示。

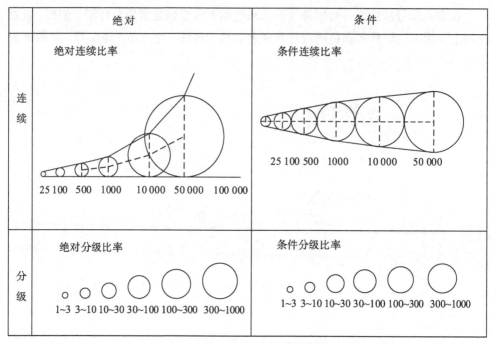

图 8-26　符号的各种比率

绝对连续比率是指符号的面积比等于其代表的数量之比。但是，如果所表达的制图数据其数量差异悬殊过大，如果小数值的符号尺寸设计得合理，则大数值的符号尺寸就会过大；反之，小数值的符号尺寸就会过小，图上表示出来很小，甚至无法表示。为此，在计算时加上一个函数的条件，例如，对其开平方，使大数值的符号面积缩减的速度更快；同样也可对其乘方，使一组相差不大的数列代表的符号扩大其差异。这种对其数值附以函数条件以改变其大小，且数值与符号也一一对应的符号称为绝对分级比率符号。

如果表达的数列不是物体连续的真实的数值，而是其分级以后的数值，如 0~20，20~40，…，每一个等级设计一个符号，处于这个等级中的各个物体，尽管其真实数量是不相等的，但由于它们处于同一个等级中，仍用代表这个等级的同等大小的符号来表示它们，称条件连续比率。假若表达的是分级数据，符号大小又是根据分组的组中值附加一定的函数条件计算出来的，这种比率关系就称为条件分级。

2. 定位图表法

定位图表法是一种定位于地图要素分布范围内某些地点上的，以相同类型的统计图表表示范围内地图要素数量及其内部结构，以及周期性数量变化的方法。当在同一地点需要表示多种要素及其结构时，可以采用点状结构符号。例如，将一个圆形、环形、扇形或矩形符号，按照各种要素所占的比例分为几部分，每一部分用不同颜色或网纹表示不同要素。当然每一部分比例也可以同时表示其数量特征。当反映周期性现象的特征时，如温度与降水量的年变化、潮汐的半月变化、图 8-27 是用定位图表法表示某区域全年 4 个季度的降水量分布。

图 8-27　定位图表法示例

8.3.2　线状要素的表示方法

线状现象的二维表示方法常用的有两种：线状符号法和动线符号法。线状符号法用来表示有精确定位的线状分布要素，动线符号法主要表示无确定位置的线状分布现象。

1. 线状符号法

线状符号法是用来表示呈线状或带状延伸的地图要素的一种方法。线状符号在普通地图上的应用很常见，如用线状符号表示水系、交通网、境界线等。在专题地图上，线状符号除了表示上述要素外，还表示各种几何概念的线划，如分水线、合水线、坡麓线、构造线、地震分布线和地面上各种确定的境界线、海岸线、气象上的峰等。线状符号可以表示线状运动物体的轨迹线或位置线，如航空线、航海线等，还能显示目标之间的联系，如商品产销地、空中走廊等，以及物体或现象相互作用的地带。这些线划都有其自身的地理意义、定位要求和形状特征。

　　线状符号可以用色彩和形状表示专题要素的质量特征，线状符号的尺寸(粗细)表示专题要素的等级特征，如图 8-28 所示，城市不同等级的道路由不同宽度的线状符号表达。对于稳定性强的重要地物或现象一般用实线，稳定性差的或次要的地物、现象用虚线。

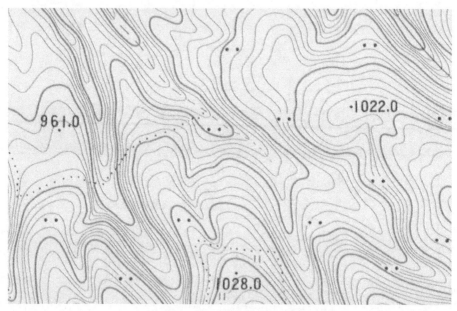

图 8-28　线状符号表示示例

2. 动线法

　　动线法是用箭形符号的不同宽度来显示地图要素的移动方向、路线及其数量和质量特征，如自然现象中的洋流、风向，社会经济现象中的货物运输、资金流动、居民迁移和探险路线等。

　　动线法可以反映各种迁移方式。它可以反映点状物体的运动路线(如船舶航行)、线状物体或现象的移动(如水位线移动)、面状物体的移动(如熔岩流动)、集群和分散现象的移动(如动物迁徙)、整片分布现象的运动(如大气的变化)等。

　　动线法实质上是用带箭头的线状符号，通过其色彩、宽度、长度、形状等视觉变量表示现象的各方面特征。图 8-29 表示季风路径，运动线符号的方向表示气压流动的路径和方向，符号的长短表示气压的大小。运动线符号的方向表示流向间关系，线状符号的宽度尺寸表示现象的数量等级等。这幅图中符号的位置并不表示其准确位置，只表示路径的大致位置趋势。

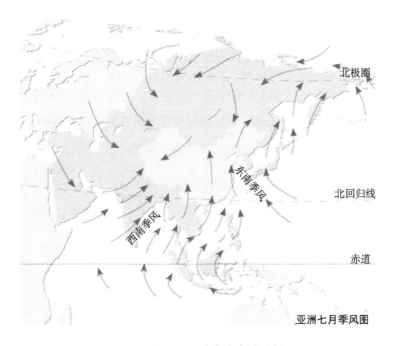

图 8-29　动线法表示示例

8.3.3　面状要素的表示方法

面状现象的二维表示法常用的有：质底法、范围法、点值法、等值线法、等值区域法和分区统计图表法。

质地法和范围法表示面状现象的质量特征。其中，质底法主要表示连续而布满全制图区域的面状现象的质的差别；范围法主要表示分散分布的面状要素的质量特征。

点值法、等值线法、等值区域法和分区统计图表法表示面状现象的数量特征。其中，点值法主要用点的大小表示分散分布的面状的数量差异和对比；等值线法用来表示连续分布而又逐渐变化的面状或体状现象的数量差异；等值区域法表示专题要素的数量平均等级值在不同区域内的差别；分区统计图表法表示各区划单位内专题要素的统计数量及其结构的差异。

1. 质底法

质底法是把全制图区域按照制图现象的某种指标划分区域或各类型的分布范围，在各界线范围内涂以颜色或填绘晕线、花纹、注记，以显示连续而布满全制图区域的现象的质的差别(或各区域间的差别)。此法常用于各种行政区划图、土地利用图、地质图、地貌图等。用质底法显示两种不同性质的现象时，通常用颜色表示现象的主要系统，而用晕线或花纹表示现象的补充系统。

采用质底法时，首先，按地图内容性质确定要素的分类、分区；其次，勾绘出分区界线；最后，根据拟定的图例，用特定的颜色、晕线、字母等表示各种类型分布，图 8-30 即通过质底法表达各种土地利用类型。图例说明要尽可能详细地反映出分类的指标、类型的等级及其标志，同时要注意分类标志的次序和完整性。

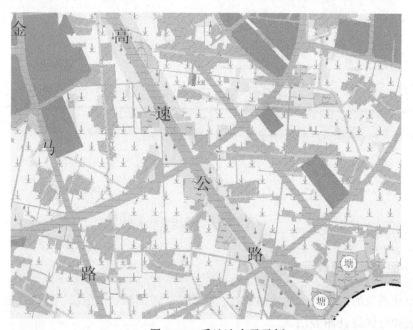

图 8-30　质地法表示示例

2. 范围法

范围法是用面状符号在地图上表示某种要素在制图区域内间断而成片的分布范围和状况，如煤田的分布、森林的分布、棉花等农作物的分布等。范围法在地图上标明的不是个别地点，而是一定的面积，因此又称为面积法。

范围法实质上也是进行面状符号的设计，其轮廓线以及面的色彩、图案是主要的视觉变量。范围法也只是表示现象的质量特征，不表示其数量特征，即表示不同现象的种类及其分布的区域范围，不表示现象本身的数量。

　　区域范围界线的确定一般是根据实际分布范围而定，其界线勾绘出要素分布的轮廓线。概略范围是仅仅大致地表示出要素的分布范围，没有精确的轮廓线，这种范围经常不绘出轮廓线，而是用散列的符号或仅用文字、单个符号表示现象的分布范围。图 8-31 表示的是几种农作物的实际分布范围，从图上可以很清楚地看出各种农作物的分布区域。

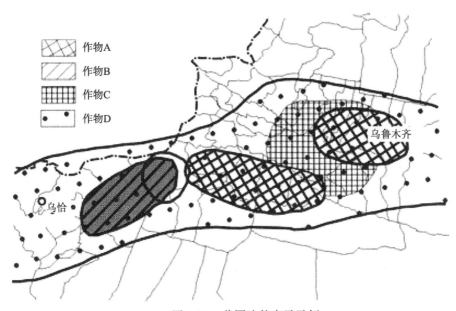

图 8-31　范围法的表示示例

3. 点值法

　　对制图区域中呈分散的、复杂分布的现象，如人口分布、某种农作物和植物的分布等，当无法勾绘其分布范围时，可以用一定大小和形状的点群来反映。即用代表一定数值的大小相等、形状相同的点，反映某要素的分布范围、数量特征和密度变化，这种方法叫做点值法。

　　点值法的特点是，点的大小及其所代表的数值是固定的；点的多少可以反映现象的数量规模；点的配置可以反映现象集中或分散的分布特征。在一幅地图上，可以有不同尺寸的几种点，或不同颜色的点。尺寸不同的点表示数量相差非常悬殊的情况；颜色不同的点，表示不同的类别，如城市人口和农村人口分布。点值法主要是传输空间密度差异的信息，通常用来表示大面积离散现象的空间分布，如人口分布、农作物播种面积、牲畜的养殖总数等。图 8-32 表示某区域工业企业分布特征及密度，图上 1 个点代表 10 个工业企业。

图 8-32　点值法表示示例

点值法中的一个重要问题是确定每个点所代表的数值(权值)以及点的大小。点值的确定应考虑各区域的数量差异,点值确定得过大或过小都是不合适的。点值过大,图上点过少,不能反映要素的实际分布情况;点值过小,在要素分布稠密地区,点会发生重叠,现象分布的集中程度得不到真实的反映。因此确定点值的原则是,在最大密度区点不重叠,在最小密度区点不空缺。例如,在人口分布图上,首先规定点的大小(直径一般为 0.2~0.3mm),然后用这样大小的点在人口密度最大的区域内点绘,使其保持彼此分离但又充满区域,统计出排布的点数再除以该区域的人口数后凑成整数,即为该图上合适的点值。

4. 等值线法

等值线是由某现象的数值相等的各点所连成的一条平滑的曲线,如等高线、等温线、等降雨量线、等磁偏线、等气压线等。等值线法就是利用一组等值线表示制图现象分布特征的方法。

等值线法适宜表示连续分布而又逐渐变化的现象,此时等值线间的任何点都可以用插值法求得其数值,如自然现象中的地形、气候、地壳变动等现象。

等值线法既可以反映现象的强度,还可以反映随着时间变化的现象,如磁差年变化;即可以反映现象的移动,如气团季节性变化,还可以反映现象发生的时间和进展,如冰冻日期等。

采用等值线法时,每个点所具有的数量指标必须完全是同一性质的。采用等值线法的间隔最好保持一定的常数,这样有利于依据等值线的疏密程度判断现象的变化程度。另外,如果数值变化范围大,间隔也可扩大(如地貌的变等高距)。

在同一幅地图上,可以表示用三种等值线系统,显示几种现象的相互联系。但这种图的易读性相应降低,因此常用分层设色辅助表示其中一种等值线系统,如图8-33 所示。

5. 等值区域法

等值区域法是以一定区划为单位,根据各区划内某专题要素的数量平均值进行分级,通过面状符号的设计表示该要素在不同区域内的差别的方法。其中,平均数值主要有两种基本形式:一种是比率数据或相对指标,又称强度相对数,是指两个相互联系的指数比较,如人口密度(人口数/区域面积)、人均收入(总收入/人口数)等,这些比率数据,可以说明数量多少、速度快慢、实力强弱和水平高低,能够给人以深刻印象;另一种形式是比重数据,又称结构相对数,表示区域内同一指标的部分量占总量的比例,如耕地面积占总面积的百分比、大学文化程度人数占总人数的百分比等。这些数据也可以用来表示制图现象随时间的变化,如各行政区单位人口增减的百分比或千分比,可以较准确地显示区域发展水平。

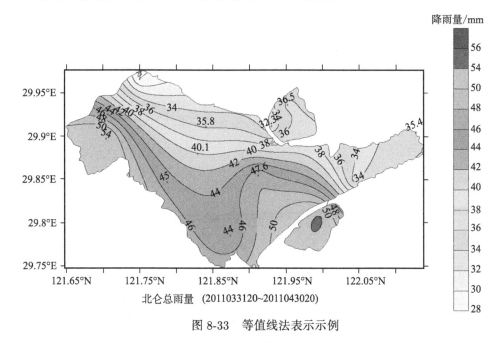

图 8-33　等值线法表示示例

等值区域法实质上就是用面状符号表示要素的分级特征。具体地说,就是用面状符号的色彩或图案(晕线)表示分级的各等值区域，通过色彩的同色或相近色的亮度变化以及晕线的疏密变化，反映现象的强度变化，同时具有等级感受效果。现象指标增长的用暖色，指标越大，色越浓(晕线越密)；现象指标减少的用冷色，指标越小，色越淡(晕线越稀)。图 8-34 是用不同填充物表示区域的植被覆盖度。

等值区域法是一种概略统计制图方法，因此对具有任何成面状分布特征的现象都适用。但由于等值区域法显示的是区域单元的平均概念，不能反映单元内部的差异，所以区划单元越小，其内部差异越小，反映的现象特点越接近于实际真实情况。

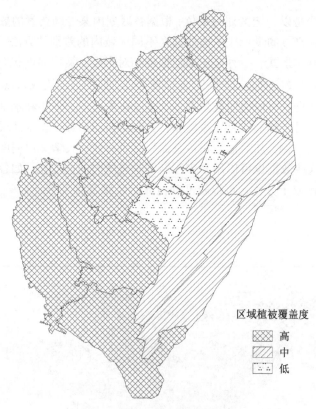

区域植被覆盖度

▨ 高
▨ 中
▨ 低

图 8-34   等值区域法表示示例

6. 分区统计图表法

分区统计图表法是一种以一定区划为单位，用统计图表表示各区划单位内地图要素的数量及结构的方法。统计图表符号通常描绘在地图上相应的分区内，如图 8-35 所示。统计图表法表示每个区划内现象的总和，而无法反映现象的地理分布，因此，它是一种非精确的制图表示法，属统计制图的一种。在制图时，区划单位越大，各区划内情况越复杂，则对现象的反映越概略。可是分区也不能太小，否则会因分区面积较小而难以描绘统计图表及其内部结构。

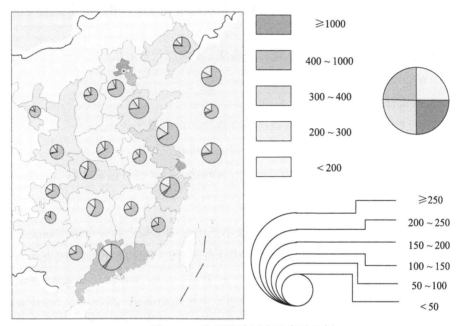

图 8-35　分区统计图表法表示示例

8.3.4　表示方法的分类与选择

1. 表示方法分类

为了能正确地选择表示方法，现将上述表示方法按一定标准归类。

1) 按时间特征分类

(1) 反映特定时间(静态)的除动线法，其他都可以；

(2) 反映连续时间(动态、连续)的只有动线法；

(3) 反映时间变化(时间间隔递增)的有定点符号法、定位图表法、等值线法、点值法、分级统计图法和分区统计图表法。

2) 按空间分布特征分类

(1) 表示点状的有定点符号法和分区统计图表法；

(2) 表示线状的有线状符号法和动线法；

(3) 表示分散分布面状的有点值法和分区统计图表法；表示分散片状分布面状的有范围法和分区统计图表法；表示连续而布满全区分布面状的有质底法、等值线法、等值区域法和分区统计图表法。

3) 按定位精度分类

(1) 表示精确定位的有定点符号法、精确线状符号法、等值线法、定位布点的点值法和定位图表法；

(2) 表示概略定位的有分区统计图表法、概略线状符号法、均匀布点的点值法、均匀配置的定位图表法。

4) 按定性或定量特征分类

(1) 反映定量指标的有等值线法、点值法和定位图表法；

(2) 反映定性指标的有质底法、范围法和线状符号法；

(3) 反映定量定性组合指标的有定点符号法、分区统计图表法和动线法。

2. 表示方法选择

实际上每种表示方法所表达的对象不是绝对的。呈点状分布的专题要素，主要选择定点符号法(表示精确定位的点状分布要素)、分区统计图表法(表示不精确定位的点状分布要素)。呈线状分布的专题要素，主要选择线状符号法(表示确定的线状分布要素)、动线法和等值线法(均表示模糊的路径分布要素)。呈面状分布的专题要素，主要选择质底法(连续分布面状要素)、范围法(零星面状分布要素)、点值法(表示大面积、断续分布的专题要素)、等值区域法(表示呈面状分布的专题要素)。具体采用什么方法，需要根据制图现象的特点和要求，并可参照图8-36来确定。

在实际应用中，用一种表示方法反映一种指标的地图很少，多数情况下是将多种表示方法进行组合应用。组合的形式一般有两种。

1) 一种方法反映制图现象的多种信息

在同一幅图上，用一种表示方法反映制图现象中的多种信息内容。例如，用分区统计图表法中符号的结构、形状、颜色和大小，全面地反映多种信息的数量和质量特征，既反映了每种信息自身的特点，又反映了信息间的相互关系。又如，经贸图上用动线法符号反映进口信息的数量和质量特征，同时，线符的轨迹也反映贸易往来的分布特点。

2) 多种方法反映制图现象的多种信息

采用多种表示方法综合反映多种信息或同一信息的多指标的地图很多。例如，地形图上用范围法表示街区居民地、森林、湖泊沼泽等；用定点符号法表示测量控制点、各种独立地物、井、电站等；用线状符号法表示道路、境界、河流等；用动线符号表示河流的流向等；用等值线法(等高线)表示地貌起伏等；用质底法表示行政区划范围等。

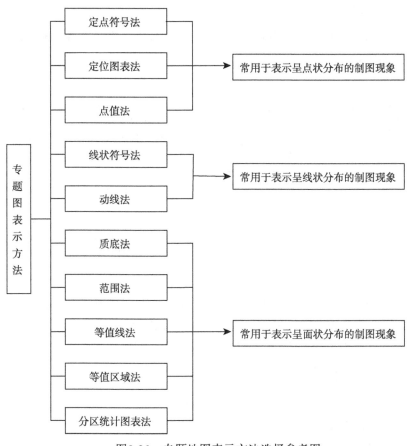

图8-36　专题地图表示方法选择参考图

8.4　地图设计与编制

8.4.1　地图制作过程及方法

地图的制图有实测法和派生法两种。实测法是使用测量的方法直接制作地图，例如，利用经纬仪、平板仪测制白纸地图，用野外成图一体化设备(如全站仪)完成数字化测图，用传统摄影测量或用数字摄影测量方法制作地图(数字地图)等。派生法是使用各种资料用编绘的方法制作地图。例如，利用大比例尺地形图编制小比例尺地形图，利用各种资料编制各种专题地图、地图集等。这里主要讨论基于地图资料编绘各种地图的派生法的生产过程及方法。

1. 传统地图生产方法

传统地图生产制造过程分为地图设计、地图编绘、出版准备和地图印刷4个主要阶段，如图8-37所示。

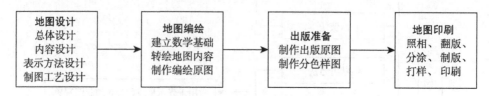

图 8-37　传统地图生产制造过程

传统地图生产方法都是采用手工制图方法，每个工序相互割裂，生产周期长、工序繁杂。生产一幅图工作量大、效率较低，地图质量很大程度上取决于设计人员、绘图人员、出版印刷人员的经验和技能。随着计算机、数据库、图形图像处理、彩色桌面出版(desktop publishing，DTP)系统、计算机直接制版(computer to plate，CTP)技术和数字印刷技术的出现，以及各种高档输入、输出设备和图形工作站的应用，实现了地图制图与出版一体化的全数字地图制图生产方法。

2. 一体化的全数字地图制图生产方法

一体化全数字地图制图生产方法，是利用计算机、输入设备、输出设备等作为工具，将数字制图和出版系统连成一体，制作地图的过程，也称为全数字地图制图生产方法，其工艺流程如图8-38所示(王家耀等，2011)。制图过程主要包括地图设计、数据采集与处理、地图编辑、出版编辑、栅格图像处理器(raster image processor，RIP)解释、数码打样、胶片输出、制版和地图印刷几个阶段。

目前，地图制图生产已经全部采用一体化全数字地图制图生产方法。这种方法将传统地图生产方法中的地图设计、地图编绘、地图出版、地图印刷融为一体，在人机协同条件下，全自动或半自动生产地图，极大地提高了地图生产的效率，保证了地图的质量。

从两种方法的生产过程可以看出，无论地图生产工艺过程如何变化，地图设计都是地图制作的首要阶段，其决定了地图的整体地貌、表达内容和表达形式；地图编绘作为地图生产的重要阶段，贯穿于地图资料处理、地图内容分类分级、图形表达、内容更新的各个过程，直接影响地图的最终质量。

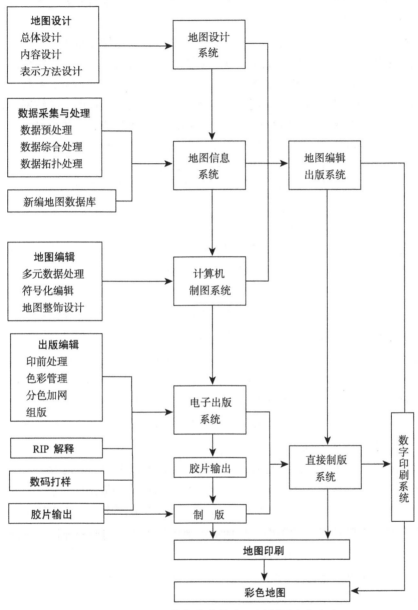

图 8-38　一体化的全数字地图制图生产方法

8.4.2　地图设计的过程与内容

地图设计的过程主要包括：①明确任务和要求；②收集、选择和分析资料；

③研究区域特征，确定地图内容；④地图总体设计；⑤地图符号和色彩设计；⑥地图内容综合指标的拟定；⑦编图技术方案和生产工艺方案设计；⑧地图设计的试验工作；⑨汇集成果，编写设计文件。

地图设计的具体内容包括：①确定地图性质、特点与制图范围。②确定地图内容并制订地图图例，主要根据地图用途、制图资料和区域地理特点确定地图内容及其分类、分级系统，然后针对这些内容设计表示方法和相应的符号，系统、逻辑地排列组成地图图例表。③确定地图数学基础，包括比例尺、投影、经纬网格以及建立数学基础的方法和精度要求。④广泛搜集编图用的各种资料并进行整理、分析与评价，做出使用程度和方法的说明。⑤研究制图区域的地理特征、制图对象的分布规律，制定地图概括的原则、方法与指标。⑥确定地图分幅与图面配置。⑦确定制图工艺方案，包括地图资料的加工和转绘方法、地图编绘的程序和方法、编绘用色规定、地图清绘工艺方案和制印要求等。⑧确定制图工艺方案和表示方法时要充分考虑现代制图新技术，同时适应现有的仪器、纸张、油墨、印刷等技术条件及作业水平。设计工作可先进行样图试验，以便检查各项规定是否可行，能否达到预期效果。样图检验最好采用几个方案，以便对比分析选出最佳方案。

图面的设计包括图名、比例尺、图例、插图(或附图)、文字说明和图廓整饰等。

(1) 图名。专题地图的图名要求简明图幅的主题，一般安放在图幅上方中央。字体要与图幅大小相称，以等线体或美术体为主。

(2) 比例尺。比例尺有两种表示方法，一是用文字(如一比四百万)或数字(如1：400万)表示；二是用图解比例尺表示。图解比例尺间隔也有两种划分方法，一种是按单位长度划分，表明代表的实际长度；另一种是按实地公里数划分，每格是按比例计算在图上的长度。比例尺一般放在图例的下方，也可放置在图廓外下方中央或图廓内上方图名下处。

(3) 图例。图例符号是专题内容的表现形式，图例中符号的内容、尺寸和色彩应与图内一致，通常放在图的下方。图例包括了组成一幅地图的所有图层的描述。

(4) 附图。附图是指主图外加绘的图件，在专题地图中，它的作用主要是补充主图的不足。专题地图中的附图，包括重点地区扩大图、内容补充图、主图位置示意图、图表等。附图放置的位置应灵活。

(5) 文字说明。专题地图的文字说明和统计数字要求简明扼要，一般安排在图例中或图中空隙处，其他有关的附注也应包括在文字说明中。

(6) 排版。排版又称平面组织，是对地图的不同要素进行排列与组合。专题地图的总体设计，一定要视制图区域形状、图面尺寸、图例和文字说明、附图及图名等多方面内容和因素具体灵活运用，从而使整个图面生动，获得更多的信息。

图 8-39 展示了若干不同风格的图面设计。

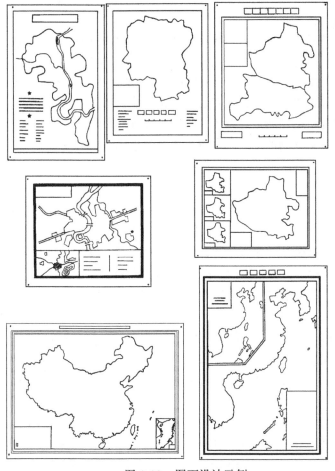

图 8-39　图面设计示例

8.5　虚　拟　现　实

8.5.1　虚拟现实的概念

虚拟现实(virtual reality，VR)是由计算机产生的集视觉、听觉、触觉等为一体的三维虚拟环境，用户借助特定装备(如数据手套、头盔等)以自然方式与虚拟环境交互作用、相互影响，从而获得与真实世界等同的感受，以及在现实世界中难以经历的体验。随着三维信息技术和计算机图形学技术的发展，地理信息三维表示不仅追求在普通屏幕上通过透视投影展示的真实感图形,更开始追求具有强烈沉浸感的虚拟现实真立体展示。

虚拟现实技术正日益成为三维空间数据可视化的重要工具。虚拟现实系统将地理空间组织成一组有结构、有组织的具有三维几何空间的有序数据,使得虚拟现实世界成为一个有坐标、有地方、有三维空间的世界,从而与现实世界中可感知、可触摸的三维世界相对应。虚拟现实建立了真三维景观描述的、可实时交互作用、能进行空间信息分析的空间信息系统。例如,借助虚拟现实技术,用户可以在三维环境里穿行,观察新规划的建筑物并领会其在地形景观中的变化。

8.5.2　虚拟现实技术

虚拟现实技术是一种可以创建和体验虚拟世界的计算机仿真系统,它利用计算机生成一种模拟环境。它是一种多源信息融合的交互式的三维动态视景和实体行为的系统仿真,能够使用户沉浸到该环境中。虚拟现实技术的主要特征包括:

(1) 多感知性。指除一般计算机所具有的视觉感知外,还有听觉感知、触觉感知、运动感知,甚至还包括味觉感知、嗅觉感知等。理想的虚拟现实应该具有一切人所具有的感知功能。

(2) 存在感。指用户感到作为主角存在于模拟环境中的真实程度。理想的模拟环境应该达到使用户难辨真假的程度。

(3) 交互性。指用户对模拟环境内物体的可操作程度和从环境得到反馈的自然程度。

(4) 自主性。指虚拟环境中的物体运动依据现实世界物理运动定律的程度。

虚拟现实的构建需要多种技术的融合,如实时三维计算机图形技术、广角(宽视野)立体显示技术、对象跟踪技术、触觉/力觉反馈、语音输入输出、网络传输技术等。同时,随着互联网的高速发展,虚拟现实技术也越来越与网络紧密结合。本章节重点关注与 GIS 相关的网络三维计算机图形技术,下面简单介绍几个主要的基于网络的相关技术。

1. 虚拟现实建模语言(VRML)

虚拟现实建模语言(virtual reality modeling language,VRML),是一种用于建立真实世界的场景模型或人们虚构的三维世界的场景建模的语言。VRML 开始于20 世纪 90 年代初期,1994 年 3 月在日内瓦召开的第一届 WWW 大会上,首次正式提出了 VRML 这个名字。1994 年 10 月在芝加哥召开的第二届 WWW 大会上公布了规范的 VRML1.0 标准。

VRML 本质上是一种面向 Web、面向对象的三维造型语言,而且它是一种解释性语言。VRML 的对象称为结点，子结点的集合可以构成复杂的景物。结点可以通过实例得到复用，对它们赋以名字进行定义后，即可建立动态的 VR(虚拟世界)。VRML 不仅支持数据和过程的三维表示，而且能提供带有音响效果的结点，用户能走进视听效果十分逼真的虚拟世界。用户使用虚拟对象表达自己的观点，能与虚拟对象交互。

2. Viewpoint 技术

Viewpoint 是由美国 Viewpoint 公司提出的 Web 3D 解决方案。Viewpoint 在结构上可分为两个部分：一个是储存三维数据和贴图数据的 mts 文件；另一个是对场景参数和交互进行描述的基于 XML 的 mtx 文件。Viewpoint 生成的文件格式非常小，加上它的三维多边形网格结构具有可伸缩性和流传输性，使得它非常适合在网络上传输。

Viewpoint 具有完全的互动功能，可以真实地还原现实中的物体功能。Viewpoint 制作、处理并传输 3D 图形对象，它可以创建照片级真实 3D 影像，并且可以和其他高端媒体综合使用。它使用独有的压缩技术，把复杂的 3D 信息压缩成很小的数字格式，同时，也保证浏览器插件可以很快地将这些压缩的信息重新解释出来。它在 3D 贴图上，使用 JPEG 的压缩格式，保证文件的贴图不会使 3D 文件加大，并且它传送给用户的方式与 Flash、Quick time、Real media 等流行媒体一样，使用了流式播放方式，这就使用户不用下载完所有的文件即可看到需要的内容。用户端只需安装一个插件就可以在网上浏览到以流方式传输的 3D 模型。

3. Cult3D 技术

Cult3D 是瑞典的 Cycore 公司推出的一种 Web3D 技术，其基础思想是利用现有的网络技术和强大的 3D 引擎在网页上建立互动的 3D 对象。Cult3D 的内核是基于 Java 的，它也可以嵌入客户自己开发的 Java 类，因此，具有很强的交互和扩展性能。Cult3D 由两部分组成：一部分用于编写 3D 素材，另一部分用于解读 3D 素材。Cult3D 有三个不同的程序功能：Cult3D Exporterplug2in、Cult3D Designer 和 Cult3D Viewerplug2in。Web 开发设计人员可以使用在 3D 设计领域广泛使用的 3DSMAX 或 MAYA 来设计 3D 模型，使用 Cult3D Exporterplug2in 来转换设计模型，在 Cult3D Designer 中为模型加入交互、音效等其他效果，再无缝地嵌入到 HTML 页面和其他应用程序中。用户只需安装 Cult3D Viewerplug2in 即可在网上实时观看利用 Cult3D 技术生成的 3D 模型。

4. Shout3D

Shout3D 是 ShoutInteractive 公司推出的在网络上传输交互三维图形和动画的解决方案。设计师可利用 3DSMAX 或其他建模工具来创建基本模型,通过 Shout3D 为 3DSMAX 提供插件把模型直接输出为 Shout3D 的.s3d 文件格式,然后可利用已有的 applet,或根据自己的需要用 Java 或 JavaScript 来开发任何可以想象的交互能力。

Shout3D 基于 Java applet 的 3D 图形渲染引擎,同时它也是 Web3D 图形的制作工具。它使用 Java 技术在网络上传递交互的三维图形,当访问者浏览有 Shout3D 的页面时,它的内容和播放器将被同时下载。而这种播放器是嵌入在网页中的 Java applet 程序中的,所以用户不用担心操作平台的限制也不用下载特定的浏览器插件即可观看到完整的 3D 图形。

8.5.3 虚拟现实的应用

虚拟现实技术在地理科学中的应用主要表现在虚拟地理环境、城市规划、应急推演、智慧城市等方面,而在应用过程中有时需和其他技术,如 GIS、网络、多媒体技术等相结合。

1. 虚拟地理环境

虚拟现实技术与地理科学相结合,可以产生虚拟地理环境(virtual geographical environment,VGE)。早期的虚拟地理环境概念从地理实验的角度,强调虚拟地理环境在地理科学中的实验应用价值,把虚拟地理实验作为地理科学研究的一种主要技术手段,强调对于地理虚拟环境的实验。后来基于网络的概念,主要强调在线虚拟地理环境是现实世界的地理环境在虚拟网络世界中的重构,强调虚拟地理环境的虚拟特点和表达现实地理环境中人与人的相互关系和互动行为,更强调社会、经济和政治结构的关系互动。

2. 虚拟现实技术在城市规划中的应用

在城市规划中,应用虚拟现实技术,通过对城市现状和未来规划进行仿真,可以实时、互动、真实地看到规划的效果,产生身临其境的感受,从而可以对城市景观设计、感知效果、空间结构、功能组织等进行多方案的对比分析,使决策者能更好地理解规划者的规划设计意图,提高城市规划、城市生态建设的科学性,促进城市可持续发展,降低城市发展成本。例如,基于虚拟现实技术构建的城市规划虚拟现实系统,可以通过其数据接口在实时的虚拟环境中随时获取项目的数据资料,方便大型复杂工程项目的规划、设计、投标、报批、管理,有利于设计与管理人员对各种规划方案进行辅助设计与方案评审，规避设计风险。

3. 虚拟现实在应急推演中的应用

虚拟现实的产生为应急推演提供了一种新的开展模式，将事故现场模拟到虚拟场景中去，在这里人为地制造各种事故情况，组织参演人员做出正确响应。这样的推演大大降低了投入成本，提高了推演实训时间，从而保证了人们面对事故灾难时的应对技能，并且可以打破空间的限制，方便地组织各地人员进行推演，这样的案例已有应用，也必将是今后应急推演的一个发展趋势。

4. 虚拟现实在智慧城市中的应用

应用虚拟现实技术，将三维地面模型、正射影像、城市街道、建筑物及市政设施的三维立体模型融合在一起，再现城市建筑及街区景观。用户在显示屏上可以直观地看到生动逼真的城市街道景观，可以进行查询、量测、漫游、飞行浏览等一系列操作，从而满足智慧城市建设由二维 GIS 向三维虚拟现实的可视化发展需要，为城建规划、社区服务、物业管理、消防安全、旅游交通等提供可视化空间地理信息服务。

思考题

1. 空间信息可视化的表现形式有哪些？
2. 地图符号是如何分类的？
3. 专题地图的表达方法有哪些？
4. 地图符号的设计有哪些要求？
5. 地图的图面设计包括哪些内容？
6. 虚拟现实有哪些应用？试举例说明。

第 9 章　应用型 GIS 设计与开发

应用型 GIS 设计与开发是将软件工程理论应用于 GIS 系统实现的过程,本质上是一种特殊的软件工程。应用型 GIS 设计与开发涉及 GIS 理论基础、设计内容、技术方法、组织实施过程及相关规范与标准等多方面的知识构成,包含了系统分析、系统总体设计、系统详细设计、系统实施、系统测试以及系统维护等多个环节。本章主要介绍 GIS 系统分析、GIS 系统设计、GIS 系统实施、GIS 软件测试和 GIS 系统维护等内容。

9.1　GIS 系统分析

系统分析是按照系统论的观点,对事物进行分析和综合,找出各种可行的方案,为系统设计提供依据,其主要任务是明确系统"做什么"的问题。它是在对现行系统进行深入调查分析的基础上,提出新系统的结构,这是应用型GIS开发的第一步,通常由系统分析员来完成。

应用型GIS的系统分析是使系统设计达到合理、优化的重要步骤,它直接关系到GIS系统能否满足用户的需要,所以系统分析的质量至关重要。

9.1.1　系统需求分析

系统需求分析可以细分为需求调研和调研分析两个阶段。需求调研需要充分细致地了解用户目标、用户业务内容、用户使用流程等,这是一个对需求信息的采集过程,是进行需求分析的基础准备。只有当研发人员已经理解了用户的业务,才可以开始需求分析。调研分析的主要任务是通过用户调查发现系统存在的问题,了解用户对新系统总体的以及各子系统的功能需求和具体要求,以确定系统的边界,为接下来的可行性分析提供依据,使应用型GIS的设计者了解用户对系统的期望和需求。

需求分析是整个软件工程中非常关键的一个过程。假如在需求分析时分析者未能正确地认识、理解用户的需要,那么最后的软件实际上不可能达到用户的需求,或者软件无法在规定的时间里完成。

需求分析的任务不是具体地解决问题,而是准确地确定"为了解决这个问题,新系统必须做什么",主要是确定新系统必须具备哪些功能。

用户虽然了解他们所面对的问题，知道必须做什么，但是通常不能完整准确地表达出他们的要求，更不知道怎样利用计算机解决他们的问题。而 GIS 开发人员知道怎样使用软件实现人们的要求，只是对特定用户的具体要求并不完全清楚。因此，系统分析员在需求分析阶段必须和用户密切配合，充分交流信息，以得出经过用户确认的系统逻辑模型。通常用数据流图、数据字典和简要的算法描述表示系统的逻辑模型。在需求分析阶段确定的系统逻辑模型是以后设计和实现目标系统的基础，因此必须准确完整地体现用户的要求。

进行需求获取的方式多种多样，包括座谈、参观、电话访谈、问卷调查、查阅资料、深入现场、与用户一起工作等，通过这些方式从而获得现行系统的状况和相关资料。在应用型 GIS 的开发中，由于地理信息系统的概念、功能等还没有被用户深入理解并接受，因此采用 GIS 专题报告可以很好地激励用户提出需求，让用户了解地理信息系统的基本知识、各种功能及其优点，使他们对地理信息系统有一个清楚的了解。如果时间和资金允许，开发原型系统也可以更好地挖掘用户需求。系统需求分析通常包括以下方面的内容。

1. 用户情况调查

通过对用户的组织机构、工作任务、职能范围、日常工作流程、信息来源及处理方式、资料使用状况、人员配置、设备配置、费用开支、对新系统的要求等各方面情况的调查研究，了解用户现行的工作状况，找出系统存在的主要问题和薄弱环节。

2. 系统目标和任务调查

在用户基本情况调查基础上，根据用户的要求和特点而确定新系统的服务对象、内容和任务，即确定应用型 GIS 要解决的具体问题、应用范围和性质。通过了解用户希望 GIS 解决哪些实际应用问题，以确定系统设计的目的、应用范围和应用深度，为以后总体设计中系统的功能设计和应用模型设计提供科学、合理的依据。一般来说，系统目标不可能在调查研究阶段就非常具体和确切，随着后续分析和设计工作的逐层深入，新系统的目标也将逐步具体化和定量化。

3. 数据调查

主要包括能获得哪些数据、数据的类型划分、数据间的联系等。数据调查既要对数据现状进行分析，还应对数据的更新、未来变化与发展进行估计。数据在一个 GIS 应用系统中，占有举足轻重的位置。进行需求分析时，与数据有关的因素包括：①数据的输出样式，包括屏幕显示、Web 发布、出版、工程图等；②输出数据的内容和要求，输出数据要包括哪些内容、数据的精度、比例尺等；③数据的分布性，数据是集中管理还是分布管理；④现有的纸质地图，现有的纸质地图的内容，其比例尺、时效性、是否涉及保密；⑤现有的电子数据，数据形式(栅格/矢量/属性数据库)、数据格式、完整性、精度、投影方式、比例尺等因素；⑥数据录入，数据量大小，输入设备包括数字化仪、扫描仪软件的支持程度，进行数据录入的人员数目，能否在预定时间内完成数据录入；⑦数据购买，数据量以及价格。

4. 软硬件评价

主要对现有的软硬件类型、性能、权属和共享性进行调查，要做出规范详尽的列表和清单，并对系统的组织结构、功能和业务流程进行分析，为数据流程的分析打好基础。

9.1.2 系统可行性研究

在需求分析和明确新系统目标和任务的基础上，进行可行性研究。研究的内容包括以下方面。

1. 理论上的可行性

实现应用型GIS的设计，其理论上的可行性涉及两个方面的内容：一是GIS系统提供的数据结构、数据模型与应用所涉及的专业数据的特征和结构是否适宜；二是分析方法及应用模型与GIS技术的结合是否可行。

2. 技术上的可行性

在技术上需考虑的内容有：选择计算机系统时，要预见计算机硬件的发展速度和GIS软件的使用周期是否相适宜；选择先进的、可行的开发技术和方法；技术力量的可行性分析包括各种层次、各种专业的技术人员，从事这些工作的技术人员的数量、结构和水平等。

3. 经济和社会效益分析

包括开发GIS应用工程时经济承受能力的分析，预算GIS的设计与实现过程中所需的费用；估计新系统建成后，与投入相比，会有多大经济效益；系统投入使用后，所能带来的社会效益，即对社会所产生的影响等。

9.1.3 系统分析报告

在需求分析、明确系统目标以及可行性分析的基础上，编写系统分析报告。报告中主要内容有：①系统的目的和任务；②系统运作的逻辑数据流程图，包括数据的输入和输出、各功能的接口界面和数据转换；③GIS系统的产品，包括地图、报表、文件、屏幕查询以及更新的数据库；④硬件资源表、软件资源表以及所需的专业人员清单；⑤数据来源清单及数据与功能对照表；⑥建设系统的经济和社会效益分析。

9.2 GIS 系统设计

GIS系统设计是整个系统开发过程中的一个重要阶段，它是在需求分析的基础上明确系统"如何做"的问题。即按照对应用型GIS开发的逻辑功能要求，考虑具体的应用领域和实际条件，进行各种具体设计，确定系统开发的实施方案。应用型GIS的设计过程通常分为总体设计和详细设计两部分。总体设计就是确定GIS的总体结构，详细设计是在总体设计的基础上，将各组成部分进一步细化，给出各子系统或模块的足够详细的过程性描述。

9.2.1 应用型 GIS 设计的原则

系统设计的优劣直接影响整个系统的质量及获得的经济效益，为了使所设计的GIS系统能最大限度地满足用户的需求，使系统具有较强的生命力，在系统设计时应遵循一定的原则。

1. 实用性

系统设计不仅要考虑技术方法与实现手段，还应考虑大数据量的存储、维护与更新，同时要考虑与现行体制相适应。为了能达到预定目标和功能，系统应避免复杂化，尽量简单实用、界面良好、层次清晰、结构严谨、便于操作。在视窗环境下，采用纯中文界面，向导式操作指南，并配以在线帮助功能，使用户易学易用。

2. 系统性

系统设计过程中，要从整个系统的角度考虑，系统代码要统一，设计规范要标准，数据分类与编码、数据精度、作业规程等应采用有关的国家标准、行业标准和地方标准，以满足数据共享的要求。

3. 安全性

安全性是应用型GIS能否被用户认可的重要问题，系统应在安全等级、交叉验证、网络安全等各个环节采取有力措施，保证系统的整体安全性。

4. 可扩充性

在系统设计中采用模块设计，各模块相对独立性强，模块的增加、减少、修改对系统影响要少，以便于系统不断扩充和完善。

5. 适应性

设计系统应考虑各方面因素，使系统灵活通用，对环境应该有较强的适应性，如数据结构能同主流软件兼容。

6. 经济性

系统设计中应考虑与人力、财力资源相适应，选择性能价格比最优的系统配置方案，同时还要考虑适宜的建设周期。

9.2.2 应用型 GIS 的总体设计

应用型GIS总体设计是根据系统分析的要求，结合实际情况，规划系统的规模和建立系统的总体结构和模块间的关系，确定系统软硬件配置，设计全局数据库和数据结构，规定系统采用的技术规范，并做出经费预算、进度安排和人员培训计划，以保证系统目标的顺利实现，它是一种宏观、总体上的设计和规划。系统总体设计的主要内容包括确定系统目标、总体结构设计、软硬件配置、数据库设计、成本效益分析、实施计划等。

1. 系统目标的确定

确定系统目标就是根据系统可行性研究、需求分析的成果来确定系统的开发意图、应用目标、应用范围、预期效益、功能和时间要求。系统目标要求具体、明确，充分反映用户意见和要求。只有在充分掌握了各种有关的信息，并进行综合分析比较后，才能正确地确定系统的目标。

由于一个完善的应用型GIS的建立通常需要较长的时间，为了使系统能尽快地发挥社会和经济效益，通常应分阶段设立系统的近期目标和远期目标。

2. 总体结构设计

根据一定的原则和方法，将系统划分为若干子系统或功能模块。

1) 子系统的划分

子系统的划分应遵循如下原则：①各子系统相对独立，子系统之间数据的依赖性尽量小。每个子系统或模块相对独立，减少不必要的数据调用、控制和联系，便于系统查询、统计、调用、调试、维护和运行。②子系统的划分应使数据冗余较小。大量的原始数据在子系统间进行调用、保存和传递，会使得程序结构紊乱、数据冗余，并降低系统的工作效率。③子系统的划分应考虑管理层的需要，注意高层管理决策的要求。④子系统的划分应便于系统分阶段实施，还应兼顾组织机构的要求，以使系统运行时更符合人们的习惯。

子系统划分通常按照系统功能、业务处理顺序、业务处理过程、数据拟合程度等几种方法进行，如表9-1所示。其中，按系统功能划分是目前最常用的划分方法；按业务处理顺序划分方式用在时间和处理过程顺序特别强的系统中；按数据拟合程度划分方式可使划分的子系统内部聚合力强，外部通信压力小；按业务处理过程划分方式一般只有在很少的分阶段实施开发中才应用。

以城市综合地理信息系统平台的功能设计方案为例, 按照功能划分其功能模块主要包括: 基础地理信息子系统、规划管理子系统、综合管网子系统、土地管理子系统、房产子系统、交通子系统、公安子系统、人口管理子系统、旅游子系统和公共服务设施子系统等, 如图9-1所示。

表 9-1　子系统划分方法比较

序号	方法分类	划分方式	联结形式	可修改性	可读性	紧凑性
1	功能划分	按业务处理功能分	好	好	好	非常好
2	顺序划分	按业务先后顺序分	好	好	好	非常好
3	数据拟合	按数据拟合程度分	好	好	较好	较好
4	过程划分	按业务处理过程分	中	中	较差	一般

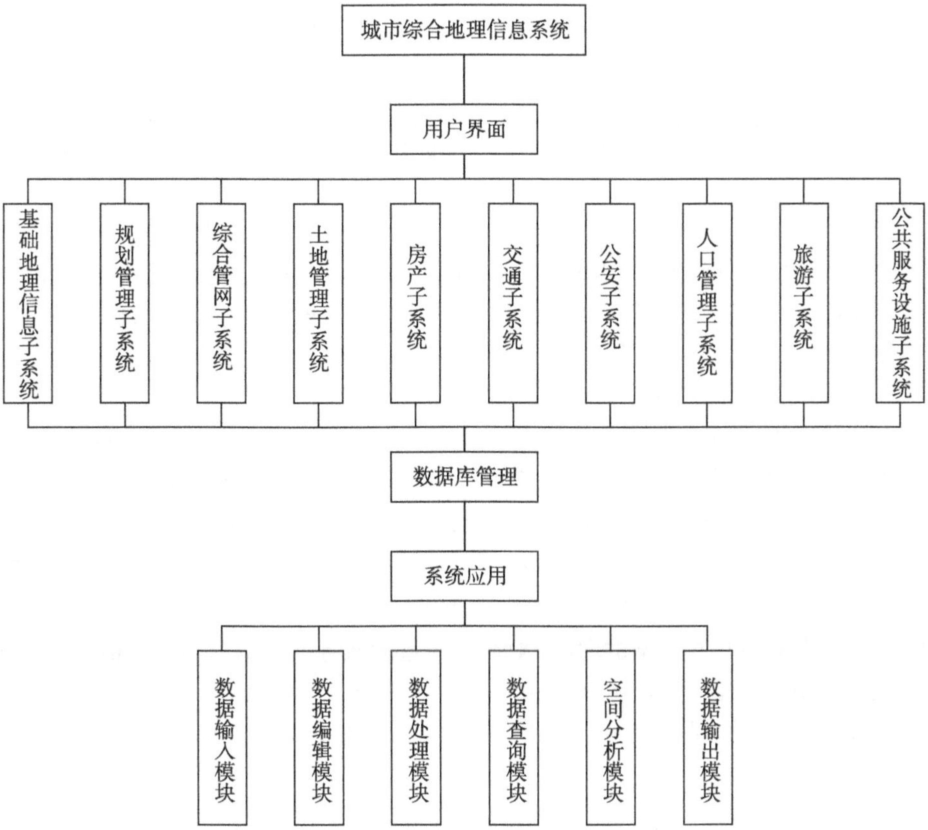

图 9-1　城市综合地理信息系统总体结构及其功能模块图

2) 功能模块的确定

应根据系统功能的聚散度、耦合度、用户职能的划分、数据处理过程的相似性和数据资源的共享性，确定系统必须具备的功能模块。通常一个功能较强的地理信息系统应具有以下功能：

(1) 数据输入模块。具有图形图像输入、属性数据输入、数据导入等功能。

(2) 数据编辑模块。具有数字化坐标修改、属性文件修改、结点检错、多边形内点检错、结点匹配和元数据修改等功能。

(3) 数据处理模块。具有拓扑关系生成、属性文件建立(含扩充、拆分和合并)、坐标系统转换、地图投影变换和矢量/栅格数据转换等功能。

(4) 数据查询模块。具有按空间范围检索、按图形查属性和按属性查图形(单一条件或组合条件)等功能。

(5) 空间分析模块。具有叠置分析、缓冲区分析、邻近分析、拓扑分析、统计分析、回归分析、聚类分析、地形因子分析和最佳路径分析等功能。

(6) 数据输出模块。具有矢量绘图、栅格绘图、报表输出、数据导出及三维动态模拟和显示等功能。

模块和子系统是新系统的一部分，它们相互间在功能调用、信息共享、数据传递方面存在或多或少的联系，应对调用方式、数据共享的权限做出严格的规定与设计。

3. 网络设计

当开发的应用型GIS是网络系统时，则在总体设计阶段，应考虑各子系统在局域网中的连接及在运行过程中与其他系统的连接，这就是网络设计的任务。

网络设计首先要根据用户的要求选择网络的结构，然后根据系统结构，安排网络和设备的分布，再根据单位内部的布局考虑综合布线和配件，最后根据实际业务的要求划定网络各结点的级别、管理方式、数据读/写的权限及网络软件选择等。

以无锡市国土资源电子政务系统的网络设计方案为例，该系统网络通信平台将主要由无锡市国土资源局、各区国土资源局(分局)及无锡下辖市国土资源局的政务内网(内部局域网)和政务外网(外部局域网)两部分组成。内外网分别接入江苏省国土资源信息网和国际互联网，政务外网通过具有逻辑隔离功能(网络防火墙)的市级、县级门户网站与互联网的联结，对内提供远程政务共享信息和交换信息的传输，对外提供公用发布信息的传输。政务内网承载政务应用系统的运行，并通过物理隔离的数据传送手段与政务外网实现数据交换，无锡市国土资源电子政务主干网络基本结构如图9-2所示。

4. 系统配置

系统配置应遵循技术上稳定可靠、投资少、见效快、立足现在和顾及发展的原则。技术上稳定可靠是指采用国内外经过实践证明为成熟的软硬件，同时以满足本应用系统的技术和性能指标为准则，不单纯追求最高档次设备和昂贵的软件。投资少、见效快是指根据经济实力和技术力量，选择合适的配置，能较快地收到实际效果。立足现在、顾及发展是指应以完成目前的要求为主，并顾及系统的可扩展性和将来的发展。

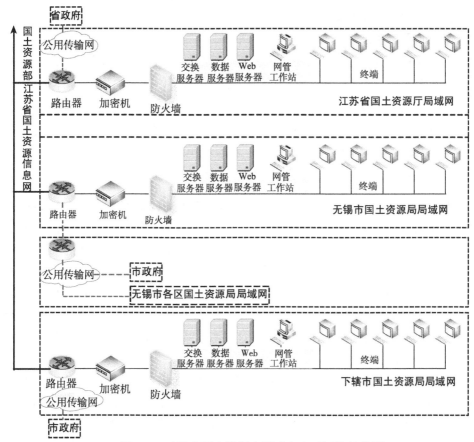

图 9-2　无锡市国土资源电子政务主干网络结构图

由于系统具体目标和服务范围不同，系统配置方案也有很大差异，但一般而言，应用型GIS系统的系统配置一般包括：操作系统、数据库管理系统、GIS平台以及开发平台等。

(1) 操作系统。目前，服务器操作系统主要有UNIX、Linux和Windows Server等。通常应在充分考虑现有软硬件条件、技术人员素质、可维护性、使用便捷性以及当前操作系统发展趋势等因素后，选用恰当的服务器操作系统。

(2) 数据库管理系统。目前的数据库系统软件中，SQL Server和Oracle是国内主流的作为大型地理信息系统的后台数据库。SQL Server具有高性能价格比、可伸缩性强、安全可靠和易操作等特点，是大多数中小规模用户的首选；Oracle具有很好的安全管理机制和海量数据管理能力，是一些大型系统建设的首选。

(3) GIS平台。目前，GIS平台软件发展迅速，在空间数据库管理、数据接口、组件支持、开发方式和平台架构等方面都在不断升级更新，各方面的分工也更加明确。常用的GIS平台体系主要包括ArcGIS系列软件、SuperMap系列软件、CeoStar系列软件以及多种多样的开源GIS软件平台。

(4) 开发平台。应用开发平台主要根据系统结构是C/S结构或B/S结构，采用相关的开发平台，目前主流的系统开发软件包括VC++、.NET开发平台、 J2EE开发平台、LAMP开发平台等。

此外，由于目前应用型GIS系统通常为B/S结构，在系统配置时还需考虑采用的应用服务器，如JBOSS、TOMCAT、WEBLOGIC、IIS等。

5. 数据库设计

数据库设计就是把现实世界中一定范围内存在着的数据抽象成一个数据库的具体结构的过程。对于一个给定的应用环境，数据库设计首先要确定空间数据模型、空间数据与属性数据的管理模式(如集中式或分布式建库方案)、采用的数据结构类型、数据分类、数据库管理系统选用等一系列问题。

对于应用型GIS数据库的设计，既要考虑地理数据的格式(矢量和栅格)，又要考虑各种数据的空间和属性的特征，有时还要考虑数据的时间特征，这些特征可能要用不同的结构来表达。如何有机地将这些考虑结合起来是GIS数据库设计成功与否的关键因素之一。

应用型GIS在数据库设计中既要考虑数据的特征，又要兼顾应用目的，过分强调数据特征，会忽略用户使用数据的要求，这样设计出的数据库将不符合实际需要。

数据库设计是一个复杂、繁琐的过程，它通常包括需求分析、概念设计、逻辑设计、物理设计等步骤。

1) 需求分析

数据库的需求分析是对系统需求分析的进一步细化，它以系统需求分析为基础，是数据库设计和建立的基础。其主要目的是了解用户对空间信息的一般要求及特殊要求，如信息特征和内容的要求、信息处理的要求、信息完整性要求及信息安全要求等；也包括了解用户对系统的功能要求及系统的工作环境要求等。

2) 概念设计

概念设计是数据库设计的关键，它将需求分析阶段收集的信息和数据进行分析、整理，找出各类数据之间的联系，形成独立于计算机、与DBMS无关的概念模型，以反映用户的需求。概念模型常用语义模型和面向对象模型来描述。E-R模型是表示概念模型的有力工具，它是一种语义模型。设计人员可通过E-R图，实现模型的设计。

3) 逻辑设计

概念设计并不涉及实体的数据结构及其在数据库中的实现。逻辑设计的任务是用数据库管理系统提供的工具和环境，将概念模型转换成具体数据库管理系统的数据模型。

用逻辑数据结构可表达出概念模型中提出的各种数据关系，因此，逻辑设计是数据库设计的核心。由于空间数据的逻辑结构分成栅格结构和矢量结构，因此数据库逻辑设计时也应考虑栅格和矢量数据结构之分，对各种数据的空间特征、属性特征，乃至于时间特征需进行统一考虑，在考虑空间数据逻辑设计的同时，又要考虑属性数据的逻辑设计。

最后，经空间数据的逻辑设计得到可处理的空间数据的逻辑结构，如关系表、数据项、记录及记录间关系等。

4) 物理设计

数据库的物理设计的任务是使数据库的逻辑结构能在实际的物理设备上实现快速存取。物理设计可决定系统采取何种文件结构和存取方式，它为程序设计和模块间接口设计服务。数据库的物理设计与数据库的逻辑结构有关，也与所选择的数据库管理系统有关。

应用型GIS中数据库设计的好坏是衡量应用型GIS开发工作好坏的主要指标之一。一个良好的空间数据库应能迅速、方便、准确地调用和管理所需的空间数据。

9.2.3　应用型 GIS 的详细设计

详细设计是在总体设计的基础上的进一步深化，应根据总体设计规定的系统目标、阶段开发计划和总体设计规定的设计原则和要求，对各个子系统进行详细设计，用以指导子系统的开发。

1. 模块设计

详细设计是对总体设计中已划分的子系统或各大模块的进一步的深入细化设计。从系统结构上讲，地理信息系统应具备五大基本功能：数据采集、数据编辑与处理、空间数据库管理、空间查询和空间分析以及结果输出功能。从应用目的上讲，应具有三个基本功能：①作为一种空间信息数据库，管理和储存空间对象的信息数据；②作为一种空间分析工具，在各对象层间进行逻辑运算和数学运算(建立模型)，从而产生新的派生信息和内涵；③根据以上两个基本功能所完成的操作，对空间现象的分布、发生、发展和演化作出判断和决策，即空间决策支持系统功能。

在进行模块设计时，除了考虑功能模块的合理性、功能结构的完备性外，还要考虑模块各功能的独立性，即功能相对独立的模块重复度最小；还要考虑功能模块的可靠性、可修改性和操作的简便性。对各模块进行设计时，应画出各模块结构组成图，从而详细描述各模块内容和功能。模块设计通常采用自顶向下的方法逐层分解，进一步划分为功能独立、规模适当的模块，直至最小功能模块。

2. 数据库详细设计

数据库详细设计是将数据库的概念设计转换成具体的数据库设计。它主要包括：数据源的选择、对各种数据集的评价、空间数据层的设计、数据字典设计以及存储和管理结构的设计。

1) 数据源的选择

一个应用型GIS系统的开发，通常其数据库开发的成本占整个系统造价的70% ~ 80%，所以数据库内数据源的选择对于整个系统来说显得格外重要。数据库中各类数据的来源很多，主要有地图、航空像片、卫星遥感像片、GPS接收的数据以及现有的各种文件数据等。

2) 对各种数据集的评价

数据的来源是多种多样的，其质量也不尽相同，所以哪些数据能为新系统所用，需进行评价。对数据的评价直接关系到数据的使用目的和数据库的设计。数据的评价主要从三个方面进行：一是数据的一般评价，其中包括数据是否为电子版、是否为标准形式、是否可直接被GIS使用、是否为原始数据、是否有可替代数据、是否与其他数据一致(指覆盖地区、比例尺、投影方式、坐标系等)等。二是数据的空间特性，其中包括空间特征的表示形式是否一致，如城市是用点还是多边形表示，河流是用单线还是用双线等；空间数据地理控制信息的比较，如用GPS点、大地控制测量点、人为划分的地理位置点等；空间地理数据的系列性，如不同地区信息的衔接、边界匹配问题等。三是属性数据特征的评价，其中包括属性数据的存在性、属性数据与空间位置的匹配性、属性数据的编码系统以及属性数据的现势性等。

3) 空间数据层的设计

在收集和评价数据集后，就需考虑数据库数据的组织形式—— 数据分层和编码标准的设计。在对数据分层时须从以下几方面考虑：通常数据按专业内容进行分层；不同属性的数据共用或重叠的问题，如道路与边界重合，设计时这种关系应体现出来；数据与其功能之间的关系，即不同类型的数据由于其应用功能相同可作为一层，由于安全性和保密性的考虑或短期内更新的数据可单独考虑分在一层。编码标准设计时，应尽可能寻找现有的被广泛使用的标准编码。

4) 数据字典设计

数据字典用于描述数据库的整体结构、数据内容和定义等。一个好的数据字典可以说是一个数据的标准规范，它可使数据库的开发者依此来实施数据库的建设、维护和更新。数据字典的内容包括：数据库的总体组织结构、数据库总体设计的框架、各数据层的详细内容定义及结构、数据命名的定义、元数据内容等。

5) 存储和管理结构的设计

一是数据使用权限的设置，即不同用户可有不同的使用权限；二是数据库更新过程中的质量控制和安全性考虑，包括更新数据时须遵循整个数据库的原则、需要同时考虑空间和属性数据间的关系、更新时应有锁住该数据层的功能，以避免其他用户同时做类似操作。

3. 输入/输出设计

输入/输出(I/O)设计是应用型GIS设计的一个重要环节，它由输入设计和输出设计组成。

1) 输入设计

由于空间数据的多源性和复杂性，使应用型GIS中输入设计所占的比重较大。它主要包括输入方式设计和用户界面设计。

输入方式设计主要包括：①确定数据采集方法和输入设备，如用GPS、摄影测量、遥感等方法采集数据，用数字化仪或扫描仪实现地图数字化。②确定数据记录格式和输入类型，数据记录格式的设计是输入设计的重要内容，它与空间数据组织结构密切相关。数据的输入类型可以是联机输入或脱机输入。③输入数据的正确性校验，如拓扑关系校验、图形数据和属性数据的一致性校验等。

用户界面设计是一项重要而繁琐的工作，占用GIS系统开发较多的工作量，因为用户界面设计的好坏，既影响到系统的形象和直观水平，又决定了新系统是否被用户接受，用户是否能够正确深入地使用系统的功能。用户界面主要包括三种类型：菜单式界面、命令式界面和表格式界面。

(1) 菜单式界面。它是将系统功能按层次全部列于屏幕上，由用户用数字、键盘箭头键、鼠标器、光笔等选择其中某项功能执行。菜单界面的优点是易于学习掌握、使用简单、层次清晰、不需大量的记忆、利于探索式学习使用，特别是对于汉字系统，可将菜单内容用汉字列出，通过菜单选择，无需再键入汉字执行，极为方便。缺点是比较死板，只能层层深入，且无法进行批处理作业。

(2) 命令式界面。它是以几个有意义或无意义的字符调用功能模块的方式。其优点是灵活，可直接调用任何功能模块，又可组成复杂的调用。更重要的是可以组织成批处理文件，进行批处理作业，无需用户在机前等待逐个调用系统功能。缺点是不易记忆且不易全面掌握，特别是命令难以用汉字构成，反之全用英文又会给不熟悉英文的用户带来更大的困难。

(3) 表格式界面。它是将用户的选择和需回答的问题列于屏幕，由用户填表式回答，可与菜单式界面配合使用。

这三种界面各有优缺点，好的系统应提供各种界面，并随时提供丰富的帮助信息。

2) 输出设计

输出设计是将系统分析处理后的信息，通过各种输出设备，以一定的格式提供给用户的过程。对用户来说，输出是他们的最终结果，所以在设计过程中必须与用户充分协商。

地理信息经分析处理后，其结果常以地图、图形、图像、报表、文字报告等形式，经输出设备(如显示终端、打印机、绘图仪及多媒体设备)在输出介质(包括纸张、磁带、磁盘、光盘等)上，按一定格式输出，其主要输出设计包括图形、图像输出设计，报表和表格输出设计，数字产品输出设计等。

同输入设计一样，友好的用户界面为应用型GIS输出结果提供了重要的工作环境。

4. 文档设计

在GIS系统建设的整个过程中，在各个阶段都伴随着相应文档的产生。这些文档既表达该阶段的设计思想，又是下一阶段的设计基础。另外，有些文档又是系统最终结果的另一种形式，比如技术手册、使用手册、培训资料等。这些文档对用户使用GIS系统起到指导性作用，成为设计者和使用者沟通的桥梁。所以在此阶段，还须考虑这些文档的内容、形式等的编写事宜。

9.3　GIS 系统实施

应用型GIS的实施是GIS系统建设付诸实现的实践阶段，它是指在系统设计的原则指导下，按照详细设计方案确定的目标、内容和方法，分阶段、分步骤完成系统的开发，最终将系统方案转换成可执行的应用软件系统的过程。在这一过程中，需要投入大量的人力、物力，占用较长的时间，因此必须严格按照系统设计的要求组织工作，安排计划，培训人员。系统实施工作的好坏将直接影响到最终系统的质量。系统实施阶段主要包括：

(1) 系统硬件购置、安装、测试，包括计算机、外围设备、网络设备的购置、调试安装等；

(2) 系统软件的购置、程序编制和调试、系统测试评价；

(3) 数据准备和数据库的建立，包括数据的收集、组织、录入检查等；

(4) 用户的技术培训。

9.3.1 程序编制

程序编制也称编程，它是系统实施阶段的核心工作，它的主要任务是将详细设计产生的每一模块用某种程序语言予以实现，并检验程序的正确性，形成应用型GIS软件。为了保证程序编制与调试及后续工作的顺利进行，软硬件人员首先应进行GIS系统设备的安装和调试工作。程序编制的依据是系统总体结构图、数据库结构设计、代码设计方案等。

程序编制是在GIS开发软件提供的环境下进行的。随着信息技术的发展，面向对象编程技术、可视化编程技术和软件复用技术的出现，大大缩短了程序编制的时间、降低了开发成本，同时使界面风格更人性化。

程序编制可采用结构化程序设计方法，使每一程序都具有较强的可读性和可修改性。通常系统程序编制有多人参加，因此，组织管理工作十分重要。对完成的程序代码必须进行调试，并编写必要的文档。程序编制应注意如下问题：

(1) 安全可靠性。这是用户最关心的问题，也是衡量系统质量的首要指标。程序代码的质量将影响系统的可靠性，如数据存取、通信和操作权限的安全可靠性和系统运行的可靠性。

(2) 规范性。程序编码的书写、变量的命名等需用统一的规范，这对程序的阅读、修改和维护都很重要。

(3) 可读性。指系统的程序代码容易使他人读懂，这是程序维护和修改的基础。

(4) 可维护性。指系统程序模块间关系明确，彼此修改维护不会互相牵制。

9.3.2 数据库建立

GIS建设过程中需要投入大量的人力进行数据的收集、整理和录入工作。GIS规模大，数据类型复杂多样，数据的收集和准备是一项既繁琐、劳动量又巨大的任务。因此要求数据库模式确定后就应进行数据的输入，对数据的输入应按数字化作业方案的要求严格进行，输入人员应进行相应程度的培训工作。

以基础地理信息服务平台中的基础地理信息数据入库为例，基础地理信息数据的矢量框架数据需要进行内容提取、分层细化、模型对象化重构、拓扑化处理、数据重组等处理，形成地理实体数据，录入数据库，流程如图9-3所示。

9.3.3 用户培训

用户培训的对象包括主管人员和相关业务人员，他们将是GIS系统的使用者。为了保证GIS的测试和用户尽快掌握新系统，应提前对主管人员、有关用户、操作人员进行技术培训，让他们掌握新系统的概貌和使用方法。这些人多数精通业务，

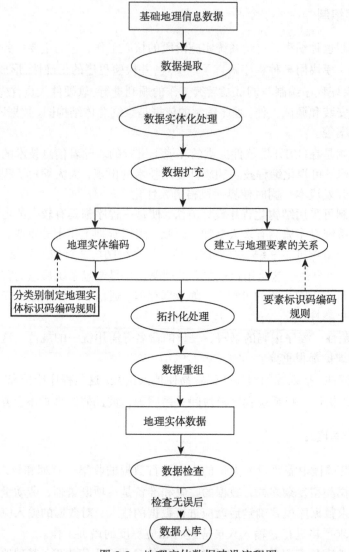

图 9-3　地理实体数据建设流程图

对现行系统比较熟悉，但往往缺乏GIS方面的知识。为了保证系统测试和运行的顺利进行，应根据他们各自的基础，提前进行培训，使他们能尽快地适应新系统，并逐步熟悉新的操作方法。有时，改变原有的工作习惯比信息系统的更新换代更为困难，因此应该引起足够的重视。

9.3.4　系统测试

系统测试是指在系统正式运行之前对新建GIS系统进行从上到下全面的测试和

检验，看它是否符合系统需求分析所规定的功能要求，发现系统中的问题和错误，并将它们排除，以保证 GIS 的正确性和有效性。一般说来，应当由系统分析员提供测试标准、制定测试计划、确定测试方法，然后和用户、系统设计员、程序设计员共同对系统进行测试。测试的数据可以是模拟的也可以是来自用户的实际业务，经过新建 GIS 的处理，检验输出的数据是否符合预期的结果，能否满足用户的实际要求，要对不足之处加以改进，直到满足用户要求为止。系统测试不仅要检查规定的正常操作，还要测试不正常操作可能出现的情况。

测试方法通常有人工测试和机器测试两种。人工测试主要由程序员或测试小组经交互式过程，发现问题并纠正存在的问题。机器测试通过运行被测试的程序模块，以发现问题和纠正问题。

测试工作一般按如下流程实施。

1. 系统测试前的准备工作

根据系统需求分析和系统设计的内容，设计出测试用例、测试进度，并对测试人员进行培训。

2. 单元测试

单元测试是在系统开发过程中要进行的最低级别的测试活动。单元测试是无错编码的一种辅助手段，因此，必须在整个软件系统的生命周期中进行测试。

在实践中，单元测试和编写实际的代码所花费的精力大致上是相同的。一旦完成了这些单元测试工作，很多错误将被纠正，在确信拥有稳定可靠的部件的情况下，开发人员才能进行更高效的系统集成工作。

3. 集成测试

集成测试包括子系统的集成测试和整个系统的集成测试。

子系统的集成测试在各个单元测试成功的基础上进行。每个子系统是由若干个模块单元所组成，子系统设计成功与否，不仅取决于每个模块单元测试成功与否，还取决于按信息传递前后次序串联起来的功能测试成功与否。

整个系统的集成测试是在子系统测试成功的基础上进行的，它主要检查各子系统之间接口的正确性，即对各个子系统按信息传递次序进行测试。

4. 用户测试

用户是应用型 GIS 的最终使用者，所以，最后一个阶段的测试应由用户来完成。在这个阶段应输入真实数据，以便对系统做进一步的考验。用户最关心的是系统的功能，所以用户测试主要是功能测试。

GIS 实施阶段将产生一系列文档资料，一般包括用户手册、使用手册、系统测试说明书、程序设计说明书、测试报告等。文档资料的设计与GIS工程开发相辅相成，互为补充，共同构成GIS工程主体。首先，GIS工程开发需要工程化思想的指导和支持，而文档则是这种系统思想的具体体现；同时，文档又是GIS工程开发的成果表达形式之一，它为项目间沟通、控制、验收、维护等提供了有力的保证。另外，GIS文档设计又明显有别于GIS工程开发，前者注重的是开发思想的整理、表达以及规范化，而后者则注重于工程的具体实施。GIS文档在GIS工程开发各个阶段所表现出的作用是有差异的，在某些阶段，文档可能发挥出较大的指导作用，而在另外某些阶段，文档则可能发挥控制和沟通的作用，甚至文档也可能仅仅是一种阶段性的记录。

9.4 GIS 软件测试

9.4.1 GIS 软件的特点

GIS软件有自己的特点，这些特点决定了在进行测试的时候，需要有针对性地采取合适的方案。

(1) GIS软件大多是专业的小型软件。很多的GIS软件都是采用组件方式，利用第三方组件搭建起来的，也有的是在商业平台上进行二次开发实现的。与大型的通用平台系统相比，这些GIS软件都是为了实现某些基本功能或针对某些专业应用而开发的，规模较小。

(2) GIS软件管理和处理的是空间数据。数据量一般较大，数据结构也相对复杂，需要使用空间数据库技术来进行数据管理。

(3) GIS软件大多具有网络功能。网络GIS是目前的主流地理信息系统模式，这些软件都采用了B/S或C/S的结构。

(4) GIS软件大多由非程序员编写。不同于很多软件，由于行业专业性较强，很少有专门的程序员从事GIS软件的研制，现有的GIS软件大多为本专业出身的技术人员所研发。这虽然利于软件功能的理解和开发，但是不利于软件的规范性和严谨性。

9.4.2 GIS 软件测试步骤

(1) 进行测试分析，需要根据所测软件的功能、使用目的等来分析和确定软件测试的目标和具体的指标，还需要确定测试的对象、依据、范围、方法和时间安排等。

(2) 进行测试的设计工作，有了相关的参数条件，就可以依据这些要求，编写测试用例，收集和设计测试数据，确定测试的配置、软件的配置、测试软件，并考虑使用通用的商业测试软件还是自行开发针对性的测试软件，形成测试计划，完成测试大纲。测试过程需要严格按照测试大纲进行，测试的成败完全取决于大纲设计的科学性和完善性。

(3) 按照测试大纲的要求，进行测试工作，获得测试结果。

(4) 对测试结果进行分析和总结，形成规范、清晰的测试报告，提供给用户。

软件测试是一个系列过程活动，贯穿于软件项目的整个生命过程。在软件项目的每一个阶段都要进行不同目的和内容的测试活动，以保证各个阶段的正确性。软件测试的对象不仅仅是软件代码，还包括软件需求文档和设计文档。软件开发与软件测试应该是同步和交互进行的。与软件研发相对应，软件测试也分为不同的阶段，主要有规格说明书审查、系统和程序设计审查、单元测试、集成测试、功能测试、确认测试、系统测试、验收测试、容错测试和安装测试等。有很多软件合同还要求第三方测试，第三方测试一般是在软件完成后，软件生产单位自行完成了测试工作之后，由第三方进行的验收测试和安装测试。很多用户和软件程序员常常将软件测试的内容认为仅仅是第三方测试的内容，这是很大的误区，会带来很大的危害。

9.4.3　GIS 软件测试误区

对很多GIS软件开发者而言，软件测试是在系统完成之后，检查系统的功能是否可用而进行的，并没有将其作为系统开发中必不可少的环节，也没有认为软件测试是确保系统质量的保证，一般主要存在以下误区。

(1) 重开发轻测试。对软件开发投入较多的人力和财力，对测试不重视，在研制时间紧张的情况下，会牺牲测试的时间来换取项目进度。

(2) 软件测试就是程序测试。很多GIS系统都是在系统完成后，才进行软件测试。常常是找几个操作人员，对照客户的功能要求，点选菜单，如果能够实现预定功能，就算通过测试。测试发现了错误就说明是程序员所编写的程序有问题。在他们看来，测试仅仅是为了验证程序的正确性而进行的。

(3) 软件测试是测试人员的事情。很多开发者认为软件测试人员就是扮演软件使用者的角色，测试与程序员无关，甚至很多人将测试与开发对立，认为软件测试是软件开发的敌人，造成了测试人员和开发人员经常无法有效地一起工作。

(4) 软件测试就是找出系统中所有的错误，并改正。实际上，软件测试只是为了确认软件中存在错误，不能保证软件没有错误，因为从根本上讲，软件测试不可能发现系统中全部的错误。

9.4.4　GIS 软件测试的策略及经验

针对GIS软件的特点和软件测试的基本要求，必须采取合适的策略，其中重点要注意以下几点：

(1) 测试环境的选择。由于很多GIS软件都是二次开发或者基于控件进行开发的，所以在进行环境配置的时候，一定要考虑到兼容性。否则很多不同版本的控件和平台会交织在一起，如果考虑不周的话，即使通过了测试，用户使用的时候也有可能会出现问题。

(2) 海量复杂数据的测试。GIS软件是基于空间数据进行工作的，空间数据的重要特点就是数据种类和结构都很复杂，数据量巨大。在测试时，需要使用各种不同类型和种类的海量数据进行验证。

(3) 稳定性和容错性的测试。很多GIS软件是面向公众或行业应用的，尤其是基于网络服务的系统，使用者大多没有空间信息的使用和处理背景，在使用过程中会出现很多意外。因此，在测试的时候，需要重点对系统的容错能力和稳定性进行专门的测试。

(4) 测试人员的培训。GIS软件是专业软件，这就要求测试者既要有测试的技能，还需要有本专业的基础。同时，软件测试技术不断更新和完善，新工具、新流程、新测试设计方法都在不断更新，需要测试者掌握和学习很多测试知识。软件测试包括测试技术和管理两个方面，完全掌握这两个方面内容，需要很多测试实践经验和不断学习。GIS技术也是这样，新的数据源和处理方法及控件不断涌现，也要求技术人员不断学习和掌握。

9.5　GIS 系统维护

GIS测试完毕，即可进入系统的试运行阶段，系统试运行是系统测试工作的延续，它的目的是检测系统在测试阶段未发现的问题，这对确保系统的安全性、可靠性、准确性十分重要。系统试运行结束后即可交付用户验收，供用户投入正式运行。系统评价是在系统经过一段时间的运行后，对系统情况进行检查，并与系统要求的预期目标进行对比，从而得出对系统整体水平以及系统实施所能取得的效益的认识和评价。系统维护是指在GIS整个运行过程中，为适应环境和其他因素的各种变化，保证系统正常工作而采取的一切活动，包括系统功能的改进和解决，以及系统运行期间发生的一切问题和错误。GIS规模大，功能复杂，对GIS进行维护是GIS工程建设中一个非常重要的内容，也是一项耗时大、花费成本高的工作，要在技术上、人力安排上和投资上给予足够的重视。

9.5.1　系统评价

系统评价通常在GIS运行一段时间后进行，也可以将系统评价与系统验收工作同时进行。系统评价的指标应包括性能指标和经济指标等方面。

性能指标指系统平均无故障时间、处理时间、系统利用率、操作方便性与灵活性、系统安全性与保密性、系统的可扩充性、数据的准确性、系统维护费用占总成本的比例等。经济指标主要指系统的投入产出比、系统后备需求的规模与费用等。系统收益主要包括成本的相对下降、生产率的提高、管理费用的节约等。系统评价后应就评价结果形成系统评价报告。参加系统评价的人员应包括领导、业务人员、系统分析与设计人员、系统操作人员及相关人员。GIS系统评价的内容主要包括以下几个方面。

1. 可靠性

系统可靠性是指系统在正常环境下能够稳定运行而不发生故障，或者即使发生故障也可以通过系统具备的功能很快将数据恢复过来，减少因系统故障而造成损失的能力。可靠性还包括系统有关的数据文件和程序是否妥善保存，以及系统是否有后备体系等。

2. 可扩展性

系统可扩展性指为了满足新的功能需要而对系统进行修改、扩充的能力。任何系统的开发都是从简单到复杂的不断求精和完善的过程，特别是GIS常常是从清查和汇集空间数据开始，然后逐步演化到从管理到决策的高级阶段。因此，一个系统建成后，要使在现行系统上不做大改动或不影响整个系统结构的前提下，就可在现行系统上增加功能模块，这就要求必须在系统设计时留有接口，否则，当数据量增加或功能增加时，系统就要推倒重来，这就是一个没有生命力的系统。

3. 可移植性

系统的可移植性指系统在多种计算机硬件平台上正常工作的能力，以及与其他软件系统进行数据共享、交换的能力。可移植性是评价GIS的一项重要指标。一个有价值的GIS的软件和数据库，不仅在于它自身结构的合理，而且在于它对环境的适应能力，即它们不仅能在一台机器上使用，而且能在其他型号设备上使用。要做到这一点，系统必须按国家规范标准设计，包括数据表示、专业分类、编码标准、记录格式等，都要按照统一的规定，以保证软件和数据的匹配、交换和共享。

4. 系统效率

系统效率通常包括系统运行的速度和运算处理精度两个方面。GIS的各种技术指标和经济指标是系统效率的反映。例如，系统能否及时地向用户提供有用信息、所提供信息的地理精度和几何精度如何、系统操作是否方便、系统是否经常出错，以及资源的使用效率如何等。

5. 系统效益

系统效益包括经济效益和社会效益。GIS应用的经济效益主要产生于促进生产力与产值的提高、减少盲目投资、降低工时耗费、减轻灾害损失等方面。目前，GIS技术还处于发展阶段，由它产生的经济效益相对来说还不是很显著，因此，可着重从社会效益上进行评价，如信息共享的效果、数据采集和处理的自动化水平、地学综合分析能力、系统智能化技术的发展、系统决策的定量化和科学化、系统应用的模型化、系统解决新课题的能力，以及劳动强度的减轻、工作时间的缩短、技术智能的提高等。总的来看，GIS的经济效益是长时间逐渐体现出来的，随着新课题的不断解决，经济效益也就不断提高。但是，从根本上来说，只有当GIS的建设走以市场为导向的产业化发展道路，商品经济的发展导致信息活动的激增、信息广泛而及时的交流，形成信息市场，才能为GIS的发展提供契机，此时GIS的经济效益才能进一步体现出来。

9.5.2　系统维护

应用型GIS是一个复杂的人机系统。为保证系统正常工作，需要不断适应各种外部环境与内部因素的变化，排除运行故障。这就需要从始至终地进行系统的维护工作。

系统维护是系统生命周期中的最后一个阶段，也是时间最长的一个重要阶段。据统计，世界上90%以上的软件人员是在从事维护现行信息系统的工作，离开系统维护工作，信息系统将无法生存下去。GIS系统维护的内容主要包括以下几个方面。

1. 纠错性维护

纠错性维护是在系统运行中发生异常或故障时进行的。其目的是纠正在开发期间未能发现的遗留错误，任何一个大型的GIS系统在交付使用后，都可能发现潜藏的错误。

2. 数据维护与更新

数据对GIS的重要性越来越为人们所认识。在应用型GIS的建设中，数据建设的投入占很大的比重，如果不对数据进行经常性更新，GIS则可能失去其应用价值。因此，人们把数据看做是GIS系统的"血液"，必须保证GIS中数据的现势性，进行数据的实时更新，包括地形图、各类专题图、统计数据、文本数据等空间数据和属性数据。由于空间数据的复杂性及空间数据获取工作量的庞大，带来了空间数据更新的复杂性和多样性。因此，研究如何利用航空和多种遥感数据实现对GIS数据库的实时更新就具有重要意义，如可借助航空影像实现对地图的自动更新。

3. 完善性和适应性维护

完善性维护就是在应用软件系统使用期间为不断改善和加强系统的功能和性能，以满足用户日益增长的需求所进行的维护工作，如软件功能扩充、性能提高等维护工作。适应性维护是为了让应用软件系统适应运行环境的变化而进行的维护活动，如随着用户业务和环境变化，要求应用型GIS在功能上有所改进，以适应新的工作要求。

4. 硬件设备维护

硬件设备维护指机器设备的日常管理和维护工作。例如，一旦机器发生故障，则要有专门人员进行修理。另外，随着业务的需要和发展还需对硬件设备进行更新。

GIS系统的维护需要强有力的组织保障，相关人员要有明确的角色划分和组织分工，它是GIS顺利运行的重要条件。要建立严格的有关维护工作的规章制度和程序，提供必要的资源保证，有专人负责维护工作。一般重大维护工作，事先要有书面报告并经领导审批，维护工作完成后要经过检验。同时，也要做好日常维护工作，才能保证整个系统安全、可靠、稳定地运行。

思考题

1. 应用型 GIS 的设计与开发主要包括哪些环节？
2. GIS 系统设计的原则有哪些？
3. 应用型 GIS 的详细设计包括哪些内容？
4. 应用型 GIS 的系统配置时需要考虑哪些内容？
5. 应用型 GIS 的系统实施阶段主要包括哪些内容？

第 10 章　GIS 应用

目前 GIS 已广泛应用于测绘制图、资源调查、环境评估、灾害预测、应急预警、国土管理、城市规划、邮电通讯、交通运输、军事公安、水利电力、工程建设、公共服务等几乎所有领域。例如，GIS 与互联网、GPS、无线技术和 Web 服务的结合，可以为公众提供各种空间信息服务；GIS 应用于城市规划和管理领域，为城市各类基础设施和公共设施的合理布局与选址提供空间分析，解决城市资源配置问题；GIS 与国土资源管理相结合，实现图文一体化的土地信息化管理，高质量、高效率地完成土地规划、土地利用、耕地保护、土地整治等工作。本章介绍 GIS 在公众服务中的应用、GIS 在城市建设中的应用、GIS 在国土资源管理中的应用以及 GIS 在其他行业中的应用。

10.1　GIS 在公众服务中的应用

GIS 已经走入了人们生活的各个方面，可以说已经渐渐地变成了生活的一部分，人们也潜移默化地接受了 GIS。GIS 与互联网、GPS、无线技术和 Web 服务的结合，可以为公众提供各种服务，例如，在线地图网站提供定位寻找银行、餐馆、咖啡馆、酒店和房产等；基于位置的服务可确定移动电话用户的位置信息，获取附近的自助取款机、宾馆和公交站台等，并追踪朋友、约会对象、小孩和老人等；汽车导航系统为司机提供最优路线选择、实时监控导航，并实时更新路况信息。

1. 地图服务

本章节地图服务专指电子地图服务，即利用网络技术和 GIS 技术结合开发的地图空间信息服务。目前，互联网上的电子地图服务网站已经比比皆是，大型的地图服务网站如 Google 地图、百度地图(图 10-1)、高德地图、腾讯地图、搜狗地图、天地图等。电子地图服务通常包括地图浏览、卫星影像浏览、全景查看、地点搜索、周边搜索、交通查询、距离测量以及空间分析(如热力图、统计图、迁徙分析)等。此外，大型电子地图服务商一般还提供了用于地图服务二次开发的地图 API。

图 10-1 百度地图服务

2. 位置服务

位置服务又称定位服务，是由移动通信网络和卫星定位系统技术相结合提供的一种增值业务，通过一组定位技术获得移动终端的位置信息(如经纬度坐标数据)，提供给移动用户以及通信系统，实现各种与位置相关的服务业务。位置服务可以被应用于不同的领域，如健康、娱乐、工作、个人生活等。位置服务可以用来辨认一个人或物的位置，如通过个人所在的位置提供手机广告，个人化的天气讯息提供，甚至提供本地化的游戏。目前，位置服务最常见的应用方式是通过手机 APP，定制各种专业化的位置信息服务，如滴滴打车(图 10-2)、大众点评(图 10-3)。

3. 导航服务

导航服务可以看作是由卫星导航定位系统、GIS 以及网络技术等相结合，构建起来的一种路径搜索服务。它能根据用户设定的起点和终点计算最佳路径，并能实时提示用户正确的运动轨迹。目前，最常见的交通导航服务即车载导航系统(图 10-4)，它让司机在驾驶汽车时随时随地知晓自己的确切位置，并且为司机提供自动的路径提示和语音导航提示等。此外，由于当前智能手机都已内置了卫星导航定位系统，因此，基于手机 APP 的交通导航服务应用也已经十分普遍。

图 10-2　滴滴打车应用

图 10-3　大众点评应用

图 10-4　车载导航服务

10.2　GIS 在城市建设中的应用

随着经济社会的迅速发展，GIS 已经广泛应用于城市规划、交通运输、工程建设、邮电通信、公安消防、应急预警等城市建设的多个领域。

1. GIS 在城市规划中的应用

运用 GIS 技术可以将城市规划中涉及的基础地理、用地、交通、基础设施、公共设施等空间数据归并到统一系统中设计、分析，进行城市多目标的开发和规划。GIS 应用于城市规划主要功能包括：构建城市空间数据库，为城市规划提供数据服务；根据城市发展现状、发展趋势和潜在能力等综合因素设计多种空间布局的规划模型；开展用地规模效益、交通通达度、最优目标选址等空间分析，服务多目标规划需求；建设信息化的城市规划管理信息系统，辅助支持城市规划的编制、审批以及实施，提高城市规划编制和实施的管理水平。图 10-5 展示了城市规划应用示范平台。

图 10-5　城市规划应用示范平台

2. GIS 在交通运输中的应用

GIS 在交通运输方面的应用十分广泛，如图 10-6 所示。基于 GIS 构建的智能交通系统，能够有效地对交通相关的空间数据进行采集、存储、检索、建模、分析和输出。它不仅能通过图形的形式记述查询道路的通行状况、迅速定位事故点、调度抢修车辆，同时能够提供交通疏散的方案，而且能为这些信息的深层次挖掘和后续信息服务及辅助决策提供空间属性上的支持。

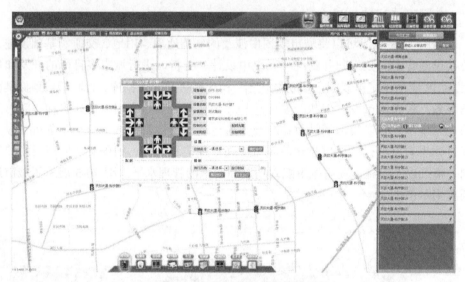

图 10-6   城市道路交通管控系统

3. GIS 在建设工程中的应用

GIS 与建设工程的结合也十分广泛。GIS 在工程监测、施工管理以及工程震害分析评估的应用中都显示了其极大的技术优越性。例如，利用 GIS 建立管理和监测系统可以直观地观察设施的工作状况，快速定位于需要处理的对象。在地下工程中，利用 GIS 可以直观地表达地下空间(建)构筑物形状、规模及其与地上(建)构筑物地位置关系，更清楚地表示新建地下(建)构筑物与既有地下(建)构筑物的位置及通道连接关系。图 10-7 展示了地下工程安全监控与管理辅助决策系统。

4. GIS 在公安消防中的应用

GIS 在公安消防指挥信息化系统中扮演着极为重要的角色，例如，GIS 为 110 指挥系统提供详细直观的作战地图和空间分析手段。用户可以在电脑屏幕上看到高清晰度、高质量的地理信息画面，能够快速显示城市地理位置图、警区分布图、大型建筑物、公共服务设备分布图、人口密集区域等地图信息。GIS 在消防信息化建

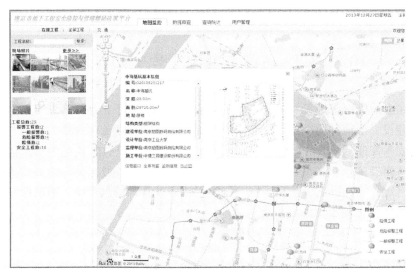

图 10-7　地下工程安全监控与管理辅助决策系统

设中也有着广泛的应用。GIS 作为火警受理和智能决策系统有力的辅助手段，能够实现报警信息定位、GPS 定位、信息查询统计、数据的分析显示，能够利用 GIS 系统准确、迅速地确定报警人的地点及火灾位置，通过优化选择和计算能确定最佳行车路线。图 10-8 展示了三维 GIS 警务部署系统。

图 10-8　三维 GIS 警务部署系统

10.3　GIS 在国土资源管理中的应用

GIS 在土地资源管理领域有着深入的应用，广泛应用于土地资源调查、土地基础数据库建设、土地利用动态监测、城镇地价评估、农用地土地评估、土地利用规划、土地政务管理、土地信息服务等多个方面。目前，基于 GIS 构建的土地信息系统主要有地籍管理信息系统、土地利用规划管理信息系统、城镇分等定级估价信息系统、农用地分等定级估价信息系统、建设用地审批管理信息系统、不动产登记发证信息系统以及土地市场信息系统等。

1. GIS 在地籍管理中的应用

地籍是记载土地的位置、界址、数量、质量、权属和用途等土地状况的簿册。地籍管理是国家为取得有关地籍资料和为全面研究土地权属、自然和经济状况而采取的以地籍调查(测量)、土地登记和土地统计等为主要内容的国家措施。根据管理对象的不同，地籍分为城镇地籍和农村地籍；根据地籍作用的不同，地籍分为税收地籍、产权地籍和多用途地籍；根据时间及任务的不同，地籍分为初始地籍和日常地籍等。地籍信息系统的建设目标是服务于地籍调查、土地登记、土地统计、地籍档案管理等方面的籍管理工作。例如，城镇地籍管理信息系统一般包括系统维护、登记申请、地籍调查、权属审核、注册登记、颁发证书、全程监控和地籍信息查询等功能模块，如图 10-9 所示。

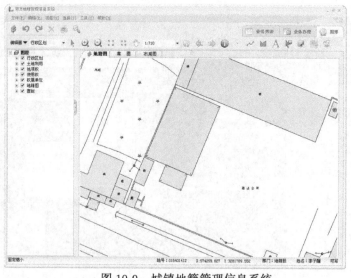

图 10-9　城镇地籍管理信息系统

2. GIS 在土地利用规划中的应用

　　土地利用规划是在一定区域内，根据国家社会经济可持续发展的要求和当地自然、经济、社会条件，对土地的开发、利用、治理、保护在空间上、时间上所做的总体安排和布局，是国家实行土地用途管制的基础。土地利用规划通常由各级行政区国土资源部门负责，根据土地资源特点和社会经济发展要求，总体安排今后一段时期内的土地利用工作。土地利用规划信息系统主要是为了简化土地利用规划修编过程，通过信息系统的建设，为省、市、县、镇等各级行政区土地利用规划修编的形成与处理规划成果提供辅助手段，提高规划成果的质量。土地利用规划信息系统包括系统设置、数据管理、工作表格生成、规划成果管理和图形处理等模块，如图 10-10 所示。

图 10-10　土地利用规划管理信息系统

3. GIS 在城镇土地分等定级估价中的应用

　　城镇土地分等定级是根据城镇土地的经济和自然两方面的属性及其在城镇社会经济中的地位和作用，综合评定土地质量、划分城镇土地等级的过程。城镇土地分等定级包括两个方面，即城镇土地分等和城镇土地定级。城镇土地分等是通过对影响城镇土地质量的经济、社会、自然等因素进行综合分析，揭示城镇之间土地质量在不同地域之间的差异，选用定量和定性相结合的方法对城镇进行分类、评定城镇土地等。城镇土地定级是根据城镇土地的经济、自然两方面属性及其在社会经济活动中的地位、作用，对城镇土地使用价值进行综合分析，通过揭示城镇内部土地质量在不同地域的差异，评定城镇土地级。城镇土地估价就是在一定的市场条件下，针对某一质量、某一等级的土地，分析影响城镇土地价格的一般因素、区域因素、个别因素，采用不同的评估方法评估出土地价格，依据估价对象的不同可以分为城镇基准地价评估和宗地地价评估。

以城镇地价动态监测与基准地价评估系统(图 10-11)为例，依据估价要求设计系统功能模块，一般包括估价参数确定、地价信息采集、地价区段划分、监测点设立、监测点评估、地价指数编制、区段基准地价计算、区段基准地价修正、土地级别划分、数据管理以及系统管理等。

图 10-11   城镇地价动态监测与基准地价更新系统

4. GIS 在建设用地审批管理中的应用

建设用地审批是国土资源管理中的核心工作之一，涉及地籍管理、用地管理、土地规划管理、耕地保护、法规监察等重要的土地管理业务。建设用地审批管理信息系统以建设用地数据库、土地利用现状数据库、土地利用规划数据库以及其他数据库为基础，以建设用地审批业务为核心，在局域网或广域网上提供建设项目用地申报、审批、收费等业务管理功能,实现建设用地审批的自动化、智能化与网络化,通常适用于省、市、县三级土地管理部门协同审批办公。

建设用地审批系统按行政等级及其功能可分为市县级建设用地审批系统和省级建设用地审批系统,如图 10-12 所示。省级建设用地审批管理信息系统与市县级建设用地审批管理信息系统配合完成建设用地县、市、省三级逐级网络远程报批、审批的全过程。其中,市县级应用系统主要侧重于建设用地报件材料的数据制作,同时也具有逻辑审核功能。系统包含了窗口收件、项目调度、规划审查、地籍审查、耕保审查、利用审查、报件制作、分管局长签字、电子盘制作、远程报批、市级审核、查询统计等功能模块。省级版软件侧重于对上报的批次材料的审批,系统从逻辑上可以分为窗口办文子系统、用地审批子系统、收费核稿子系统、分管审签子系统、编号发文子系统和系统管理子系统等子系统。

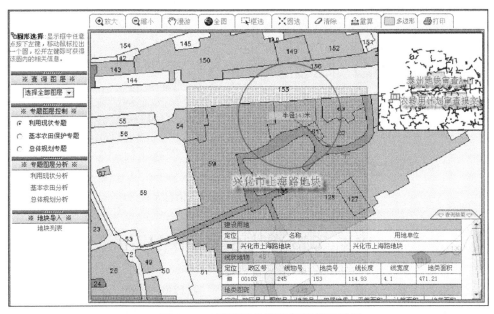

图 10-12 建设用地审批管理信息系统

5. GIS 在不动产登记中的应用

不动产登记是指不动产登记机构依法将不动产权利归属和其他法定事项记载于不动产登记簿的行为。不动产是指土地、海域以及房屋、林木等定着物。不动产登记机构依法将各类登记事项准确、完整、清晰地记载于不动产登记簿。不动产登记发证信息系统是根据不动产登记管理要求设计,把不动产数据调查采集与建库更新相结合,建立的服务于不动产确权登记管理、应用与信息服务的信息系统。不动产登记发证信息系统一般包括不动产数据处理模块、不动产登记业务模块、数据统计分析模块以及系统配置模块等，如图 10-13 所示。

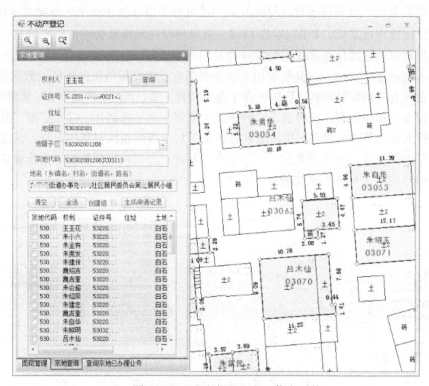

图 10-13　不动产登记发证信息系统

10.4　GIS 在其他行业中的应用

GIS 除了在公众服务、城市建设以及国土资源管理中有着广泛应用，它还与其他多个行业有着紧密联系，如测绘制图、资源调查、环境评估、灾害预测、气象遥感、水利电力、国防军事等领域都有 GIS 的身影。本节将简要介绍几个与 GIS 已经深入结合的相关行业。

1. GIS 与测绘制图

GIS 的产生本身源于机助制图，GIS 在测绘界的广泛应用，为测绘与地图制图带来了一场革命性的变化。其应用集中体现在——地图数据获取与成图的技术流程发生了根本改变：地图的成图周期大大缩短、成图精度大幅度提高、品种大大丰富。数字地图、网络地图、电子地图等一批崭新的地图形式为广大用户带来了巨大的应用便利，测绘与地图制图进入了一个崭新的时代。此外，GIS 应用于基础地理信息数据测绘业务中，建成了具备多源数据采集、加工处理、存储管理、数据分发等完整功能的新型基础测绘系统，实现了数据的动态更新维护，提高了工作效率和数据的现势性，从而更好地服务社会经济建设。图 10-14 展示了利用 GIS 技术制作的南京珍珠泉风景区导览地图。

图 10-14　利用 GIS 技术制作的景区导览地图

2. GIS 与资源调查

资源调查是 GIS 最主要的职能之一，它的主要任务是将各种来源的数据汇集在一起，并通过系统的统计和叠加分析功能，按多种边界和属性条件，提供区域多种条件组合形式的资源统计和进行原始数据的快速再现。GIS 技术在我国一些资源管理领域已得到了广泛应用，如林业领域建立了森林资源地理信息系统、荒漠化监测地理信息系统、湿地保护地理信息系统等；农业领域建立了土壤地理信息系统、草地生态监测地理信息系统等；水利领域建立了流域水资源管理信息系统、灌区地理信息系统、全国水资源地理信息系统等；海洋领域建立了海洋渔业资源地理信息系统、海洋矿产地理信息系统等；土地领域建立了土地资源地理信息系统、矿产资源地理信息系统等。这些地理信息系统在资源管理方面发挥了很大的作用，图 10-15 是资源环境遥感监测系统的一个示例。

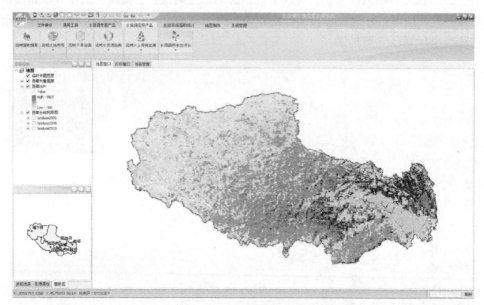

图 10-15　资源环境遥感监测系统

3. GIS 与环境保护

环境保护业务中，需要采集和处理大量的、种类繁多的环境信息，而这些环境信息绝大多数与空间位置有关。在环境监测过程中，利用 GIS 技术可对实时采集的数据进行存储、处理、显示、分析，实现为环境优化决策提供辅助手段的目的。环境影响评价是对所有的改、扩、建项目可能产生的环境影响进行预测评价，并提出防止和减缓这种影响的对策与措施，利用 GIS 的空间分析功能，可以综合性地分析建设项目各种数据，帮助确立环境影响评价模型。图 10-16 是区域环保地理信息系统的一个示例。

4. GIS 与防灾减灾

GIS 技术在重大自然灾害和灾情评估中也有着广泛的应用。例如，GIS 用于灾害的监测和预报、自然灾害评估、防灾和抗灾、灾害应急救助与救援、灾害保险与灾后恢复、灾害管理和灾害区划、灾害教育与宣传等方面。GIS 在防洪抗旱中用来辅助进行防洪抗旱规划、辅助防汛指挥决策、灾情评估以及洪涝灾害风险分析等。图 10-17 是地震灾害应急辅助决策系统的一个示例。

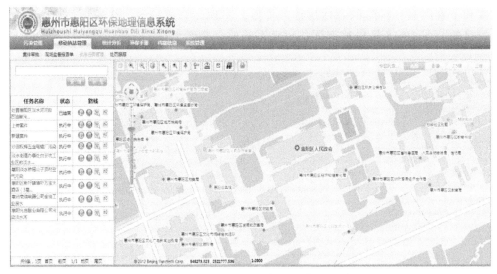

图 10-16　区域环保地理信息系统

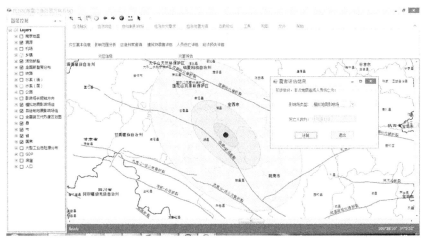

图10-17　地震灾害应急辅助决策系统

5. GIS 与房地产评估

　　GIS 技术与房地产评估也有着密切的结合。房地产评估中涉及区位、道路、交通、学校、银行配套等大量数据，均与空间位置密切相关。基于 GIS 技术的房地产评估信息系统能够更加合理、有效的定位待估房产，分析房产的区域因素和个别因素，科学的评估房地产价值，实现计算机科学、快速评估房产价值的目的。图 10-18 是房地产评估信息系统的一个示例。

图10-18   房地产评估信息系统

思考题

1. GIS 在公众服务中有哪些应用形式？试举例说明。

2. GIS 在城市建设中有哪些应用形式？试举例说明。

3. 思考 GIS 应用的发展趋势。

参 考 文 献

毕硕本. 2013. 空间数据库教程. 北京：科学出版社.

陈国平. 2013. 空间数据库技术应用. 武汉：武汉大学出版社.

程昌秀. 2012. 空间数据库管理系统概论. 北京：科学出版社.

崔铁军. 2007. 地理空间数据库原理. 北京：科学出版社.

杜明义, 李英冰, 蔡国印, 等. 2012. 城市空间信息学. 武汉：武汉大学出版社.

龚健雅. 2001. 地理信息系统基础. 北京：科学出版社.

龚健雅, 李小龙, 吴华意. 2014. 实时 GIS 时空数据模型. 测绘学报, 43(3):226-232.

郝忠孝. 2013. 空间数据库理论基础. 北京：科学出版社.

何必, 李海涛, 孙更新, 等. 2010. 地理信息系统原理教程. 北京：清华大学出版社.

胡圣武, 肖本林. 2014. 地图学基本原理与应用. 北京：测绘出版社.

胡鹏, 黄杏元, 华一新. 2002. 地理信息系统教程. 武汉：武汉大学出版社.

华一新, 赵军喜, 张毅. 2012. 地理信息系统原理. 北京：科学出版社.

黄杏元, 马劲松. 2008. 地理信息系统概论. 3 版. 北京：高等教育出版社.

焦健, 曾琪明. 2005. 地图学. 北京：北京大学出版社.

孔云峰, 林珲. 2008. GIS 分析、设计与项目管理. 2 版. 北京：科学出版社.

匡纲要, 高贵, 蒋咏梅, 等. 2007. 合成孔径雷达目标检测理论、算法及应用. 北京：国防
    科技大学出版社.

李国斌, 汤永利. 2010. 空间数据库技术. 北京：电子工业出版社.

李建松, 唐雪华. 2015. 地理信息系统原理. 2 版. 武汉：武汉大学出版社.

李满春, 陈刚, 陈振杰, 等. 2011. GIS 设计与实现. 北京：科学出版社.

廖克. 2003. 现代地图学. 北京：科学出版社.

刘南, 刘仁义. 2002. 地理信息系统. 北京：高等教育出版社.

刘湘南, 黄方, 王平. 2015. GIS 空间分析原理与方法. 2 版. 北京：科学出版社.

龙毅, 温永宁, 盛叶华. 2006. 电子地图学. 北京：科学出版社.

皮亦鸣, 杨建宇, 付毓生, 等. 2007. 合成孔径雷达成像原理. 成都：电子科技大学出版社.

汤国安, 李发源, 刘学军. 2015. 数字高程模型教程. 2 版. 北京：科学出版社.

汤国安, 刘学军, 闾国年, 等. 2007. 地理信息系统教程. 北京：高等教育出版社.

汤国安, 杨昕. 2012. ArcGIS 地理信息系统空间分析实验教程. 2 版. 北京：科学出版社.

汤国安, 赵牡丹, 杨昕, 等. 2015. 地理信息系统. 2 版. 北京：科学出版社.

王光霞, 游雄, 於建峰, 等. 2014. 地图设计与编绘. 2 版. 北京: 测绘出版社.

王家耀, 李志林, 武芳. 2011. 数字地图综合进展. 北京: 科学出版社.

王劲峰. 2006. 空间分析. 北京: 科学出版社.

王丽英. 2013. 机载 LiDAR 数据误差处理理论与方法. 北京: 测绘出版社.

王明孝, 张志华, 杨维芳. 2012. 地理空间数据可视化. 北京: 科学出版社.

王永波. 2011. 基于地面 LiDAR 点云的空间对象表面重建及其多分辨率表达. 南京: 东南大学出版社.

王远飞, 何洪林. 2007. 空间数据分析方法. 北京: 科学出版社.

邬伦, 刘瑜, 张晶, 等. 2005. 地理信息系统——原理、方法和应用. 北京: 科学出版社.

吴风华. 2014. 地理信息系统基础. 武汉: 武汉大学出版社.

吴信才. 2009. 空间数据库. 北京: 科学出版社.

吴信才. 2015. 地理信息系统设计与实现. 3 版. 北京: 电子工业出版社.

吴信才, 徐世武, 万波. 2014. 地理信息系统原理与方法. 3 版. 北京: 电子工业出版社.

谢宏全, 侯坤. 2013. 地面三维激光扫描技术与工程应用. 武汉: 武汉大学出版社.

许捍卫, 马文波, 赵相伟, 等. 2010. 地理信息系统教程. 北京: 国防工业出版社.

袁博, 邵进达. 2006. 地理信息系统基础与实践. 北京: 国防工业出版社.

袁堪省. 2014. 现代地图学教程. 2 版. 北京: 科学出版社.

张宏, 温永宁, 刘爱利. 2006. 地理信息系统算法基础. 北京: 科学出版社.

张会霞, 朱文博. 2012. 三维激光扫描数据处理理论及应用. 北京: 电子工业出版社.

张军, 涂丹, 李国辉. 2013. 3S 技术基础. 北京: 清华大学出版社.

张新长. 2010. 地理信息系统数据库. 北京: 科学出版社.

张正栋, 邱国锋, 郑春燕, 等. 2005. 地理信息系统原理、应用与工程. 武汉: 武汉大学出版社.

郑春燕, 邱国锋, 张正栋, 等. 2011. 地理信息系统原理、应用与工程. 2 版. 武汉: 武汉大学出版社.

钟志农, 李军, 景宁, 等. 2013. 地理信息系统原理及应用. 北京: 国防工业出版社.

周启鸣, 刘学军. 2006. 数字地形分析. 北京: 科学出版社.

周卫, 孙毅中, 盛业华, 等. 2006. 基础地理信息系统. 北京: 科学出版社.

朱光, 赵西安, 靖常峰. 2010. 地理信息系统原理与应用. 北京: 科学出版社.

祝国瑞. 2004. 地图学. 武汉: 武汉大学出版社.

Chang K T. 2014. 地理信息系统导论. 7th ed. 陈健飞, 连蓬译. 北京: 电子工业出版社.

Shekhar S. 2004. 空间数据库. 谢昆青译. 北京: 机械工业出版社.

Zeiler M. 2004. 为我们的世界建模: ESRI 地理数数据库设计指南. 蔡勒译. 北京: 人民邮电出版社.

Armstrong M P. 1988. Temporality in spatial databases. Proceedings of the Proceedings: GIS/LIS, San Antonio: 880-889.

Langran G. 1992. Time in Geographic Information System. London: Taylor and France.

Peuquest D J, Duan N. 1995. An event-based spatiotemporal data model (ESTDM) for temporal analysis of geographical data. International Journal of Geographical Information Systems, 9(1): 7-24.

Worboys M F, Hearnshaw H M, Maguire D J. 1990. Object-oriented data modelling for spatial databases. International Journal of Geographical Information Systems, 4(4): 369-383.